U0386332

众生家园

—— 捍卫大地伦理与生态文明

In Defense of the Land Ethic:
Essays in Environmental Philosophy

[美] J. 贝尔德·卡利科特（J. Baird Callicott） 著

薛富兴 译

卢 风 陈 杨 校

中国人民大学出版社
· 北京 ·

谨以此著献给

母亲伊夫琳·E.卡利科特（Evelyne E. Callicott）
父亲伯顿·H.卡利科特（Burton H. Callicott）

目　录

第一编　动物解放与环境伦理学

第二编　一种整体主义环境伦理

第三编　环境伦理学之非人类中心主义价值理论

第四编　美洲印第安人之环境伦理学

第五编　环境教育、自然美学与外星生命

致　谢

对于整理本文集时所得到的批评性建议，我感谢弗兰西斯·穆尔·莱 *ix*
普（Frances Moore Lappé）、布赖恩·G. 诺顿（Bryan G. Norton）、霍
姆斯·罗尔斯顿（Holmes Rolston, Ⅲ）、克劳迪安·卡德（Claudia
Card）、艾利斯·范·德伯格（Alice Van Deburg）、威廉姆·伊斯特曼
（William Eastman）、大卫·爱德华·沙纳（David Edward Shaner）和尤
金·C. 哈格罗夫（Eugene C. Hargrove）。对于撰写本文集之单篇文章
时所得到的批评性建议，我感谢理查德·沃森（Richard Watson）、唐·
玛丽埃塔（Don Marietta）、汤姆·里甘（Tom Regan）、托马斯·W. 奥
弗霍尔特（Thomas W. Overholt）、杰弗里·奥莱（Jeffrey Olen）、阿
瑟·L. 赫尔曼（Arthur L. Herman）、弗兰西斯·穆尔·莱普、布赖
恩·G. 诺顿、霍姆斯·罗尔斯顿和尤金·C. 哈格罗夫，以及诸多匿名
评审人。对于为本文集之整体及单篇文章所得到的文字性帮助，我感谢卡
罗里·科特（Carolee Cote）、威廉姆·伊斯特曼、黛安娜·加内利斯
（Diane Ganeles）和杰基·雷姆林格（Jackie Remlinger），他们为本文集
之出版提供了专业性帮助。

我感谢尤金·C. 哈格罗夫，因为他允许我从他所主编的《环境伦理
学》（*Environmental Ethics*）杂志中重印我的以下论文：《环境伦理要素：
伦理关注与生物共同体》［"Elements of an Environmental Ethic：Moral
Considerability and the Biotic Community", 1（1979）：71－81］、《动物
解放：一项三边事务》［"Animal Liberation：A Triangular Affair",
2（1980）：311－328］、《休谟是/应当二分法及生态学与利奥波德大地伦
理之关系》［"Hume's Is/Ought Dichotomy and the Relation of Ecology to

Leopold's Land Ethic", 4（1982）：163-174]、《传统美洲印第安人与西方欧洲人对自然之态度：一种概观》［"Traditional American Indian and Western European Attitudes Toward Nature: An Overview", 4（1982）：293-318)]、《内在价值、量子理论与环境伦理学》［"Intrinsic Value, Quantum Theory, and Environmental Ethics", 7（1985）：357－375]、《评汤姆·里甘之〈动物权利案例〉》［"Review of Tom Regan, *The Case for Animal Rights*", 7（1985）：365-372] 和《生态学之形而上学内涵》［"The Metaphysical Implications of Ecology", 9（1986）：300-315]

《作为教育者的奥尔多·利奥波德论教育，及其当代环境教育语境下之大地伦理》（"Aldo Leopold on Education, as Educator, and His Land Ethic in the Context of Contemporary Environmental Education"），首次发表于《环境教育》［*Journal of Environmental Education*，14（1982）：34-41]，由赫尔德雷弗出版社（Heldref Publications）1982 年出版，社址为华盛顿特区大街 4000 号（4000 Albemarle St., N. W., Washington, D. C., 20016)。此次重印得到了海伦·德怀特·里德教育基金会（Helen Dwight Reid Educational Foundation）的许可。

我感谢马克斯·施内普特（Max Schnepf）允许我重印《利奥波德之大地审美》（"Leopold's Land Aesthetic"），美国水土保护学会（Soil Conservation Society of America）1983 年版，该文曾发表于《水土保护》［*Journal of Soil and Water Conservation*，38（1983）：329-332]。

《论非人类物种之内在价值》（"On the Intrinsic Value of Nonhuman Species"），首次发表于布赖恩·G. 诺顿主编的《物种保护：生物多样性价值》（*The Preservation of Species: The Value of Biological Diversity*）（普林斯顿大学出版社，1986：138-172)。此次重印得到了普林斯顿大学出版社的许可。

《大地伦理之观念基础》（"The Conceptual Foundations of the Land Ethic"），首次发表于 J. 贝尔德·卡利科特（J. Baird Callicott）主编的《〈沙乡年鉴〉手册：阐释与批评论文》（*Companion to A Sand County Almanac: Interpretive and Critical Essays*）（威斯康星大学出版社，1987：186-217)。

《伦理关注与外星生命》（"Moral Considerability and Extraterrestrial Life"），首次发表于尤金·C. 哈格罗夫主编的《超越地球飞船：环境伦理学与太阳系》（*Beyond Spaceship Earth: Environmental Ethics and the Solar System*，1986）。此次重印得到了西拉俱乐部出版社（Sierra Club Books）的许可。

导论　真正的工作[1]

一、环境哲学：起源与类型

当我于 20 世纪 60 年代中期在一所大学得到我的第一个职位时，我便满怀热情地开始了我的哲学生涯。那是一个激动人心的时代，特别是在学院与大学的校园里；那也是一个危险的时代，特别是在美国南部，我在那里找到自己第一份真正的工作。对一位理想主义的青年学人而言，当时正有三种严重的社会现象，既作为挑战也作为机遇矗立在人们面前：民权运动、和平运动与环境运动。对我而言，这三者中存在最大哲学机遇与智慧挑战的，似乎就是被称为"安静的危机"［quiet crisis，此乃斯图尔特·尤德尔（Stewart Udall）的著名用语］之环境危机。

我被卷入美国南部的民权运动与和平运动，未能得到当时雇主的理解。所以，1969 年，我在威斯康星州（Wisconsin）的中部沙县找到一份新工作。当时我并未意识到，自己已处于正在兴起的生态意识（ecological consciousness）与良知（conscience）的精神中心。

环境保护学院（School of Conservation）［即现今之自然资源学院（College of Natural Resources）］，为威斯康星州立大学－斯蒂文斯点（Wisconsin State University-Stevens Point）［即现今之威斯康星－斯蒂文斯点大学（University of Wisconsin-Stevens Point）］，铸造了鲜明个性。加盟该校之哲学系不久，我即建议开发一门全新的、叫"环境伦理学"（Environmental Ethics）的课程。它被设想为一门可以吸引大多数森林、野生物管理，及其他相关专业学生的课程，亦可额外允许我拓展如此预感：生态学（ecology）是一个蕴含着许多革命性哲学观念的宝库。随着时间的推移，哲学界少数其他学人也在不同地方推出类似课程。因此，起初，环境哲学仅仅是学院与大学周日课程中的一种相关物，有常任教职的哲学家们在这些学校纯属偶然地被激发开设和教授这门课程。在环境哲学家中没有或很少有一个共同体，直到尤金·C. 哈格罗夫在 20 世纪 70 年代后期创办了《环境伦理学：环境问题之哲学方面的跨学科期刊》（*Environmental Ethics: An Interdisciplinary Journal Dedicated to the Philosophical Aspects of Environmental Problems*，该刊于 1979 年创刊）。

自此，我们这些曾相对孤立地在此领域工作的人对于什么是环境伦理学与环境哲学开始形成一些很不相同的观念。有些人将它理解为应用伦理学的一个分支，就像生物医学伦理与企业伦理所做的那样——这二者也产生于大致相同的氛围与时期。[2] 据此，新的、奇异的技术——像核动力与遗传工程——已给人类带来新的、奇怪的环境危险。对此，以前的人类道德哲人未曾想见（或者，当代领先的元伦理学家们并不准备屈尊关注）。所以，环境哲学的任务便是将环境哲学家们自己喜欢的标准的道德理论——康德的道义论（deontology）、边沁的功利主义（utilitarianism）、密尔①的功利主义、罗尔斯的正义论等——应用于由新技术所造成的新的伦理困境，这些新技术已如此剧烈、危险地改变了"人类的"环境。由于西方道德哲学已然压倒性地（若非全部地）属于人类中心主义（anthropocentricism），亦即排他性地聚焦于人类的利益与人类的内在价值（或人类的经验），所以环境进入伦理学（如此视野下的环境伦理学）仍属于人类相互活动的领地。可以说，环境被如此对待：在人类道德主体与道德客体间，它是一个价值中立的向量。

将环境伦理学想象为一种应用伦理学，环境伦理学通常便是问题导向的。比如，学者们可能关注燃煤电器与其他使用或制造烟囱的工业所造成的酸性气体问题，努力找出谁应当因酸雨问题而受到谴责，以及如何对那些其"自然资源"已然受损的人们做出公正的补偿。或者，学者们可能会关注核设施的处所，以及以不公正、不自愿的形式将危险强加于一个国家

---

① 又译作"穆勒"。——译者注

的不同人群所引发的伦理问题。除了显然的伦理问题，像酸雨与核电站选址之类的议题还涉及复杂的技术问题（如人们对阳光中悬浮物的反应，以及低水平辐射扩散所造成的致癌潜在威胁问题）、复杂的经济问题（如工厂除尘的成本效益，以及确定每一美元旅游收入的准确增值因素），以及复杂的国际法与公共安全问题。

　　其他环境哲学家担心：在人们关注此类困惑时，如规则、平衡、表格、图表、合法技术，以及有关环境议题的自由主义、功利主义、平等主义等理论的相对伦理优势，更为深层的哲学问题，诸如自然环境自身的价值，以及我们对自然本身的责任（若有的话），却被忽略了。他们觉得，若环境伦理学仅满足于将西方的规范伦理理论应用于新的、复杂的环境议题，将此理论做一种新的应用，那么最基础的伦理问题在环境伦理学中就将没有地位。这些环境哲学家将致力于拓展传统的西方伦理理论，他们将非人类存在物纳入伦理学的直接受益者之中。[3]然而，传统西方伦理理论的弹性是有限的，因此，最合理的拓展至动物而终——甚至并非所有动物均被包括在内。[4]被设想为对道德的增加性拓展，能够超越物种界限的环境伦理学便因此而与动物福利伦理学（animal welfare ethics）高度一致——作为"动物解放"（animal liberation）而高度知名。[5]

　　与作为应用伦理学的环境伦理学相同，动物解放牢固地附属于主流现代西方伦理理论的途径与手段；但是它又与作为应用伦理学的环境伦理学不同，它并不聚焦于环境议题的复杂技术、经验与政治方面，将环境伦理学视为可靠、真实道德法则的应用舞台。其核心关注是：如何通过熟悉的伦理推理方法，将传统伦理理论的首要原则最好地拓展至更宽泛的道德客体。因此，动物解放有一个决定性的理论维度——使自己更具哲学特性，以区别于那些将哲学、公共政策、经济学、工程学以及环境科学等量齐观地融合在一起的综合性学科。

　　一位拓展主义者（extensionist）也许会始于一种他或她喜欢的传统伦理理论——康德的道义论、边沁的功利主义、密尔的功利主义、罗尔斯的正义论，或其他，并追问如何能将这些理论拓展至非人类存在物，通常是指其他脊椎动物，将它们置于人类伦理关注的保护伞之下。或者是一种相反的思路，一位拓展主义者可能始于一种道德直觉：某些动物，也可能是其他生物，应当被置于伦理关注的视野之下，并追问在西方道德哲学的可用选项中，哪一种理论可为此提供最有前景的理论原则。

环境哲学家的第三个分支通过对现代西方文明对自然的态度与价值观这样一种环境本身的反思，从环境危机中发现了一种从事深度批判的可能。因此，它不逊于任何一种广泛的哲学审查——需要反思的不仅是伦理学，还有整个西方世界观。这些哲学家，我把自己算作其中一员，已被称为"生态中心主义者"（ecocentrists），因为我们提供如此转变：将内在价值之中心从个体（无论是个体人类，还是个体高级"低等动物"）转向大地自然（terrestrial nature）——作为一个整体的生态系统（ecosystem）。[6] 与拓展主义者相同，生态中心主义环境哲学家更关注认知性，而非技术性、经济性与政治性问题；但是，与拓展主义者不同，生态中心主义环境哲学家更关注批评，而非拓展传统西方道德哲学（以及形而上学）。我们的目标是从基础上建立新的伦理学（以及形而上学）典范。

我相信有人会说，这是一个更为广泛、富有野心且自命不凡的环境伦理学观念，它似乎是一种最为激进的环境伦理学观念。即便如此，从一种甚至更为极端的角度看，它又相对保守：一方面，更激进者仍属自我立异的深层生态学家；另一方面，亚洲学者以及比较哲学家们建议，哲学自身及其理性的方法无论如何乃当代环境问题之一部分，而非该问题之解决方案。[7] 生态中心主义哲学家们像维特根斯坦的苍蝇（Wittgenstein's fly），仍在瓶子里——若我们想象自己能想出解决环境危机的途径，他们会表示同意。[8]

从另一角度讲，环境伦理学的生态中心主义方法是保守的甚至古典的：它将哲学召回到其在西方文化史中已被放弃的地位与作用中。20世纪哲学已从物理学的嫉妒中饱受痛苦。20世纪学院派哲学家已然追求为他们自己标出一片智力赛场（在此之前，所有其他领域已然为各门类科学所占领），将自己用一种神秘的、充满行话的、象征性的自我表达模式武装起来，只有他们自己知道他们在说什么。结果，哲学家们日益自我孤立，与更大范围的智力共同体不再相关。随着20世纪落幕，哲学已成为最琐碎、学究气最重的学科之一。

同时，我们生活于其中的这个世界正以令人眩晕的节拍变化着。全球景观已完全机械化，充斥着各式合成物。全球人口数量在不足一个世纪的时间内已增长三倍。物种灭绝事件正在我们的鼻子下发生，其速度与数量堪比恐龙的消失。在一个世纪的时间内——依地质学时间计量尺度即眨眼之间，人类光临地球时尚存的地上物种已有十分之一灭绝。物理科学已然探测到宇宙的边缘、时间的起点，并将深入物质的最精微结构。在此探测过程中，我们关于空间、时间、物质、运动，因此以及我们知识的性质等的基本观念，已然发生巨大变化。

对哲学家而言，今天，我们从未有过如此大的需求，去做我们先辈曾为之事——重新刻画世界图景，以回应彻底改变了的人类经验和从科学中喷涌而出的崭新信息与观念之流，探讨我们人类可能以什么样的新方式想象自己在自然中的地位与作用，勾画出这些伟大的新观念可能如何改变我们的价值，重构我们的义务与责任感。

二、奥尔多·利奥波德：开创性环境哲学家

在 20 世纪，其他思想家已部分地填补了由占主导地位的职业哲学家们的偏见所造成的思想真空，后者热衷于一些与现实世界相去甚远的特殊问题，也远离自苏格拉底以来激发西方思想家的基本问题。然而，另一些人则出人意料地登场了。他们是艾伯特·施韦泽（Albert Schweitzer）、阿瑟·凯斯特勒（Arthur Koestler）、奥尔德斯·赫胥黎（Aldous Huxley）、阿尔伯特·爱因斯坦（Albert Einstein）、沃纳·海森堡（Werner Heisenberg）、本杰明·沃夫（Benjamin Whorf）、克劳德·列维-斯特劳斯（Claude Levi-Strauss）、阿兰·沃茨（Alan Watts）。最近者则有加里·辛德（Gary Snyder）、马歇尔·麦克卢汉（Marshall McLuhan）、R. D. 莱恩（R. D. Laing）、保罗·谢泼德（Paul Shepard）、卡尔·萨根（Carl Sagan）、弗里特乔夫·卡普拉（Fritjof Capra）、E. F. 舒马赫（E. F. Schumacher）、威廉姆·欧文·汤普森（William Irwin Thompson）、弗兰西斯·穆尔·莱普、温德尔·贝里（Wendell Berry）、爱德华·O. 威尔逊（Edward O. Wilson）和斯蒂芬·杰伊·古尔德（Stephen Jay Gould）。

奥尔多·利奥波德（Aldo Leopold）便是这样一位业余思想家。作为一位富有思想性与理想主义色彩的年轻森林管理者，利奥波德致力于在亚利桑那（Arizona）与新墨西哥（New Mexico）捕捉游猎（game）、树木、山川、河流与土壤的动力学（dynamics）。[9]他对土地的理解因生态科学而成熟。依利奥波德的整体性思想，生态学既非仅仅是一门专业化科学，又非仅仅是为高效率开发自然资源而产生的一种工具与信息库。利奥波德以自身广泛的田野经验证明，生态学是一种感知与认知性把握自然界的有深度的新方式。此外，随着对生态学的理解加深，利奥波德发现自己的自然观念发生了改变。因此，他提出，生态学亦将孕育深刻的伦理法则。

但准确地说，由于利奥波德对历史与哲学方法的熟悉仅相当于获得初步教育的绅士水平，所以，无论他如何确有洞见，其文字对生态学形而上学与价值论内涵的表达都并不完善。利奥波德的简约文字风格使其生态哲学显得更加朦胧。他喜欢直接、精粹的散文。利奥波德的哲学文章简洁明快，极少长达十多页。其《沙乡年鉴》（*A Sand County Almanac*）乍看起来杂乱无章，但其中利奥波德高度浓缩的生态学视野本质的表达并非不得要领，像一位学院派哲学家所可能的那样；而且，随着描述、示例、图表分量的逐渐积累，其概要性论点最终出现在该著之高潮性篇章——《大地伦理》（"The Land Ethic"）之中。

我在20世纪70年代早期初次与利奥波德的这部作品相遇时，从中发现了对当代环境伦理学而言恰如其分的东西。作为上述第三种环境哲学家，我觉得，利奥波德的《沙乡年鉴》正是一块试金石、一部开创性经典著作。我愿意充实其观点。利奥波德本人仅仅提出这些观点，我愿意将他的这些观点（特别是其伦理学观点）与西方哲学史上那些可以对他富有内涵的文字做出回应的先贤的观点联系起来。

通过本文集所收之论文，在近十年的时间中，我致力于更全面地拓展、阐释、历史化与捍卫"大地伦理"（land ethic）。我的几位同事与朋友劝我将它们汇为一册，不只为了方便，更是因为它们在主题上有关联，合起来可以呈现一种统一的环境哲学。

如此所示，我已将这些论文依论题分类。于每一论题内，论文呈历时排列。这样，每一论题内的论文将以平行方式展示。我已然抵制了那种对论文做实质性修改的诱惑。在将论文收入本文集时，我补充了一些，润色了一些，特别是对早期那几篇。在不同的地方，我在风格上做了轻微的修改，或在付印时校正了一些拼写错误。由于每篇论文曾各自独立，将它们汇为一集就难免有交叉与重复。但是，对本文集之整体思想框架而言，每篇论文各有独特贡献。

三、论文之结构与诸机缘

第一编。我的工作可能与对动物解放/权利之环境批评关系最为密切，故而我可能因对动物福利伦理学与环境伦理学所做的区分而最为知名。无论如何，首次发表于 1980 年之《环境伦理学》的《动物解放：一项三边事务》一文是我最著名——或最败名——的文章，这要看你如何评价。在此次印行时，这是一篇我最想修改（审查）的作品。它曾有意挑起争论，也确实引起了争论。

在很大程度上，由于彼得·辛格（Peter Singer）与汤姆·里甘的勤奋和哲学上的敏锐，拓展主义（extensionism）在 20 世纪 80 年代初似乎全面接管了环境伦理学。对我而言，争论似乎变得日益两极化——只发生在"人类中心主义者"（anthropocentrists）［我称之为"伦理人文主义者"（moral humanists）］与动物解放主义者（animal liberationists）［我称之为"人文道德主义者"（humane moralists）］之间。我想将注意力吸引到对我来说似乎是被忽略了的争论的第三方。这是一种更激进的生态中心主义观点，它得到了奥尔多·利奥波德的经典拥护。我在此方面也很成功。它对我而言特别重要，因此这不仅使我有机会将它收入本文集，与其他更温和地、考虑得更周到地阐释和推演利奥波德大地伦理的文章并列，而且使我有机会将它与我那些更温和地、包容地描述动物福利伦理学的文章放在同一编。

重建沟通上述三者的桥梁——此三者间的争论亦因我而起——之进程始于我对汤姆·里甘之著作《动物权利案例》（*The Case for Animal Rights*）的评论，评论文章发表于 1985 年的《环境伦理学》。虽然该评论对里甘于生态中心主义环境伦理学之反击提出批评，但它在结尾时提出了一种思路：对动物福利伦理学与环境伦理学进行理论上的重新整合。在《动物解放与环境伦理学：重归于好》（"Animal Liberation and Environmental Ethics: Back Together Again"）一文中，我力图将在评论里甘时所建议的重新整合动物福利伦理学与环境伦理学的理论工作贯彻下去。该文曾在伦理研究学会和美国哲学学会太平洋分会于 1988 年 3 月在俄勒冈州（Oregon）普特兰市（Portland）联合举办的一次关于动物的会议上宣读，随后同年发表于《物种之间》（*Between the Species*）杂志。这三篇关于动物解放/权利与环境伦理学的文章构成本文集之第一编。

第二编。在这一部分，我以利奥波德之大地伦理为基础拓展出一种整体主义环境伦理（holistic environmental ethic）。本编第一篇——《环境伦理要素：伦理关注与生物共同体》写于 1977 年，我曾应邀于威斯康星哲学学会宣读了这篇论文，并将其发表于《环境伦理学》创刊号。它非常清楚地表明了我的关注点，用专业性的、受尊敬的词语表达——逻辑符号与一系列命题——完善了利奥波德之大地伦理的基本原则。

本编第二篇——《大地伦理之观念基础》写于 1985 年，它代表了我在全面、系统地澄清利奥波德之大地伦理的认知因素与逻辑方面的最佳努力，即用哲学话语全面地呈现大地伦理。它被收入了《〈沙乡年鉴〉手册：阐释与批评论文》。这是一本由十位作者撰写、十二篇文章组成、由我编辑的文集，由威斯康星大学出版社出版，以纪念利奥波德诞生一百周年。

本编第三篇（收尾之作）——《生态学之形而上学内涵》，宣读于由亚洲与比较哲学学会和美国哲学学会东部分会于 1986 年在华盛顿联合举办的学术会议，随后同年发表于《环境伦理学》的一个以"环境哲学的亚洲传统思想观念资源"为题的专刊［它与《东西方哲学》（*Philosophy East and West*）杂志的一个补充性专题相配合］。此文在最广义的认知范围内，将利奥波德之大地伦理定位为一种系统的生态学/量子理论之范例，大地伦理在此意义上作为一个象征始有其根基。

第三编。大地伦理的两个最具革命性的特征是：其一，从强调部分到强调整体——从个体到共同体；其二，从强调人类到强调自然，从人类中心主义到生态中心主义。前者是本文集第二编的主题，后者则构成本文集第三编的主题。伦理整体主义与生态中心主义分别代表了，也同等地标识着对环境哲学家的挑战，因为它们几乎冲击了整个西方伦理思想史的主流。合而言之，一种整体主义与生态中心主义的伦理，显然将从实践上否定任何继续应用西方伦理遗产以表达自我之企图。

我写作《休谟是/应当二分法及生态学与利奥波德大地伦理之关系》，本文集第三编之首篇，是为了 1981 年在佐治亚大学（the University of Georgia）召开的一次环境伦理学与当代伦理学理论会议。它于第二年（1982 年）发表在《环境伦理学》上。它处理一个对任何伦理学而言都是核心的却也有限的问题，一个试图获得科学支持的问题，由事实导出价值、由是导出应当的问题，有时被称为"自然主义谬误"（naturalistic fallacy）的问题。该问题最先由休谟于 18 世纪提出。对我而言，在休谟的伦理学中，我们也许可以发现一种能超越人类中心主义的理论。在我看来，显然令人愉快的是，休谟的价值理论实际上正处于利奥波德之大地伦理的核心，利奥波德经由达尔文（Darwin）将它吸收进自己的理论，达尔文曾广泛地对休谟及其更年轻的同代人亚当·斯密（Adam Smith）的观点有所吸取。

《论非人类物种之内在价值》一文为马里兰大学（the University of Maryland）哲学与公共政策工作组 1981—1982 年的物种保护工作而准备，它最终发表于由布赖恩·G. 诺顿主编的《物种保护：生物多样性价值》，1986 年由普林斯顿大学出版社出版。在此文中，我考察了西方传统中有关价值理论的诸多历史方法并提出，在已有的诸选项中，休谟-达尔文-利奥波德方法（Hume-Darwin-Leopold approach）最宜于生态中心主义环境伦理（ecocentric environmental ethic）。

在《内在价值、量子理论与环境伦理学》一文中，我努力超越由休谟引发的历史价值论，达尔文的进化论为其奠定基础，利奥波德又将它拓展到生物共同体（biotic community）。量子理论已将认知视野从休谟-达尔文-利奥波德方法转移至自然的内在或固有价值（intrinsic or inherent value of nature）。此文在新物理学的启示下，概括了关于自然之内在价值的两种理论。我曾在佐治亚大学于 1984 年举办的关于环境伦理学新方向的会议上宣读此文，它于次年（1985 年）发表于《环境伦理学》。

第四编。通行的环境文献总是将某种形式的大地智慧归属于传统的美洲印第安人，作为当代西方文明的对象性参照。然而，职业人种学家与人类学家将作为生态学导师的美洲印第安人视为一种无意义的新浪漫主义，一种 20 世纪 60 年代后环境伦理学阐释（spin）下的高贵野蛮人（Noble Savage）。本文集第四编拓展出一个假说：美洲印第安人（至少是其中某些人）确实支持一种环境伦理，并且在抽象结构上，这种环境伦理与大地伦理类似。

托马斯·W. 奥弗霍尔特与我曾合写了一册名为《以羽为衣及其他故事：奥吉布瓦世界观导论》（*Clothed-in-Fur and Other Tales: An Introduction to an Ojibwa World View*）的课本，乃我们在威斯康星-斯蒂文斯点大学所开课程——"美洲印第安人环境哲学"的教材。在为写作该课本而进行研究时，我惊奇地发现：传统奥吉布瓦人（Ojibwa）（及其他次北极区域的人）用一种本质上是社会模式的方法呈现其自然环境。虽然这种模式的材料是神话，但它与一种生物共同体——大地伦理的核心概念——在形式上同一。在《传统美洲印第安人与西方欧洲人对自然之态度：一种概观》（1982 年发表于《环境伦理学》）一文中，我致力于在传统的奥吉布瓦大地伦理与利奥波德大地伦理之间发掘一种类似关系，并提出，随着时间的推移，某些对以下观念的批评将被证明是错误的：美洲印第安世界观概念为当代环境伦理学提供了一种有益资源。《美国印第安人之大地智慧？：澄清论题》（"American Indian Land Wisdom?: Sorting Out the Issues"）宣读于 1986 年在内布拉斯加大学（University of Nebraska）召开的题为"草原印第安文化：过去与现在的意义"的论坛，3 年后发表于由保罗·A. 奥尔森（Paul A. Olson）编辑的《为大地而斗争：本土理解与工业帝国》（*Struggle for the Land: Indigenous Understanding and Industrial Empire*）。发表时原文得以精练，论点得以拓展。

第五编。本文集之尾编，我在此用威斯康星邻居与邻谊创造了一种更具体的威斯康星沙乡哲学家与乡民形象。《作为教育者的奥尔多·利奥波德论教育，及其当代环境教育语境下之大地伦理》一文乃中西部环境教育学会于 1981 年举行的一次会议上的主题演讲，次年（1982 年）发表于《环境教育》。奥尔多·利奥波德不只对教育"有兴趣"，人们可以主张，就如我在此文中所确实主张的那样，对利奥波德而言，大学的生态学教育乃实现大地伦理之钥匙——无论是在政策、实践层面，还是在理论层面。我写作《利奥波德之大地审美》是为了一次由佛罗里达大学（the University of Florida）人文学科与农业项目组发起的题为"农业、变化与人类价值"的会议。1983 年发表于《水土保护》。利奥波德对工业化农业的超前性批评、对可持续农业或"农业生态学"（agroecology）的提倡，都属于他鲜为人欣赏的贡献。这些设想已融入温德尔·贝里、韦斯·杰克逊（Wes Jackson）与马蒂·斯特兰奇（Marty Strange）的当下工作中。在《利奥波德之大地审美》一文中，我力图概括出《沙乡年鉴》中所存在的环境审美。依利奥波德的立场，此乃一个与其环境伦理学同等重要的主题。利奥波德在威斯康星州中部的一个农场工作环境中充分地展示了环境审美这一主题。

尤金·C. 哈格罗夫邀我为其主持的一个"空间会议"——1985 年在佐治亚大学召开的以"环境伦理学与太阳系"为主题的会议——提供一篇论文，这无意间激发了我对空间开发与星际旅行这一当代浪漫主义的兴趣。我为此次会议写作了《伦理关注与外星生命》一文，该文于次年（1986 年）被收入由西拉俱乐部出版社编辑的来自此次会议的名为《超越地球飞船：环境伦理学与太阳系》的论文集。该文之主旨虽然并非转变为"大地中心主义"（terracentricism）或"地球沙文主义"（Earth chauvinism），但却揭示了大地伦理的重要局限。一种伦理若想包括任何东西，则实际上一无所有。大地伦理意欲包括"土壤、水、植物与动物"，似乎已陷入一种致命的混杂，直到它将地球外的诸实体也包括在内。我努力提出，大地伦理如何以及为何不能将后者包括在内。该文体现了我称之为大地伦理中所具有的"哥白尼观念因素"的重要性。它因为清楚地揭示了大地伦理的局限，所以很适合作为本文集的收官之作。

四、展望

本文集诸文所推荐与拓展的环境哲学方法从根本上突破了规范的现代道德哲学，而源于现代生物学关于自然环境与人类特性的思想。康德与边沁的思想乃规范的现代道德哲学之根源。保罗·泰勒（Paul Taylor）

最近所拓展的生物中心主义的（biocentric）——而非生态中心主义的（ecocentric）——环境伦理，本质上符合康德的思想。[10]边沁，功利主义之父，乃人类中心主义环境伦理学（特别是经典的美洲环境伦理）与拓展主义环境伦理学灵感的终极根源。奥尔多·利奥波德之大地伦理坚实地扎根于自然史——扎根于进化论与生态学。其最清晰的先导乃查尔斯·达尔文在其《人类的由来与性选择》（*The Descent of Man and Selection in Relation to Sex*）中所呈现的道德结构。我想，对一种具有广泛生物学关注或方向的伦理学，即一种生态中心主义伦理学而言，具有坚实的生物学基础，根植于一种对自然、人类心理和行为的进化论的与生态学的理解，是极为适合而优雅的。

达尔文之伦理学阐释的当代继承者，今天称之为社会生物学（sociobiology）。本文集诸多论文提及并涉及社会生物学，然未能从社会生物学中提供任何恰当、严密的环境伦理学成果。依我之见，社会生物学的倡导者和批评者错误地理解和呈现了其独特的伦理学内涵。我认为，在正确理解与积极呈现下，社会生物学可以为整体的道德哲学，特别是环境伦理学提供丰富的思想资源。因此，我想，这些文章反因其显著的不足为今后的环境伦理学研究——立足当代社会生物学与生态学的环境伦理学——提示了一个重要方向。

进化论与生态环境审美之充分拓展代表了本文集诸文在此所提示的全球性环境伦理学研究的第二个重要方向。对奥尔多·利奥波德而言，一种恰当的大地审美与一种恰当的大地伦理同样重要。比之于伦理学，环境哲学家与生态哲学家群体给予自然美学的关注已大致同其对环境伦理的关注类似。

虽然激发本文集诸文的环境哲学观念极为重要，但我并不贸然以为这些文章比当代哲学其他领域的真正的工作更重要。我深为忠守的西方哲学传统对环境哲学之核心而言至关重要。我将这些文章呈现出来，不仅是对利奥波德开创性的环境伦理的一种捍卫，而且是努力对其事业做一种批评性拓展。这些文章若能在某种程度上有助于对当代哲学思想之重新定位，本人将会喜出望外。

第一编
动物解放与环境伦理学

第一章 动物解放：一项三边事务

环境伦理学与动物解放

部分地源于对西方哲学而言它是如此新颖（或至少迄今只是极少出 场），在哲学术语词汇中，环境伦理学（environmental ethics）尚无准确、固定的常规界定。然而，奥尔多·利奥波德目前被公认为环境伦理学之父或奠基性开创者。其"大地伦理"已成为一种现代经典，并被作为一种可昭示环境伦理究竟为何物的标准范例或典型示范来对待。若以利奥波德之大地伦理为典范类型，环境伦理学便可被明确地界定。我并非如此建议：所有的环境伦理学必须符合利奥波德之范例，只是就一种类似于可能被应用的利奥波德大地伦理之伦理系统而言，为效果更佳计，愿将此大地伦理作为一种衡量某理论是否达到环境伦理学的标准。

这是利奥波德的意见，当然也是对西方伦理学普遍传统的一种全面回顾。无论大众还是哲学界均总体上承认：西方传统的伦理学体系尚未将伦理地位（moral standing）授予非人类存在物。[1] 土壤、水、植物与动物，这些利奥波德归之于伦理受益者（ethical beneficiaries）共同体的东西，并未享有伦理地位、权利与尊重，这与人类成员的情形形成鲜明对比。对后者而言，我们的行为若被"伦理地"或"道德地"考虑，我们的权利与利益理想就必须被平等地、公正地关注。因此，利奥波德之大地伦理的一个基本且新颖的特点就是，将直接的伦理关注（ethical considerability）从人类拓展到非人类的自然实体（nonhuman natural entities）。

乍一看，近来标之以"动物解放"（animal liberation）或"动物权

利"（animal rights）的伦理运动似乎直接且核心地就是一种环境伦理
学。[2]动物解放主义者中，更激进者代表牛、猪、鸡，以及显然受到奴役
与压迫的其他非人类动物，声称它们应该得到同等的伦理关注。[3]这种新
的超平等主义理论家已铸出新词如物种主义（speciesism）——类似于种
族主义（racism）与性别主义（sexism），以及人类沙文主义（human
chauvinism）——类似于男性沙文主义（male chauvinism）。他们已将动
物解放似乎弄成（可能也并非不恰当）下一场最为大胆的政治自由主义运
动。[4]当他告诉我们他的大地伦理改变了智人（homo sapiens）的角色，
将智人从大地共同体的征服者改变为此共同体的普通成员与居民时[5]，奥
尔多·利奥波德也利用了政治自由主义的比喻。对动物解放主义者而言，
这一运动类似于一场为妇女和少数人种争取平等权利与关注而发起的意识
形态战争。下一个且最大的挑战就是，为所有（实际上是某些）动物——
无论哪个物种——争取平等，先是理论上的平等，然后则是实践上的平
等。这比全面、清晰的历史进程（允许将动物视为人类成员）更夸张地揭
示了如动物解放主义者所提倡的伦理权利从人类成员的少数人拓展到多
数人的轨迹，并与利奥波德在其《大地伦理》一文中的设想——在过去的
三千多年中，"伦理标准"在历史进程中被拓展到越来越多的"行为领域"
（fields of conduct），或是被拓展到越来越大的人类群体——类似。[6]如利
奥波德所倡导的，大地伦理是一种文化上的"进化可能性"，是"进化序
列的下一步"[7]。可是，对利奥波德而言，比之于动物解放主义者的想象，
这个依序而来的下一步规模更大、更具包容性，因为它"将（伦理）共同
体的边界拓展至包括土壤、水、植物与动物"[8]。因此，可如此理解动物
解放运动，即它将利奥波德可能不易领会的、全包容的环境伦理分割为一
系列更易领会的阶段：今天主张动物权利，明天强调植物权利，之后则会
为山石、土壤以及其他土壤化合物呼吁一种全面的伦理地位；在更遥远将
来的某一时刻，也许还会为水和其他要素性实体争取自由与平等。

　　然而，仅循此径，在此种更具包容性的环境伦理学展开的渐进式进程
中，亦有些不协调的似乎荒唐之处。无论为某些动物争取权利是否更为合
理，当我们发展到为植物、土壤与水争取权利时，其合理与荒唐的边界便
明显重叠了。是的，利奥波德无疑提倡大地（在其包容性内涵的意义上）

乃伦理关注的对象。比如在他看来，山毛榉和栗子拥有与狼和鹿同样多的谋求生存的"生物权利"（biotic rights）。对利奥波德而言，讨论人类行为对山峰与水流的影响是一种伦理关注，这种关注的真实性与严肃性同我们对养鸡场叠层喂养母鸡之舒适度与存活期的关注相同。[9]实际上，表面上看利奥波德从未关注过农场里人们如何对待叠层喂养的母鸡，或从未认为如何对待食槽里的公牛是个突出的伦理问题。他更多关心的是农场里小块林地的完整性，以及清除了陡坡上的植物后将对相邻水系有何影响。

　　动物解放主义者通过成为素食主义者，将其伦理应用于实践（亦展示其对动物的热爱）。素食主义者伦理的复杂性在近期文献中作为动物权利的一个附属性话题，已得到全面讨论。[10]［然而，尚未有人——如巴特勒（Butler）笔下的埃伦沃尼人（Erewhonian），对食用植物表示过疑虑，如果下一步有人捍卫植物的权利，那么这种敏感就可能潜在地被期望出现。］相比之下，利奥波德甚至未对狩猎动物表示过谴责，更不用说食用动物。他个人也从未放弃狩猎。对于狩猎，他自童年就有热情，直到他将伦理责任拓展到人类之外的领域。[11]对于利奥波德这种行为上的独特性，曾有不同的阐释，一种阐释是：利奥波德没有意识到其大地伦理实际上应当要求禁止狩猎、残酷的杀戮与食用动物。此种阐释的一个推论是：利奥波德如此迟钝，理当被视为愚蠢——其结论不能与他通常在其他方面所表现出的智力敏感性匹配。若非愚蠢，那么就可能是一种伪善。可他若是个伪君子，我们就应当期望他取消其在血腥运动、食肉方面的爱好，把此类爱好视为一种可耻的恶行，只是私下从事而已。但实际上对他而言，对"大地伦理"的热爱，与对杀戮和消费性娱乐（consuming game）的不害臊回忆，二者不可分割。[12]若动物的权利被认为与妇女的权利，以及从前受奴役种族的权利类似，那么这一术语（如物件）在被用于动物时，就显然在伦理上类似于称一位性感的年轻女子为"妓女"，或称一位强壮的年轻黑人为"雄鹿"。对利奥波德认可有规律、受限制的狩猎运动（以及食肉）的第三种解释是，这是一种与他所设想的大地伦理并不矛盾的人类与动物行为。此种解释的推论是：利奥波德的大地伦理与动物解放运动的环境伦理源于很不同的理论基础，所以它们是两种很不相同的环境伦理学。

　　对于动物解放主义者所急切关心的家养动物的苦难，利奥波德表现出一种漠不关心的态度。利奥波德急切关注的是植物、动物的物种灭绝以及土壤的侵蚀与河流的污染。这些关注点之差异，不仅意味着不同的伦理视野，而且意味着基础性宇宙观的不同。本节讨论开始时所表现出的动物解放运动之环境伦理与经典的利奥波德大地伦理间的优雅相似性，根据上述考察就显得很表面了，它遮蔽了二者在思想与价值方面的基础性差异。动物解放运动与利奥波德大地伦理二者的理论基础可能不是相互平行、补充或协调的。因此，动物解放主义者发现自己不仅陷入同诸多坚持人与"野兽"区分的保守哲学家们的争论，而且面临来自另一种很不相同的环境伦理学体系的意外质疑。[13]动物解放与动物权利可能已然是一项三边的而非如迄今哲学共同体所示的两极性的争论。

伦理人道主义与人文道德主义

对于如此建议——非人类动物应当获得伦理地位，"伦理人道主义"（ethical humanism）（如此哲学视野所示）之正统反应是：这些动物并不值得得到如此高的额外奖赏。只有人类是理性的，或能够具有利益，或拥有自我意识，或具有语言能力，或能呈现未来，如此等等，不一而足。[14]这些本质性归因（单独地或不同组合地）使人们在某种程度上排他性地值得获得伦理关注。伦理人道主义坚持认为，那些所谓的"低等动物"缺乏伦理关注所需要之关键特性，故而可能被作为事物或工具而非人或目的来对待（虽然如某些人所言是人道地对待，而非残酷地对待）。[15]

动物解放运动的理论家们（他们可能被称为"人文道德主义者"）会做出如下典型回应[16]：根据上述各式依据，并非所有人类存在物都有资格获得伦理关注。因此，同理可证：人类成员中那些没有资格成为伦理客体（moral patients）者就可能面临通常动物们所受之待遇——仅仅被作为事物或工具来对待（比如，被用于活体解剖实验；若他们的存在令其他人不便，他们便会被处理掉，被吃掉，或被用于狩猎，等等）。但是，伦理人道主义者可能会对以下行为表示伦理愤怒：缺乏理性或口齿不清的婴儿如果被用于充满痛苦的或可致死的医学实验；或者有严重智力缺陷的人如果被用于狩猎以取乐。因此，伦理人道主义的这种双重面孔、伪善似乎就暴露出来了。[17]伦理人道主义虽然主张在一视同仁地使用客观标准的基础上区别合格的与不合格的伦理客体，但毕竟暴露出似乎是一种物种主义的、一种难以在哲学上为自己辩护的针对动物的偏见（类似于种族偏见）。伦理人道主义的立场将导致如下推论：某些动物，通常是低等动物中的那些高级部分（鲸类、其他灵长类等），如动物行为学（ethology）研究所示，可能符合某些伦理价值（moral worth）之标准。然而即使如此，伦理人道主义者也并不准备赋予它们人类所享有的全部尊严与权利。简言之，人文道德主义者主张，虽然伦理人道主义者在实践上力图使伦理上值得关注者一族与人类一族相交融，但他们为伦理地位所设的种种标准并不包括所有人类，或并不只包括人类。

　　人文道德主义者，就其自身而言，坚持将感受力（sentience）作为一种存在物享有全面伦理地位所需要具有的唯一能力。他们主张，如果动物是一种意识性实体［conscious entity，这种实体虽然缺乏理性、语言、预想甚至自我意识（无论这一点如何判断），但却有能力感受痛苦］，那么这些动物的痛苦就与我们人类同胞的，或者更严格地说，与我们自身的痛苦一样，应该获得伦理关注。理性（或其他任何所谓的人类之独特能力）与伦理地位到底有何关系？换言之，为什么那些具有理性或使用语言（等等）的存在物就能拥有伦理地位，而那些不具有此类能力的存在物就不能拥有伦理地位？[18]这是否就像说：只有白色皮肤的人才是自由的，或者说，只有男人而非女人应当拥有财产？对它所选择的利益而言，其标准似乎极不相关。另外，对伦理地位而言，感受痛苦的能力似乎是一个更具相关性的标准，因为，如现代著名哲学家边沁、密尔以及古代著名哲学家伊壁鸠鲁所断言，痛苦是一种恶，其反面即快乐与免于痛苦则是善。作为伦理主体（moral agent）（这似乎是自明的），我们有责任如此行为：我们行为的效果就是尽可能地促进与得到善，减少恶并使之最小化。这等同于产生快乐和减少痛苦的义务。不管发生在哪里，不管对何人而言，痛苦都是一种不幸。作为一种伦理主体，在确定一种行为的过程中，我不应当认为自己的快乐与痛苦会比别人的快乐与痛苦更重要。同理，如果动物遭受了痛苦——只有严格的笛卡尔派哲学家会否认动物能感受痛苦，那么，就像面对人类所遭受的痛苦一样，我们将有伦理义务将动物的痛苦视为恶，由

20　有良知的伦理主体将其痛苦最小化。[19]据此，我们给动物造成痛苦的行为，诸如狩猎、屠宰与食用以及用动物做实验，当然应当受到道德谴责。因此，一个认为他/她自己并不志在度过最为自私、方便或谋利一生的人，正确地遵循由这些论点所确认的实践原则，就应当停止食用动物、打猎，不再穿着由动物皮毛制成的衣服、佩戴用动物骨头制成的饰品，以及使用其他由动物身体制成的物品，就应当不再吃鸡蛋、喝牛奶，若生产鸡蛋和牛奶的动物被驯养于不人道的环境，还应当中止对动物园的资助（此乃出于一种动物心理，或非生理痛苦）。另外，某些很简单的动物几乎确实对快乐与痛苦并不敏感，所以从伦理上说可以无足轻重地对待它们。为何树木、河流、山峰或任何有生命的或附属于生命过程的没有意识之物应当被尊重？没有任何伦理上的理由。人文道德主义者，如同伦理人道主义者一样，在值得伦理关注之物与不值得伦理关注之物之间做了明确的区别。对于自然实体之范围，他们只是要坚持一种不同但却很确定的划分。他们想说明，比之于伦理人道主义者，他们人文道德主义者的标准与论点在伦理上更具合理性（认同某些假设），亦可更一致地践履之。[20]

大地伦理的首要原则

众所周知，人文道德主义的基本原则是边沁主义的。善等于快乐，更准确地说，恶等于痛苦。目前来看，当所有的争论尘埃落定，伦理人道主义者与人文道德主义者之间的激烈争论似乎在本质上是两败俱伤的；至少，这场战斗的边界正沿着人们熟悉的观念地形（conceptual terrain）之分水岭展开。[21]边沁的经典伦理学理论已被重新改造，以便能符合一种相对新颖的、并无先例的相关伦理语境——特别地由农业工厂，以及更为奇特的、使用动物材料的、通常被人们从坏处想象的科学研究所引起的问题。那么，那些与托马斯、康德、洛克、摩尔等存在伦理学联系的人们，已听到号召，并准备好战斗。这么多学院派哲学家被卷入这场争论，这并不稀奇。对他们来说，这些论题似乎很新颖；再者，他们是社会与政治领域的先锋派。但是，这些争论对他们所珍视的首要原则（first principle）而言并不构成严峻的挑战。[22]因此，无须进行任何创造性的伦理反思或拓

展，无须对历史上的伦理学理论进行重新审查，一场新的争论已经被激 *21*
发。熟悉的历史性立场只是被修改、应用与操练。

　　然而，关于动物解放争论的第三方（当然是少数派）的情形又如何？
哪种合理且具有一致性的道德理论能立即如此号召：动物（还有植物、土
壤与水）和人类同被归入应当得到伦理关注的存在物的范畴，但并不反对
屠杀与食用其中的某些动物（不管是否会使它们遭受痛苦），也不反对另
一些动物可以被猎杀、围捕，以及用其他似乎残酷的方法对待它们？ 奥尔
多·利奥波德为大地伦理之道德律令（categorical imperative）或原则性
法则提供了一种简约陈述："一物趋于保护一个生物共同体之有机性、稳
定性与美即为是，趋于相反则为非。"[23]此命题中值得特别注意，以及此
种关注需导向的是如此观念：生物共同体之善乃伦理价值、行为是非之终
极标准。因此，在特定区域捕猎或杀死一只白尾鹿不仅在伦理上是允许
的，而且实际上可能是一种伦理要求，为了保护当地作为一个整体的环
境，为了避免当地鹿科种群数量激增所带来的非有机性后果。另外，稀有
的与处于危险境地的动物，如山猫，应当获得特别的喂养与保护。这些山
猫、美洲狮，以及其他野生猫科捕食者，若从新边沁主义角度看（若能持
续、公正地应用之），应当被视为残忍、放肆、无可救药的杀手。这些家
伙不只是杀死其猎物，更有甚者，它们还残酷地戏弄其猎物，因此增加了
这个世界的痛苦值。立足大地伦理，捕食者作为其所属生物共同体之关键
一员，总体而言应当得到保护。同样，某些植物对生物共同体之有机性、
稳定性与美而言极其重要，而某些动物如家养绵羊（一位平等主义者与人
道的牧人可能允许这些绵羊自由地吃草，任意地繁殖，并不期望从中收获
羊羔与羊肉），对一个既定区域的自然植物共同体而言却可能是一种灾难
性威胁。所以，大地伦理在要求将伦理关注给予植物与动物的同时允许杀
死动物、砍伐树木等等，这是逻辑自洽的。在每种情况下，对生态系统的
影响是决定行为之伦理性质的关键性因素。新边沁主义伦理学认为的善意
行为，从大地伦理学的角度看，可能被认为是一种伦理放纵（morally
wanton），反之亦然。除已提及者，前者还可以如下情形为例：将奶牛逐 *22*
出位于一面陡坡的林地草场，在坡头可俯瞰鲑鱼活跃的溪流（考虑牛乘凉
之乐与其食物的多样性），因这些牛对这片林地的植物与野生生命共同体

（原住于此的树木、溪流中的鱼类与水下有机物，以及微生物与这片土壤自身的物理化学结构）具有毁灭性影响。后者可以如下情形为例：诱捕海狸（从各方面看，这都是一种高度敏感、具有智力的动物）或改变它们的迁移方向和所筑的坝，以消除其他方向自由流动水流中的沉积物（考虑到由昆虫和当地鱼类，苍鹭、鱼鹰以及其他水生物的鸟类捕食者构成的复杂共同体，这些生物从人类中心主义意识来看，比之于海狸，属于低等动物）。

大地伦理与生态观

大地伦理的哲学语境和观念基础显然是实践经验与由生态学这一术语所概括的理论。虽然自然主义谬误的幽灵围绕着从事实（与/和可能是科学理论）中发现价值之主张盘旋，但此自然主义谬误（或事实与价值之间的裂隙）对形式伦理学（formal ethics）而言，本质上是一种逻辑问题。显然，如下两种方式之间似乎经常存在着强烈的心理联系：一乃想象或理解世界的方式、事物的何种状态被认为是好的或坏的，一乃判断行为正误的方式，以及作为伦理主体，我们承认具有何种责任与义务。[24]

生态学因聚焦于事物间与事物中的关系，故而倾向于学习生态学的学生对这个世界持有一种更为整体性的视野。在生态学作为一门科学于近年出现之前，有人可能会认为，景观似乎就是一些对象的集合，其中有些有生命，有些有意识，但它们都是许多独立个体对象的累积与集合。带着这种对事物的原子主义呈现，伦理事务被理解为每个追求自身"利益"的独立个体之"权利"间的竞争的、相互矛盾的冲突，便毫不奇怪。生态学使我们有可能将同样的景观理解为一种相关联的统一体（此处并无任何神秘主义或不可言说性暗示）。普通的有机体具有相关联的、可识别的部分（肢体、各种器官、无数的细胞）；由于这些部分之间存在着网络式的关系，所以在一种很熟悉的意义上，它们形成了一种第二级整体（second-order whole）。同样，生态学使我们有可能将大地理解为一种由有机联系着的各部分所形成的统一系统，即第三级有机整体（a third-order organic whole）。[25]

另一种类比有助于生态学家传达一种特殊的、由生态学所赋予的、可用于反思的整体观：就像人类共同体是一种有机体一样，大地也是一种有机体。"生物共同体"的各个部分（个体动物与植物）经济性地相互依赖，这样，系统自身获得其显著特征。就像我们有可能概括与定义作为群体的农民社团、农业共同体、工业组合体、资本主义、共产主义与社会主义之经济体系那样，生态学也可以概括与定义各种生物群系（biomes），如沙漠、大草原、湿地、冻土、林地及其他共同体，其中之每一物均是一种特殊的"行当"（professions）或"生境"（niches）。

现在我们可能认为，作为伦理主体，我们对自身所具有的责任就是自我保护。这种责任可被理解为维持我们自身机体的有机性。在伦理理论史上，此种见解并不少见。再者，除了发现那些我们在与自己及其他人的关系中所具有的特殊单个责任外，我们也具有如下责任：我们的行为方式不能损害社会自身之结构。大地伦理以一种极相似的形式，要求我们关注最近发现的一种有机性——换言之，生物区的统一性（the unity of the bio-ta），确定了伦理主体对其所属共同体的责任。无论社会共同体概念与伦理责任之间存在着怎样严格的形式逻辑关联，关于此二者的观念与意识之间都确实存在着很强的心理联系。因此，用利奥波德的话说，表现为"一种活跃的共同体"（或在其不太连续的讨论中所称的第三级有机体）的自然环境发挥着作用，无论理性与否，那些我们在精致、复杂的关系中所感受到的意识的刺激，正发挥着社会与有机系统的功能。[26]

确实，新边沁主义人文道德主义者已然消化现代生物学所具有的一些形而上学意蕴。他们主张必须将人类与自然界的其他有机物做相联系的理解。人类是（且只是）动物，动物解放运动维护达尔文主义的行为，与某些哲学家做斗争，这些哲学家仍沉湎于如此梦想——与其他"造物"相比，人类具有特殊的形而上学地位。在此意义上，动物解放运动具有生物学意义上的启蒙作用，它立足人类与野兽所形成的类型学和进化论意义上的统一体，主张非人类动物也具有伦理地位。确实，在新边沁主义人文道德主义者看来，痛苦乃恶之本质，它对人类与其他敏感动物而言是明显相同的。痛苦乃如此之物：作为人类，我们不是根据自己超猿类的大脑能力（metasimian cerebral capabilities），而是因为我们参与到一种更为总体性的动物缘基性意识（limbic-based consciousness），才体验到它。如果痛苦与遭罪这种终极之恶困扰了人类的生活，如果这并不是根据人性而是根据动物性，那么显然，对那些可与我们分享此种经验模式的动物而言，唯有努力使其从痛苦中解放出来，并赋予其与我们之权利类似的权利，使其以之为工具实现自身，才是公平的。

近来对其他灵长类、鲸类等的动物行为学研究经常称引上述观点；但动物解放运动的生物学所拓展出的信息似乎并不比这——人类与其他动物生命形式的连续性——更多。最近的生态学视野似乎尤为人文道德主义者所忽视。生态学的整体主义观念以及赋予生物共同体的相应价值收获——其有机性、稳定性与美——也许并未渗入动物解放主义者的思想。或者如此，他们若接受生态学观念，那么就将导致与其以边沁学说为基础的伦理理论的不可容忍的矛盾。边沁的"共同体利益"观极具还原主义色彩。以其独特的警告，边沁写道："共同体是一种虚构的实体，它由被认为构成该共同体的个体之人构成，这些人就像其成员那样。那么，共同体利益是什么？——乃构成此共同体的个体成员们的利益之总和。"[27]边沁的说法——共同体就像一种由其成员所构成的实体——否定了其还原，将实体利益理解为作为其组成部分之个体之利益的总和。一个人的利益并非其细胞利益之总和与平均值。比如，我们的机体之健康与利益，需要有活跃的运动与代谢性刺激。这种刺激对构成我们身体的各个部分而言会造成压力，通常是一种痛苦。在我们个体细胞的生命周期中，这是一种更快的更新。为了作为整体的个人，个人之某些组成部分事实上被不公平地牺牲了。纪律、奉献与对个体的制约，为了维持社会有机性在社会环境中通常是必要的，就像身体内部的器官一样。一个社会，当其成员总体上变得专注于自身的特殊利益，无视其共同体自身不同且独立的利益时，它确实会特别脆弱到缺乏有机性。不幸的是，我们自己的社会便是手边最近的一个可供进行严格学术分析的案例。美国似乎追求一种无须审查的还原主义的功利主义社会政策，志在促进所有个体成员的幸福。因此，每种特殊利益都更厉声地呼吁得到满足，而共同体自身，无论是其经济、环境还是其政治，显然都变得越来越脆弱了。

人文道德主义者，无论他们是否在这一点上有意识地、精心地追随边沁，在应用其伦理关注于非人类动物时都实际上是有区别地、还原主义地强调某种动物的利益。[28]他们感伤于对动物的对待，大多数情况下是感伤于农场动物与实验室动物，为它们的特殊利益辩护。立足大地伦理视野，我们也许会问：驯养动物若真的获得解放，会对作为一个整体自然环境产生什么影响？可以肯定，此类情形若果真发生，将很少有真实的危险。然而，若推想其生态学后果，将甚有教益。

伦理整体主义

　　然而，在展开这一问题之前，关于整体主义环境伦理与还原主义环境伦理的某些利益点尚须考虑。若无进一步的限定，如我所做的，只是用一方反对另一方，那么将会犯错。一个社会由其成员构成，一个有机体由其细胞组成，生态系统则由组成它的植物、动物、矿物、液体、气体构成。要影响作为一个整体的某个系统，就至少要影响其某些构成要素。一种以生物共同体之有机性、稳定性与美为至善（summum bonum）的环境伦理，除了土壤、水、植物与动物之外，并不会赋予其他事物伦理关注。作为整体的共同体的善是评估其组成部分之相关价值与秩序的标准，因此，也就为解决对应当被给予同等考虑的各个部分所提出的经常相互矛盾的要求提供了一种裁定途径。若多样性确实有益于稳定性，那么，依大地伦理学视野，稀有与濒危物种便有权得到优先考虑。再者，那些以某种方式对自然经济起关键作用的物种，如蜜蜂，比之于从心理学上更为复杂、敏感的物种，比如野兔、野鼠（它们似乎数量众多，全球分布，且繁殖率高，只是自然经济之普通部分），便有更大的权利要求得到伦理关注。动物、植物、山峰、河流、海洋、大气，乃大地伦理之直接、实际受益者。生物共同体［即作为整体的生物圈（biosphere）］的福祉，从逻辑上说不能与它们的生存和利益相脱离。 *26*

　　对此，有些疑虑可能会出现：大地伦理的最终基础是人类的利益，而不是非人类自然实体的利益，就像我们可能更喜欢一幢完好无损的、好看的房子，而不是一幢条件正好相反的房子。因此，有机的、稳定的与美丽的环境之"善"似乎更像一种工具之"善"，而非一种内在之"善"。终极价值问题对于环境伦理学亦如对于所有伦理学，是一个很棘手的问题，对此这里无法全面讨论。在我看来，离开评估者并不存在价值，从本质上说，所有价值均乃情人眼中之物。因此，人们归之于生态系统的价值，依赖人类或（允许其他生物乐见生物整体之善或神之善）至少依赖某种伦理与审美敏感意识。然而，认同这一点后，接下来尚有关键的区别需要处理。虽然事物拥有价值仅仅是因为我们（或某人）赋予它们价值，但它们也可以因为它们自身或者为实现我们（或某人）的利益所做的贡献而被赋予价值。大多数父母认为孩子本身有价值。金钱则仅有工具或间接价值。对利奥波德与大地伦理而言，哪种价值具有生物共同体及其单个成员之善？当同时可以用两种方式来评估其价值的某物是关注的主体时，区别具有伦理意义的总体性价值与只具有自私意义的总体性价值就特别困难。比如，宠物是因其自身而得到像孩子得到之优待那样的优待吗？或者，机械设备是因能为其所有者提供服务而得到善待的吗？我们认为一个健康的生物共同体有价值，是因为我们彻底地并（基于生物学的明确信息）如此明显地依赖它（不仅出于我们的幸福，而且出于我们的生存），还是因为我们也可以非功利地将它感知为具有一种独立的价值？对于生物共同体，利奥波德坚持一种非工具价值，对其构成者则态度稍有不同。依利奥波德之见，就人类而言，实现群体自觉的自我利益是不够的。在他看来，大地伦理（无疑，这反映了他自己的伦理直觉）要求"对大地的爱、尊重与欣赏，以及对其价值的高度关注"。在利奥波德看来，大地伦理"创造一种超越于、高于自利的责任"。而且，"没有良知，责任便没有意义。我们面临的问题是将社会性良知从人类拓展至大地"[29]。换言之，若任何真正的伦理是可能的，若据人自身而评估人的价值是可能的，那么以同样的方式评估大地的价值便是同等可能的。

27

然而，伦理环境保护主义真正的生物中心价值的内涵，却被以一种似乎是荒唐的厌恶人类（misanthropy）的方式表现出来。生物圈视野在对作为整体的自然共同体之善做伦理评估时，并不排除人类。个体之鹿的珍贵程度，像其他任何个体一样，与该物种之种群数量成反相关比例。环境保护主义者，无论愿意与否，都不能拒绝将此相同逻辑应用于其同类。作为杂食动物，人类的数量可能应当保持在大致两倍于熊的数量，允许此二者之种群规模有所不同。多于四十亿的全球人口数量，至今尚未出现规律性下降的迹象，这对人道主义者而言是一种值得警惕的前景；然而，这对生物共同体而言却是一种全球性灾难（每一个体人类的繁荣对此共同体而言确实意味着更多的灾难）。若大地伦理仅仅是人类为了自己而管理自然的一种工具，错误地用伦理学术语来命名，那么人便被理解为具有一种终极价值，这种价值与人所具有的"资源"之价值在本质上完全不同。现代环境主义中厌恶人类的程度可以被视为一种衡量生物中心的标尺。爱德华·阿比（Edward Abbey）在其很著名的《沙漠宝石》（*Desert Solitaire*）中直率地宣称：他将比射杀一条蛇更快地射杀一个人。[30] 阿比也许不只是邪恶。这也许只是他戏剧性地表达如下观点的一种方式：从生物学的观点看，人类的数量已极其不均衡地扩张了；若我们必须在一个人类个体与一个稀有（即使是不好看的）物种个体之间做选择，那将非常困难。在众学者中，加勒特·哈丁（Garrett Hardin）从学科上说是人类生态学家，他讨论了关于伦理学、环境等的广泛话题，学院派哲学家们震惊于他论人类生命宝贵时所使用的"救生艇"、"生存"伦理学以及"荒野经济学"等言论。关于后者，哈丁建议以严格的林学标准限制进入荒野之地，不允许利用紧急通道或空降设施干扰野生地区的状态。若一位野生探险者遇到危险事件，哈丁认为，他或她应当自救，或者自杀。危险，从严格的人类中心的、心理学的角度看，应当是野生体验的一部分。哈丁说，在各种可能性中，他更关注的是，即使偶尔需要付出人类生命的代价，也要保护荒野幸存物免受机械化之害。在生物学家看来，在与野生物及野生景观相处的过程中，人类生命乃极普通之物。[31] 哈丁对处境艰难、尚有饥荒的国家的强硬政策主张，严格地建立在功利计算的基础上。但是，我们从其字里行间还是能发现一位生物学家对人类人口爆炸所带来的生态失衡的担忧。若允许这种失衡任意发展，它将造成永久性枯竭（若非共同灭绝），它已然对自然经济造成压力，且使之不堪重负。[32]

最后，若任何事物可在一种非人格的基础上被恰当地命名为一种"伦理"，不是抽象地谈论其"善"，而是讨论"生物共同体的有机性、稳定性与美"，允许甚至要求得到优先关注，那将是令人吃惊的。中立地看，将大量的热情与关注消耗于鸣鹤与林狼（从边沁的角度看，它是邪恶的），同时又要正确地计算出野鸭和披肩鸡的"收获"量，这样的"决策过程"很难获得尊严，这会引起伦理意义上的争执。必须承认，现代伦理学体系已然将人之间的平等原则视为不可侵犯之物。比如，现代伦理学的两大主要流派——发端于边沁和密尔的功利主义与源于康德的道义论——均如此。大地伦理显然并未对生物共同体中的每个与每种成员给予同等的伦理关注。个体（请注意，包括人类个体）的伦理价值是相对的，其价值应当根据每一个体对于其群体实体——利奥波德称之为"大地"——的特定关系给予评价。

　　然而，有一种经典的西方伦理学具有最好的哲学信誉，它假设了一种类似的（关于社会伦理方面的）整体主义立场。在我心中，这是指柏拉图的伦理与社会哲学。确实，奠定了利奥波德大地伦理之观念基础的两种类比同样出现在柏拉图的价值理论中。[33]立足生态学视野，依利奥波德之见（如我所示），大地就像一个有机体，或像一个人类社会。依柏拉图之见，身体、灵魂与社会具有相同的结构、相应的美德。[34]每一种善均是其结构或机体之功能。每一整体之个体或构成要素的相对价值均当据其对相应共同体之有机性、稳定性与美的贡献而确定。[35]在《理想国》中，柏拉图以美德与公正的名义，在其众观点中，因要求杀婴而蒙恶名。该婴儿的唯一过错，是在不够卫生的环境下诞生。留着此类婴儿便等于向城邦保卫者的敌人送礼。这些城邦保卫者允许自己在战场上被活捉，激烈地反对为受伤者用药，以及治疗季节性疾病，其理由是：不严重的慢性疾病不仅会让人活得可怜，而且对政治之善毫无贡献。[36]确实，柏拉图似乎对个体人类的生命，当然包括人类的某些痛苦与不幸，持一种极冷漠的态度。但在涉及共同体利益时，他的态度似乎又截然相反。在他所提出的旨在改善共同体的明显属于非人道的意见中，有一个优生学项目，这是一个假的抽奖活动（phony lottery，城邦公民的繁殖程序将从最优血统开始，就像在狗窝或马厩里所发生的那样。那些自然欲望受挫者将自认倒霉，而不抱怨统治者的设计）。依此，男女间的固定联系与原子式家庭（为更大的军事与官僚效率，以及组织的团结计）将解体，私有财产被彻底废除。[37]

　　当面临如此抱怨——他无视个体人类的幸福（以及那个社会中属于最有特权阶层者的幸福）时，他回答说：他所关注的乃城邦法律所维护的作为整体的共同体之善，而非任何个体或特殊阶层之善。[38]这一原则可以接受。其一，关于我们对身体的态度，他提醒我们，我们所意识到的构成身体之各器官的个别利益服从于作为整体的身体之健康与善；其二，假使我们接受其官能心理学（faculty psychology），那么我们对灵魂的态度就是，其诸多欲望必须得到规范、制约，在某些情形下，它们将受制于个体美德之善，以及有良好秩序与伦理责任的生活。

基于这些与柏拉图道德哲学的形式类似，我们可以得出以下结论：大地伦理，以其整体之善，以及对环境各构成要素微小价值之安排——它并不关注这些个体要素之智力、敏感性、复杂性程度以及其他可识别的特性，很不同于道德哲学之现代体系，但却与更广泛语境下的古典西方道德哲学完全相似。因此，若柏拉图的理想国体系与个体公正理论是一种恰当的"伦理"系统，那么关于环境美德与优良的大地伦理也是一个这样的系统。[39]

重估家畜

奥尔多·利奥波德过早地于1948年离世，在离世之前，他有如下最终的哲学性评论："此等价值转变（如将伦理学与生态学观念融为一体之期许所示）可由根据自然、野生与自由之物来重估那些非自然、驯化与受限之物而达致。"[40]约翰·密尔以一种类似的重估精神，更早地注意到谢拉地区野生山羊与其普通家养变种之间的不同。他将后者描述为"肥胖的蝗虫"。在他看来，与那些处于自然状态、更有自主性的野山羊竞争对手们相比，它们似乎只有"半口气"。[41]动物解放运动最令人难堪的一个方面是，几乎其所有主张均未能对野生动物与家畜在处境（与权利）方面的差异做出明确的区分。[42]但是，此种区分在大地伦理那里则处于核心位置。家养动物乃人类之创造物，是有生工艺品，但是这样一种工艺品构成人类作品拓展至生态系统的另一种模式。立足大地伦理视野，一群牛、羊或猪，就像公路边的一辆四轮车，对景观是一种毁灭性破坏。有些动物解放主义者抱怨农场里鸡与牛犊的"自然行为"受到束缚，可没有意识到此种抱怨与动物解放主义整体立场有深层矛盾（同时也是对此矛盾之反应迟钝），这就像谈论桌子与椅子的自然行为一样，毫无意义。

在此，以下二者之间的重要差异（这一点据我所知尚未有人指出）昭然若揭：黑人从奴役状态（最近，则是从人权的不平等状态）中获得解放，以及动物从类似的附属与奴役状态中获得解放。黑人奴隶依其本然有一种形而上学的自主性：他们在本性（若非惯例）上是一种自由存在。他们能自食其力。除偶然性历史插曲，他们不能被奴役。其自由之力量亦巨大。换言之，他们只有被一种持续的反动力量暂时性地奴役着，其自由才被剥夺。被关在笼子里的野生动物亦如此。欧美动物园内的非洲豹乃捕获而来，非自愿而来。但是，牛、猪、羊、鸡并非如此。它们已被驯化得温顺、驯服、愚蠢而不能自主。建议它们获得自由，从字面上说没有意义。夸张地说，不具有逻辑上的可能性。

确实，如上建议也不具有实践上的可能性。想象一下：若这个世界上的人们从伦理上被说服了，认为家畜像人类中的奴隶一样，受到压迫与奴役，于是将它们释放，到底会发生什么？其中的一种情形是，我们可以想象：像从前的美国黑奴一样，它们会获得四十亩地与一头骡子的等价物，然后将它们逐出，让其自谋生路。尚保有野性的牛与山羊将可怜地围绕着农场外屋转悠，等待有人为它们提供住所与食物，或是毫无目的地在已被弃置、正在退化的草地上游荡。一旦冬天来临，更多的家畜将被饿死或冻死。对某些家畜而言，在纯自然状态下，自身的繁殖可能都无法独立完成。这种事本来是它们在无数辈主人们的协助下完成的。照顾幼畜对它们来说也将成为一种虽非全然陌生，但却也像从来就不会的艺术。这样一来，在很短的时间内，遭受许多痛苦与折磨后，这些物种将陡然灭绝。或是另一情形。始于同样简单地从人类的协助中解放出来，那些失去照料的家畜第一波大量死亡之后，其幸存者可能会开始恢复某些其遥远野生祖先之遗传特性，变得更小些、更瘦些。同时，比之于其先前之自我，也变得更敏感些、更聪明些。游荡于美国西部的野马就提供了这样一种当代案例。随着时间的推移，为了食物与生存空间，这些动物（如今日之野马）将会成为其先前的人类主人以及当地其他野生物种的竞争者（可能会有很多悲剧后果）。

对立即、非计划地解放家畜的上述及其他不幸后果有了预见后，比之于现在就决定人类的责任，让更多的人具有伦理意识应当更重要。基于上述预见，人们应当做出如此决定：数千年后，人类仍有责任继续收留与喂养这些家畜，就像人们对待其先前的动物奴隶一样（从遗传学上说，人类已使这些动物不能养活自己）。但自此，人们不再宰杀它们，或以其他错误方式使用它们，包括妨碍其"自然"行为，即自由交配、繁殖与享受父母之乐。人们不再食肉，将需要更多的蔬菜、谷物及其他植物食品。但是，这些驯化了的动物已不能自存，它们将消费比以前更多的干草与谷物（而且它们的数量会更多，因为它们不再被宰杀）。这就需要清理出更多的土地用于生产农产品，代价便是失去更多的野生动物栖居地，以及带来更大的生态破坏。另一种可能的情形是，部分人决定不是照字面意思解放动物，而只是停止喂养它们。当最后的家畜被宰杀与食用（或允许其"自然"死亡）后，人们将变成素食主义者，家畜物种也就被自觉地灭绝了（就像它们被自觉地创造那样）。但确实，仍有一种滑稽后果：人类良知拓展的受益者在被拯救的过程被消灭了。[43]

应当强调的是，如利奥波德所设想，大地伦理为非人类自然存在物提供了一种在生物共同体之生命过程中共享的权利。然而，这些权利的观念基础更多是自然的而非惯例的，它基于人们所说的进化与生态的权利。在自然界，野生动物与当地植物具有特殊位置。依大地伦理，家畜（因其乃人类技艺之产品，且代表着人类在自然界之拓展性存在）则并没有此类位置。概言之，大地伦理虽然与人文道德主义所建立的基础不同，但却与其一样反对对野生动物、动物园动物进行商业交易，反对捕杀鲸鱼及其他水下哺乳动物，等等。关心动物（与植物）的权利与福祉是大地伦理与人文道德主义的基础性话题，但自然进化物种与人类饲养物种之间的区别是大地伦理的本质性关注因素，却不是人文道德主义的本质性关注因素。

当我们反思由边沁、密尔所倡导，且为其当代追随者们毫无批评地接受的关于善与恶的界定时，我们"根据自然、野生与自由之物来重估那些非自然、驯化与受限之物"所导致"价值转变"（shift of values）便特别具有戏剧性。若我们据生态生物学之优点进行评估，那么痛苦与快乐和善与恶就似乎根本没有任何联系。特别是，痛苦乃基础信息，对动物而言，痛苦告知中枢神经系统有关压抑、愤怒或机体外缘部分受到损伤等方面的信息。理想的有机语境下，一定程度的痛苦作为一种对已尽力之警示，确实值得拥有，它代表了为保持适应、处于一空间而进行的一定程度的努力。它也意味着努力的一种程度，越此便有危险。北极狼在追逐一头驯鹿时，可能会因奔跑而感受到脚或胸部痛苦。在此情况下，痛苦没什么不好。或者，设想一种受伤的情形。假设一个人在野外远足时扭伤了脚踝。正是疼痛提醒他或她受伤了。正是强烈的疼痛，才使在获得安全过程中给脚踝所施加的更多压迫变得可以忍受。若受了伤而未感受到痛苦，或者利用现代技术之优势进行麻醉，这是否会更好？在大多数情形下（遗憾的是并非总是如此），快乐显然是伴随有益于有机体维持活动而来的奖赏，比如因吃、喝、打扮等而来的快乐；或者是有助于社会团结活动而来的奖赏，比如因跳舞、交流、逗乐等而来的快乐；或者是有利于物种延续的活动而来的奖赏，比如因性活动以及为人父母而来的快乐。这样的原则从生物学上说是荒谬的：生命就是更大的幸福，就是对痛苦的更大远离，可以想象的最大幸福的生活就是一种持续的、不被痛苦所打扰的快乐生活。一个活的、感受不到痛苦的哺乳动物，便是一个神经系统具有功能缺陷的动物。这样的观念——痛苦是恶，应当将它最小化或者消灭，其原始性有似于那位处死带来坏消息之信使的暴君的观念——他设想，这样一来，其福祉与安全状况便可以得以改善。[44]

更严重者，人文主义运动的价值认可似乎从根本上背叛了一种否定世界或仇视生命的哲学。实际构成的自然界是这样一个世界：一物之存在，以牺牲他物为条件。[45]每个有机体，用达尔文的话说，努力奋斗以维持自身机体之有机性。更复杂的动物似乎对有机物能感受到（从我们自己的情形来判断，以类比来推理）一种适当的、适应性的心理依恋，有一种易察觉到的自我保护情感。在满足欲望的过程中存在着欲望与快乐。伴随着受伤、挫折与慢性病死亡的，则有剧烈的痛苦。但是，这些体验正是生存的心理本质。生存，就是对生命的焦虑，就是在适应性融合中感受痛苦与快乐，就是迟早要死。这便是系统运作的方式，若作为整体的自然为善，那么痛苦与死亡亦为善。环境伦理学总体上要求人们在自然系统中公平地游戏。在某种意义上说，新边沁主义走上了一条怯懦之路。人们期望将自己从自然进程的生/死互惠中排除，以预防伦理的名义——使奖赏（快乐）

最大化与使消极信息（痛苦）最小化，将自己从生态学限制中排除。为公正计，人文道德主义者似乎建议：我们应当努力将同样的价值投射于非人类动物界，扩大魅力圈——不管这样做是否具有生物学现实性，或是否具有生物学的毁灭性，或此种环境伦理是否不可被实施。

　　还有另一种路径。不是将我们从自然、自然进程，以及与其他动物的生命循环中强行分离出来，而是通过接受一种本然的、没有糖衣的生命，我们人类能重申我们参与自然。不是给自然强加一种人为的法律、权利等，而是采取一种相反路径，在人类之个体领域与社会领域，接受与重申自然的生物规律、原则与限制。在过去，这已然是部落人群的一种立场。对他们而言，狩猎意味着危险、严酷、艰难，当然也有回报。动物鲜肉被带着敬意消费，对痛苦的忍耐得以培养，美德与大度得到奖励，石头、植物与动物的精灵受到崇拜，通过性节制、流产、杀婴、特定的战争等手段，人口数量总是能被最优化。在这场宏阔、令人敬畏，若非田园诗般的生命戏剧中，其他生命形式作为玩伴，肯定也得到适当的尊重。今天，重塑石器时代那种人类与环境的共生关系已不可能，但这种来自人类最古老时代的精神能够被今人所汲取，并可以将它整合为一种追求与自然的可持续、互惠关系的未来人类文化。因此，个体的、社会的与环境的健康，就能获得一种更高的价值，而不只是舒服的、自我沉醉式的快乐，免于对痛苦的麻木不仁。疾病将被理解为一种比死亡更糟糕的恶，在个体的、社会的与环境的层面追求健康或保健，将以简单饮食、积极锻炼、环境保护与社会责任的方式追求自律。

　　利奥波德实现与实施大地伦理的处方——即根据自然、野生和自由之物来重估那些非自然、驯化、受限之物——没有停止，换言之，根据非人类家养动物之野生的竞争者来重估非人类家养动物。人类竞争者亦应得到类似重估。在其他事物中，这意味着对相对近期价值的重估，以及据我们"野蛮的"祖先对"文明化"智人的关注。[46]文明已然将我们从自然环境之活力和挑战中隔离出来，人文道德的隐含议程就是，在更大的范围内人为地施行一种追求舒适与柔和之愉悦的反自然的预防精神。相反，大地伦理要求家畜领域尽可能收缩，乐见荒野之复苏与部落文化经验之复兴。

　　对人文主义道德而言是自明的善恶倒置，可能通过考察一个由人文道德所提出的话题——素食主义食谱——而得以显现与聚焦。若现存部落文化的态度与价值得以呈现，那么野蛮人就似乎已具有某些类似于对生态关系的直觉性把握，与对欣赏饮食行为确定无疑的伦理谴责。没有什么事比吃更贴近生命之链，对生命之链更具象征性、更神秘。我们吃什么、怎样吃，绝非一种无意义的伦理关切。

依生态观，人类普遍地变成素食主义者，就等于营养生境（trophic niche）从带有肉食偏好的杂食动物向食草动物转变。这种转变在营养金字塔中是下降式的。从效果上说，它缩短了那些终止于人的食物链（food chains）。它代表了一种太阳能从植物到人类生物量（biomass）转化效能的增加。因此，通过绕开动物中介，为人类增加了可用的食物资源。人类种群数量如以前的压倒性趋势所暗示，可能会随此潜在负担能力而进一步扩张。净结果将是更少的非人类存在物与更多的人类。人类当然要求一种 35 比家畜之生活更为精致的生活，这些要求给其他"自然资源"（砍伐树木以盖屋，毁坏表层土以及其上之植物以开矿，等等）所增加的负担将远高于当下水平。因此，一种已成为素食主义者的人类种群数量，从生态学角度看很可能是一场灾难。

如上述言论所示，比之于全素食食谱，食肉可能在生态上更负责任。然而，从超市买到的肉，外有包装，内有塑料绳之捆扎，动物在饲养厂被催肥，并被不人道地宰杀。总而言之，这种从人工授精到微波烘烤的机械化过程，不仅是对物理代谢与身体健康的冒犯，而且是对良知的冒犯。依大地伦理，若论农场的不道德方面，那么比之于它在将生物体从一种有机物转化为机械物的过程中所犯的错误，它在给非人类动物所造成的痛苦以及对它们的宰杀方面所犯的错误要轻得多。自新石器革命（Neolithic Revolution）始，动物已因人类的选择性饲养而退化，但它们仍然是动物。随着工业革命的到来，一种更深刻也更令人吃惊的变化已降临在动物之上。用鲁思·哈里森（Ruth Harrison）的适当描述来说，它们已变成"动物机器"。动物，本来是如此精致、复杂有机组织之象征，却被机器所包围，被与机器相联系，在研究性实验室里被机器渗透，拥挤在太空时代的"生产设施"里；比之于我们对这些不幸动物所体验到的痛苦量的关注，动物的如此存在确定是我们对活体解剖与工厂化养殖之愤怒的更真实与内在的根源。我愿意与新边沁主义者一样，大声谴责对动物生命如此恐怖的滥用，但同时也强调：研究与农业生产中给动物造成的痛苦，并不比自由生存的野生动物因捕猎、疾病、饥饿、冷冻等所忍受的痛苦更大。这意味着，活体解剖与工厂化养殖确实存在某种不道德的因素，这是野生生物之自然生死中没有的。这种不道德的因素是有机过程向机械过程的转化。

　　显然，甚至当情况发展到西红柿可以水培，土豆利用化肥种植，谷物在化学防腐剂的帮助下进行储存，伦理素食主义者仍泰然自若地坚持人类只消费植物（对那些其存在依赖人类的食肉行为的动物而言，这是一种矛盾的伦理态度）。对于用机械-化学手段改变植物和动物，大地伦理表示出同样的异议。我想，重要的并非食用植物与食用动物鲜肉相对立，而是反对工厂化养殖的各种行为，特别是包括为将农作物产量最大化而滥用杀虫剂、除草剂与化肥。

　　大地伦理以其生态视野，帮助我们承认与确信自我的有机整体性，在自我与环境之间截然划分的不可靠性。对于吃什么这一伦理问题，其答案是，不是用植物取代动物，而是用有机产品取代机械-化学产品。纯洁论者如利奥波德，用他的话说，宁可选择"来自上帝的肉食"。这意味着捕猎与消费野生动物，以及采集野生的植物性食物，因此，生存于原生的人类生态生境范围内。[47]次优方案则是食用自己果园、园林、鸡场、猪场、谷院所产之物。还有一种选择，是从自己邻居或朋友那里购买或交换有机食物。

结　论

　　有关动物解放/权利的哲学争论最常见地被理解为一场发生于传统的伦理人道主义者与似乎先锋的人文道德主义者之间的两极性争论。再者，动物解放已然被设想为与环境伦理学有密切联系，可能因为在利奥波德的经典陈述中，某些平凡物种的伦理地位与权利确实被赋予了非人类存在物，其中也包括动物。本讨论之目的就是，将动物解放/权利运动从理论和实践应用两个方面明确地与环境伦理学区别开来，并因此建议：关于非人类动物之伦理地位问题，存在一个被低估但却很重要的视点。简言之，算上大地伦理，或环境伦理学这第三方，关于动物解放之争论，应当被理解为一场三边的而非两极性的争论。依我的判断，这第三方才是最具创造性、趣味性与可操作性的选项。确实，据此第三方角度，比之于它们与环境伦理学或大地伦理的关系，伦理人道主义与人文道德主义彼此间显然存在着许多共同点。反思之后人们甚至会设想：上述诸方的热烈争论已引发对双方的更大的挑战；其中一方是以利奥波德及其支持者为代表的"常规"（business-as-usual）伦理哲学，另一方则将伦理哲学坚决地定位于熟悉的现代范例。

　　简要重申本章最明确的结论，伦理人道主义与人文道德主义，其伦理价值理论是原子式的（atomistic）或分割式的（distributive）；而环境伦理学（再次重申，至少依利奥波德所勾勒）则是整体性的（holistic）或群体性的（collective）。换言之，现代伦理理论已顽固地将伦理价值确定于个体，并为包括某些个体而排除另一些个体找到了某些形而上学理由。人文道德主义顽强地坚守这一现代传统，并将注意力集中于伦理地位与权利拥有之竞争性标准上。而环境伦理学在生物共同体内确定终极价值，并据此标准相对地将不同的伦理价值赋予个体成员。这便是环境伦理学与动物解放伦理学之间最根本的理论上的区别。

　　与上述区别相随的还有些其他区别。最显著的区别之一是，在环境伦理学中，与动物一样，植物被包括在伦理理论范围之内。确实，比之于个体动物，非生命实体，如海洋、湖泊、山峰、森林与湿地，在此被赋予更大价值。通过竞争性个体价值领域和权利承担者数量的进一步拓展，给予不同物种之个体伦理关注，这与关注生态系统的方式很不相同。

　　在环境伦理学与动物解放运动之间，还存在着难以处理的实践上的区别。最重要的是，截然不同的伦理责任追随着家畜这一人文道德之首要受益者。环境伦理学对家畜给予很低的优先性，因为它们经常造成生物共同体在有机性、稳定性与美方面的退化，这些家畜也隐然存在于此共同体之内。另外，动物解放，若从实践与理论两个层面追求之，将会对植物、土壤与河流造成毁灭性后果。准此人文道德理论，此种后果并不能被直接预料到。如此最后评论所示，动物解放/权利运动在最后的分析中根本不具可行性。一个想象的社会——所有具感受力之动物在此得到同等的关注，或有权得到同等的关注——将十分荒唐。它也许是讽刺文学恰当、有效的对象，而非哲学讨论的对象。相比之下，大地伦理，虽然其伦理范围至广，但却极具可操作性。因此，在单一之善（single good）下，竞争性个体的诉求可被裁定，相对价值与优先性被赋予生物共同体之无数成员。这并非主张作为社会政策的环境伦理学易于施行，大地伦理的实现将要求纪律、奉献、节俭，以及巨大的经济改革。这相当于在流行的态度与生活方式中发起一场实质性革命。然而，它提出了一种统一、连贯与可操作的原则，因此，也是一种实践层面的决策程序。如此成果，一种分割式或原子式的伦理也许只能以人为的、不准确的方式取得，就像它在实践上是不确定的那样。

第二章　评汤姆·里甘之《动物权利案例》

一

　　在过去的十多年中，汤姆·里甘在动物福利伦理学方面贡献了许多论文。其中之大部分最近已由加利福尼亚大学出版社（the University of California Press）集结为《所有居民：动物权利与环境伦理学》（*All That Dwell Therein: Animal Rights and Environmental Ethics*）出版。[1]《动物权利案例》（伯克利：加利福尼亚大学出版社，1983）之基础相同，但代表了里甘渐进的、彻底的、系统化的原则。

　　《动物权利案例》已得到许多其他杂志［包括《纽约书评》（*The New York Review of Books*）］的全面评论，且总体上被认为是一部严肃的、有意义的伦理哲学著作。[2]因此，我在此并不打算评论其整个著作或评估其整体的哲学优长，而是想说：这是由我们最有能力的哲学同仁之一所取得的重大专业成就，是一部一气呵成、结构精致、思路完善之作。你若喜欢皮毛动物、有滋味和有气势的哲学散文、细致的哲学论证，那么你便会喜欢此著。本评论将聚焦于此著中那些从环境伦理学角度看乃有趣者——里甘为环境伦理学与环境政策而提出的动物权利理论之内涵。

　　我们无须推测。在此著之结尾处，里甘用数页讨论环境与生态论题——濒危物种、环境伦理学的理论基础，以及猎取与诱捕动物。可是，在转向这些论题之前，我需要概括我所理解的里甘的核心概念。

　　并非所有动物都拥有伦理权利。里甘的基本伦理范畴比彼得·辛格（在动物福利伦理学领域内其主要的竞争对手）的更窄。辛格并不认为所有动物都是平等的。辛格呼吁对所有感受性动物（sentient animals）之种种利益给予同等的关注。然而，依里甘之见，只有那些具有"固有价值"（inherent value）的动物才拥有权利，且只有那些符合"生命主体标准" *40*（subject-of-a-life criterion）的动物才具有固有价值。在其他因素中，成为一个生命主体，意味着具有自我意识，且具有信念、欲望、想象未来、拥有目标与精心行动等方面的能力。里甘所确信的符合所有这些品质的动物，仅有"一岁以上智力正常的哺乳动物"（第 78 页）①。

这样，动物权利案例实乃哺乳动物权利案例。然而，基于"表达的节约"（economy of expression）（第 78 页），里甘在所有讨论中坚持使用动物（animal）一词，即使他实际上所指的（如其本人所示）是哺乳动物（mammal）。这很让人费解，因为这两个概念均由六个字母构成。此著为何不名为《哺乳动物权利案例》？具有生物学知识且爱好更广的读者（也包括那些关注表达的准确性——这并不比对表达的经济的关注更少——的哲学家）将会立即感到吃惊。

二

里甘告诉我们"如何（与如何不）担心濒危物种"（第 359 页）。基于两种原因——其坦率与天真，他对濒危物种的讨论令人吃惊。给里甘带来荣誉的是，他并没有回避或力图假装未意识到如下事实：他所推荐的"权利观"并未为物种本身提供权利（基于此，也未为任何物种提供任何可察觉的伦理地位）："物种不是个体［与大卫·赫尔（David Hull）及其他在此论题上有深入思考的人相反］，权利观不承认物种对任何东西包括生存有伦理权利。"（第 359 页）[3]

为适应此权利观，我们可能会做出某些努力，即更积极地强调在我们这个时代，什么问题已然作为最主要的且最令人绝望的环境关切而出现了——生物毁灭（biocide）：由人类所造成的突然的、巨大的、整体性的

---

① 本章文中夹注的页码为汤姆·里甘之《动物权利案例》（伯克利：加利福尼亚大学出版社，1983）一书的页码。——译者注

物种灭绝。人们可能将它与"少数人权利"（minority rights）相类比。这是一种因每个个体是少数人群体的成员而赋予每个个体的特殊权利，而不是赋予少数人群体的。比如，许多人会认为，比之于某个非少数人群体中的一个同等条件者，某个少数人群体中的个体拥有一种被优先雇用的权利。同样，一种稀有、濒危物种，像黑足鼬之成员，可能拥有一种权利、一种个体的权利——在与种群数量大的物种比如家养山羊之成员发生直接利益冲突时，得到类似的优先对待。里甘明确否认他的理论可被如此推演：

41

　　某一个体动物是一个物种尚存成员中的一员，这并不赋予该个体动物更多的权利。它所有的不被伤害的权利，必须与其他拥有此种权利之动物的权利放在一起公正地衡量。若在需要保护的情形下，我们不得不在拯救一种濒危物种的最后两个成员（比方说，最后两株明亮的马先蒿）与拯救一种数量丰富的物种的一个个体（比如说棉尾兔）之间做出选择，比起那两株（植物）的死亡给那两株（植物）所造成的危害，那只兔子的死亡给那只兔子所造成的危害更大。那么，这种权利观就要求我们拯救那只兔子。（第 359 页）

　　在物种保护领域有如此多的肯定性行为。伤害之外再加侮辱，里甘进而说，根据他的理论，为保护一个哺乳动物个体成员免遭死亡之灾，即使要牺牲一个物种的"最后一千或一百万成员"（那些不具备权利的成员），这样的牺牲也是应当的。

　　当我们以正确的理由拯救濒危物种时，里甘并不反对。然而滑稽的是，这一理由并不是为了拯救物种，而是为了让物种中拥有权利的个体成员不受到伤害。因此，根据里甘的权利观，致力于"拯救鲸鱼"（这是我的而非他的例子）的绿色和平组织的努力在伦理上是值得的，是有道理的，但这不是因为它是一种阻止鲸鱼灭绝的绝地斗争，这种斗争显然并无任何伦理上的后果，而是因为它可以防止个体鲸鱼被残忍地捕杀，以及缓慢而又痛苦地死去。物种保护本质上应当被理解为哺乳动物权利保护所产生的一种非伦理的审美与生态系统奖励。

　　在此有关物种保护的间接伦理中，生物学意义上的天真表现在里甘对如下事实的忽视：大多数濒危物种并不由拥有权利的哺乳动物构成，其中大多数是植物与非脊椎动物。里甘喋喋不休地谈论"任何以及所有的加之于稀有或濒危动物的伤害……"是如何的错误，但并未如此频繁地提及稀有与濒危植物。或者在此事上，他甚至明显地虑及所有动物（他坚持使用"动物"一词，但却只提及皮毛动物。我承认这总是让我愤懑，因为我认为它总是一种误导）——如蝴蝶、蜜蜂、软体动物、甲壳类、鸟、鱼与两栖类型等——那些处于他所限定的权利拥有者条件之外的动物。

三

里甘的伦理热情总体上并未使他在谴责对"动物权利"的广泛与整体性的无视时失去言辞温和。但是，在考察奥尔多·利奥波德的整体主义大地伦理（它不顾及一个动物的权利，而是直接、高效地处理诸如生物毁灭这样的紧迫话题）时，他便极力停息所有的理性争论，流于谩骂。因为在里甘看来，正是整体主义立场使大地伦理"可被公允地称为'环境法西斯主义'（environmental fascism）"，而"环境法西斯主义与我们的权利观好像油与水：它们不能融合在一起"（第 362 页）。啊，所有后起的环境伦理学中这么多强有力的、经典的范例，谁愿意成为环境法西斯主义？

将利奥波德的法西斯主义路径作为环境伦理学的选项后，里甘提出"环境保护主义者们"所采取的权利观比他本人所采取的更进了一两步。他如此玩弄概念："自然对象的群体或系统可能具有内在价值"（第 362 页），因此，依他的理论，具备拥有权利的基本条件。可他却说，想象那些整体拥有权利，即"伦理权利可被有意义地赋予树木之群体或生态系统"（第 362 页），是很离谱的。

当然，里甘已然编织了权利真实存在的神话——如维特根斯坦所诊断的，一种源于语言催眠的混淆。"权利"是一个名词。这样，当我们努力追问何为真实的事物时，这个概念却标识了形而上的事物。就像鞋子、牙齿、羽毛、灵魂，及其他事物一样，有些事物拥有权利，有些则不拥有。准此，建构一种伦理权利理论，就是企图发现权利的真实特性，并确认哪些实体自然地拥有这种权利。然而，"权利"实际上是一种表现性用语

(expressive locution)，但却伪装成一种实体。（此正乃其符咒力之秘密所在。）"权利"系统被用以陈述要求。与矿产权、水权、财产权、民事权、法权等相反，"伦理权利"被用以（为某人自己或其他表达能力较弱的事物）要求伦理关注。

即使"典范的权利拥有者是个体"（第362页），富有意义地代表整体——如鸣鹤群体或布里奇尔荒野（the Bridger wilderness）——主张伦理权利也并不困难。我们一直在富有意义地主张：非个体——联合体、公司、国家（如"国家权利"）、民族、体育团队、物种与生态系统——具有各种权利，包括伦理权利。只是偶尔有哲学家假装对整体权利之意义表示吃惊。

43　　关于此种概括与温和关注之力量，里甘进而提出，环境伦理学最有希望的路径是，使"个体的非动物自然对象（比如这株红树）具有固有价值，以及一种尊敬地对待该价值的基本伦理权利……难道我们不是要对那些构成生物共同体之个体的权利表示恰当的尊重，而不是对被保护的共同体表示尊重吗？"（第362～363页）

正如马克·萨冈夫（Mark Sagoff）最近所言，"这是个经验问题，对它的回答是'不'"[4]。用一种几乎每个人均熟悉的说法，若个体白尾鹿不受干扰地生活的权利得到尊重，那么它们身处其中的生物共同体便得不到保护。相反，没有"为兽群瘦身"的某些限制——一种杀鹿的委婉语，某些共同体的植物成员就会遭到严重损害，有些损害将不能恢复。里甘可能会反对说，我在构成一个共同体的众多物种中抽出一个物种的做法误解了他。他的意思也许是，若每个物种之每个个体的权利得到同等的尊重，那么共同体就会得到保护。然而，努力捍卫一个生态系统中每个物种、每个个体成员的权利，从实践上说，便是越过光合作用，尽力阻挡所有的营养过程——即使我们被迫以某种方式尝试从伦理上处理植物间为争夺阳光而起的竞争，因此而违反权利的个案亦如斯。

如萨冈夫所指出的，自然并不公平；它不尊重个体权利。因此，一种自然保护伦理若一开始就将处于进化与生态过程之核心的营养不均衡谴责为不公正、不道德，那么便不能正确地出发。所以，一种依其本然，通过一只看不见的手（基于某种尚未完成的理论）将权利进一步拓展到"个体的非动物自然对象"的环境伦理便不能产生。

四

里甘虽然总体上谴责猎取与诱捕动物，但却对垂钓没有发表过任何意见。他也没有用心推究捕鸟与捕获哺乳动物之间的伦理差异——此乃其以一种松散的、不标准的方式方便地使用"动物"一词的又一例。

里甘匆忙地考察了为人而猎取之日常功用案例，然后又以其大致标准 44
的论点打发了它们。换言之，把倾向性满足的总和置于权利的对立面在伦理上是不恰当的，权利压倒了功利主义的幸福账户。

通过论证猎杀，通过免除动物饱受死亡的折磨（这种死亡的折磨也可能是饥饿或者野生环境的兴衰变迁带给动物或它们的同伴的）实际上减少了而非增加了动物的痛苦，里甘提出了外在的也是本质性的反对。其一，由于狩猎与诱捕是公众体育项目，大多数乃装模作样的外行所为，结果，这些狩猎者与诱捕者并不能很快地、整洁地将猎物杀死。其二，如道歉者所言，狩猎并非人道的野生生物管理方式。相反，野生动物管理是一种非人道的狩猎工具，被设计出来以产生附带的"娱乐之物"，于是便增加了而非减少了同时由此项运动参与者和自然所造成的动物的痛苦。

上述讨论是外在的，因为此二者均需修正。狩猎与诱捕均可变得更受限制，变得管理良好与专业化（比如在德国）。野生生物管理也能变成趋向于真正有益于野生生物，而非服务于狩猎者与诱捕者这些野生生物消费者的利益。

里甘还认为，目的无论如何仁慈、人道，都不能证明其手段的合理性。狩猎与诱捕违反了个体权利。而且，"以侵犯个体的权利为代价来减少伤害的总量的政策……是错误的"（第 356 页）。

野生生物管理的目的如果不是服务于人类野生生物消费者的利益，或者不是人道地减少野生生物所遭受的痛苦，那么到底应当是什么？更不用提生态的多样性、有机性与稳定性这些可能的目的，他回答："它应当是保护野生动物免受那些侵害其权利者的侵犯……捍卫野生动物拥有的权利，为它们提供据其自身标准，过它们自己可能有的最好生活之机会，使

它们免受人类以"运动"的名义对它们进行的捕食。"（第 357 页）

一个明显的问题立马出现在我的脑海：为何野生生物管理应当止于防止"人类的捕食"？依里甘之见，野生生物管理者应当变成保护"野生动物免受那些侵害其权利者的侵犯"的警察。然而，若从一个生命主体的角度看，他或她的权利在被猎杀与食用的过程中被平等地、中立地侵犯了，无论"那些"侵犯者是人类狩猎者还是狼。里甘的回答是，"动物并非伦理主体，因此不具有伦理主体所具有的责任。狼吃掉驯鹿并无伦理错误，虽然它们造成的伤害同样真实"（第 357 页）。这一回答并不恰当。一匹狼是一个主体，而不是海啸或地震那样的自然力量。因为，作为一个哺乳动物，它具有里甘所主张的一个生命主体所具的所有能力，虽然它可能并非一个伦理主体。一个主体的伦理能力在纠正他或她的冒犯中是一个相关的考量因素，但在保护客体的权利中却不是。

考察一种类似情形。虽然许多事实上乃伦理主体的人试图通过"申明精神错乱"来避免控告和/或惩罚（有时会成功），但有些人——因基因缺陷或生理上或心理上的损伤——确实无须为自己的行为负责。他们不是伦理主体，其原因并不比狼不是伦理主体的原因更多（有时甚至更少），因此很恰当地不再被认为需要为自己的行为做出解释。然而，他们并未被允许在社会中享有自由。我们将他们请出街道，依例将他们舒适且有尊严地囚禁起来。因为，无论他们是不是伦理主体，只要他们继续在社会中保持自由，继续像以前那样行事，他们便确实侵犯了其他人的权利。想象一下，一个被确认患有大脑疾病的疯子虐杀了一个小孩，当局向这个小孩的父母解释：他虽然确实杀了人，但并非一个恰当的伦理主体，所以不能侵犯他的权利，并且不得不允许他仍享有自由，继续从事那些为一种他自己不能控制的冲动所驱使的行为。

然而，这只是一种类比，并且类比论证的说服力被认为逊于逻辑分析。可是，里甘认同对动物的捕食行为，这与他关于动物权利的理论直接矛盾。他说："因为动物能够造成无知的威胁，也因为当它们做出这种威胁时，我们有时被证明无视其权利……人们不能设想，所有的狩猎与诱捕都是错的。"（第 353 页）对谁"造成无知的威胁"？对人类，如他所释。然而，里甘的整个动物权利案例建立在以下原则之上：基本的伦理权利为所有被赋予者平等地共享。他说:"作为一种严格的公正,那么,我们被要求对那些拥有同等固有价值的个体给予同等的尊重……无论它们是人还是动物。"(第 264 页)而且,"所有那些拥有(基本伦理)权利者均同等地拥有之"(第 327 页)。因为有些动物可以(也确实)对其他(拥有权利)的动物造成无知的威胁,作为一种严格的公正,我们应当一视同仁地处理这种威胁,而不是像它们在对拥有权利的人造成威胁时所做的那样。若我们应当保护人类的权利不受人类与动物捕食者之掠夺,那么我们也应当保护动物的权利不受人类与动物捕食者之掠夺。简言之,里甘的动物权利理论意味着一种人道的捕食者灭绝政策,因为捕食者无论如何无知,均侵犯了其牺牲品之权利。

里甘显然承认:他精致的动物权利案例之阿喀琉斯脚跟①便是如此话题——捕食者政策。他并不情愿承认其理论有关捕食者的含义,也不愿意像史蒂夫·萨波特利斯(Steve Sapontzis)实际上所做的那样,承认一个清除了食肉动物的世界、一个由植物与食草动物构成的世界是一个从伦理上说更好的世界。[5]里甘有些绝望地得出以下结论:"野生生物管理者应当原则上关注给动物以自由,让人类捕食者远离它们的事务,允许这些'异在民族'应对它们自身的命运。"(第 361 页)

里甘在此语境下提及亨利·贝斯顿(Henry Beston)对我们之动物形象的再确认,这是滑稽的。贝斯顿的观点如此:我们已不恰当地将我们自己的形象投射于动物身上,然后居高临下地判定它们不完善或不完整。贝斯顿说:"我们帮助它们,是因为它们不完善,是因为它们拥有比我们低如此多之形态的悲惨命运。"[6]但是,这恰恰是动物解放与动物权利提倡者现在以及在十多年中坚持做的事。动物解放/权利运动的基本伦理支点已成为里甘所称的"边缘性案例的论据"。[7]若边缘性人类(亦即严重智力障碍者)被赋予同等的关注和/或基本伦理权利,如大多数人所思,那么,那些处于同等心理水平的动物也应当被赋予同等的关注和/或基本伦理权利。此论点很直接、很巧妙地符合了那些低能动物,以及在生理与心理功能上不完善、不完整的人类成员。[8]

———————————

① 指其致命弱点。——译者注

依里甘之见，若不能将某些动物（哺乳动物）与人类划归为一个共同体，那么动物权利便没有意义。他们无论是自谋其生、自遵其法的他国国民，还是人类共同体中被确认具有精神或伦理缺陷的成员，无论涉及其利益还是涉及风险，均具有这一作为权利与相关规定的人类特性。〔贝斯顿——里甘以赞同的口吻提及他——选择了前者："（不要）期望自然会进入你们屋里，坐在沙发上（像家养的猫和狗那样），回答你们人类的价值。自然经济……有其自身伦理。"[9]〕

对此困境，玛利·米奇利（Mary Midgley）已指出一条路径。她说，有些动物从不可追忆的年代起，就与人类一起成为一种"混合共同体"成员，它们就是家畜。[10]边沁的"底线"不应依据心理能力与主观经验而给出，而应依据实际的社会参与性给出。若限于家畜，动物权利便不是一个荒谬的概念。我们期望狗与猫能在同一家庭中和平共处，即使它们是"天敌"。我们期望对院子里的哺乳动物与家禽有同样的限定。为保护那些更温顺家畜的权利，我们实际上将无可救药的无赖、凶恶的家畜隔离起来。实际上，许多家畜经常似乎不仅理解它们在人类民事秩序中作为一个光荣参与者所拥有的权利，而且理解它们所具有的义务。拓展权利到野生动物，如萨冈夫与约翰·罗德曼（John Rodman）指出的，实际上将会驯化这些野生动物。

毕竟，动物解放与动物权利运动在历史上给予了家畜——宠物、农场动物、实验室动物（最不幸的是，有时也包括被从野生物界偷来的动物），而非野生动物更多的关注。如果依据家畜/野生动物之轴（而生命主体/非生命主体之轴）从理论上重构动物权利案例，以将动物权利拥有者与非拥有者区分开，那么便可期望动物权利案例与环境伦理学的融合。二者基于一个共同的概念——共同体概念。二者之伦理内涵的不同之处在于共同体之差异：一方的共同体是人类与动物组成的"混合的"人类-家畜共同体，另一方的共同体是自然的野生生物共同体。

第三章　动物解放与环境伦理学：重归于好

　　与其他因素相比，可能我的文章《动物解放：一项三边事务》已使那些个体主义的动物福利伦理学的支持者与整体主义的生态中心主义伦理学的支持者产生了日益严重的分歧。[1]我认为这种分歧令人遗憾，因为它是一种分裂。动物福利伦理主义者与环境伦理学家具有相交融的关注。从实践的角度看，比之于在我们之间进行持续的争论，找一个共同的理由去反对共同的敌人——正在毁灭非人类世界的破坏性力量——才是明智的。

　　分歧出现不久，即《动物解放：一项三边事务》发表不久，玛利·安·沃伦（Mary Ann Warren）为走向妥协迈出了积极的一步。她坚持，生态中心主义环境伦理学与动物福利伦理学是"补充性的"，而非矛盾性的。[2]

　　沃伦的路径完全是多元主义的。她提出，动物像人类一样拥有权利。可她也认为，动物并不享有与人类同样的权利，动物的权利与人类的权利不相等。她进一步指出，动物的权利与人类的权利基于不同的心理能力。她认为，一种整体主义环境伦理基于另外的基础——对我们与后代而言的"自然资源"的工具价值与从植物、物种以及"山峰、海洋等"那里直觉地发现的"内在价值"。[3]

　　简言之，沃伦推荐一种完全理性的伦理折中主义。人类拥有很强的权利，因为我们是自主性动物；动物拥有弱一些的权利，因为它们是感受性动物；环境应当受尊重地被使用（即使它没有权利），因为它是一个我们用不同方式赋值的整体与统一体。在人类/动物/环境三边关系的各个方面，冲突肯定会出现（沃伦所称引的一个例子是野山羊之引入，它对新西兰当地的植物物种形成威胁），但善良的人们能通过良知之野（moral wilderness）即平衡与协调相互竞争的利益和不可比的价值来化解。总体上，沃伦的结论如下："只有将环境保护主义视野与动物权利视野结合起来，我们方可对伦理关注给予全面的阐释，而这种关注应当指导我们与非人类世界的互动。"[4]

沃伦的伦理折中主义无论如何理性，在哲学上都仍存在某些令人不满意之处。伦理哲学历来追求理论的统一与一致——通常为此而牺牲伦理常识。比如，请看康德的道义论无视有染于"倾向"（inclination）之行为的伦理价值，即使所论及之倾向完全是利他性的。或者，请考察有些功利主义者为坚持功利主义的理论基础而被引导很有信心地接受某些可怕的伦理后果。

在追求理论的统一性与一致性的过程中，伦理哲学与自然哲学并无二致。当一系列明显不相干的现象（比如坠落的物体、星球运动、潮汐）可被单一概念（重力）所概括时，自然哲学家们感觉到已获得一种关于自然的深刻（虽然可能并非终极）的真理。同样，在道德哲学中，我们试图通过诉诸一条（或至多极少有理论关联的）道德律令（imperatives）、原则（principles）、格言（maxims）或金规（Golden Rules），来解释实践规范与伦理直觉中的共有困惑。我们若成功了，就会认为，关于道德，我们已经发现某些真实与深刻的道理。

道德哲学家对理论统一性、一致性与自我连贯性的爱好，可能代表了某种仅仅是智性趣味之外的东西。道德哲学喜欢理论统一性，这有实践上的原因，就像自然哲学中的情形一样。除了其他原因，一系列特殊设备使托勒密的天文学体系失败了，哥白尼则通过引入一个基本假设——太阳而非地球乃宇宙之中心——准确地预测了行星的位置，统一地阐释了天体现象。在道德哲学中，当竞争性主张不能用相同的术语进行阐释时，哲学家们便不能用这些术语对这些主张进行决定性的比较与处理。伦理折中主义在关键情形下似乎将不可避免地导向伦理不可通约性（moral incommensurability）。这样，我们就被迫从头再来。

为取得某些多于为方便而合并所取得的成果，动物福利伦理学与生态中心主义环境伦理学间的一种持续性融合要求发展出一种伦理理论，该理论应当能包容此二者，并为协调确实存在于人类福利、动物福利与生态有机性之间的冲突提供一种理论框架。本章的意图是据生态中心主义环境伦理学之偏好提出如此理论，就像汤姆·里甘据动物福利伦理学之偏好而提倡他的理论一样。

里甘推荐一种"基于权利的环境伦理"，这确实与其所首倡的"权利观"版本的动物福利伦理学一致。他本人尚未完成为个体的树木与其他非"生命主体"争取权利的奠基性工作，可他期望环境伦理学家们严肃地面对这个挑战。里甘写道：

> 一种基于权利的环境伦理之成功拓展的意义，即是此伦理使个体的非动物自然对象（如这株红树）具有固有价值，以及一种尊敬地对待该价值的基本伦理权利，应当受到环境保护主义者之欢迎……一种基于权利的环境伦理仍是一种生活选项，它虽尚未建立，但值得继续发展……难道我们不是要对那些构成生物共同体之个体的权利表示恰当的尊重，而不是对被保护的共同体表示尊重吗？[5]

对这个（实际上很有表现力的）问题，马克·萨冈夫回答说："我相信，这是一个经验问题，对它的回答是'不'。环境保护主义者关心的是保留生态进程，比如自然选择，无论这些进程是否足够尊重个体的权利……"[6]如萨冈夫所指出的，自然并不公平；它不尊重个体权利。努力捍卫生态系统中每个物种、每个个体成员的权利，从实践上说便是越过光合作用，尽力阻挡所有的营养过程——即使我们被迫以某种方式尝试从伦理上处理植物间为争夺阳光而起的竞争，因此而违反权利的个案亦如斯。因此，一种自然保护伦理若一开始就将处于进化与生态过程之核心的营养不均衡谴责为不公正、不道德，那么便不能正确地出发。所以，一种依其本然，通过一只看不见的手（基于某种尚未完成的理论）将权利进一步拓展到"个体的非动物自然对象"的环境伦理便不能产生。

我有另一个自以为更好的建议，它由玛利·米奇利的著作提出。

米奇利在她的《动物及其为何重要》（*Animals and Why They Matter*）一书中，用一种更为人们所熟悉的当代哲学术语将对动物进行伦理关注的论题奠基于她所称的"混合共同体"： 52

> 所有人类共同体均与动物相关。这些动物变得驯服……不仅因为

对暴力的恐惧，而且因为它们通过变得能理解加之于其上的社会性信号，能与驯服它们的人形成一种个体联系……它们能如此，不仅因为驯服它们的人是社会性存在，而且因为它们自己也是社会性的。[7]

基于此富有意义且深入的考察，米奇利进一步概括出一系列结果。由于我们与属于该混合的人–动物共同体的动物共同进化成一种社会性存在，参加到一个单一社会，我们与它们共享某些参与和维持社会性的情感——同情、怜悯、信任、爱，等等。她（和那些被她界定为"行为主义者"的人）的核心观念是昭示以下信念之荒谬：我们这个混合共同体中的动物成员是一种纯自动控制物，缺乏一种丰富的主体性生活。她阶段性的观点是显示：人–动物社会性相互关系之物种藩篱是人为的和非历史性的。我们已然享受到这种跨物种的联系与亲密，并且没有任何好的哲学理由不继续享受。米奇利说："此处之问题并非与人同形同性（anthropomorphism），而是行为主义（Behaviourism）。而且，该问题已然出现于人类景观。我们与狗之间并无（主体间）的藩篱，它存在于你我之间……自然的同情，如休谟所正确地指出的，在共同人性中具有基础。难道因此而得出：该同情受阻于物种藩篱？"[8]

奇怪的是，米奇利并未进一步阐发出一种积极的伦理理论，使之能结合极完善的最佳优点与令人信服的案例。她所提出的这些案例证明：动物界——从狗到可干活的大象——存在着各种不同的意识，它们均有物种特性，但每种特性又均基于一种共同的生物社会性。米奇利确实并未如彼得·辛格那样进一步主张：混合共同体中的动物成员间所存在的"感知"环境（"sentiency"ambient）（对此，她其实已经做了全面的、有力的维护），将构成同等伦理关注的一个标准。她也没有像汤姆·里甘那样主张：拥有一种丰富的主体性生活，将赋予家畜同等的伦理权利。然而，她赞同地提及休谟，她强调社会性情感与同情，对我而言这些意味着，她若主张的话，会概括出一种休谟式伦理理论，以得出如下伦理成果：它维护动物的主体性，并论证物种间可能存在一种交互主体性的关系。

53　　大卫·休谟的伦理理论之所以不同于通行的现代选项——功利主义与道义论，主要是因为它具有以下两项特征：（1）伦理基于情感而非理性，虽然理性在伦理中自有其作用；（2）利他主义与利己主义一样是原生的，既不可被还原为开明自私，也不可被还原为责任。

彼得·辛格提供了一种与休谟式伦理学的鲜明对比。在其《动物解放：一种关于我们如何对待动物的新伦理学》（*Animal Liberation：A New Ethics for Our Treatment of Animals*）中，他对"充满情感地向动物诉诸同情"进行了嘲讽，并宣称，他的动物福利伦理排他性地基于"我们可以接受的基本伦理原则，将这些原则应用于牺牲品……将受到理性的而非情感的谴责"[9]。辛格采用了规范的现代道德哲学所应用的通常理论路径，肯尼思·古德帕斯特（Kenneth Goodpaster）对此做了很好的描述，它可被概括为利己主义。[10]简言之，它源于此：我为了自己而坚持对他人进行伦理关注或他人的伦理权利。通过诉诸我所拥有的心理特征或能力（这有争议地与伦理对待相关），我能合理地坚持自己有资格获得伦理地位或伦理权利。那么，因其拥有同等的同种心理特征，"他者"就有资格获得同等的伦理关注。我也许并不喜欢他者（在此意义上，辛格希望我们知道他并不养宠物），或并不同情它们；确实，我可能对它们的利益毫不关心，甚至实际上不喜欢它们。然而，迫于我自己的关于他者的伦理主张之逻辑，我不情愿地赞同它们对于我的类似要求。

休谟采取了一种不同的路径。他认为，我们的伦理判断和行为均基于通常与"自爱"正好相反的利他主义情感或感受。休谟写道："基于如此认识，即人们对自我之外的其他任何东西不感兴趣，我将会认为：极少有人爱他人胜过爱自己，极少有人拥有胜过自私的其他情感。"[11]依休谟之见，这些情感便是我们的伦理得以扎根的土壤，伦理从这里得到营养。

奥尔多·利奥波德在其《沙乡年鉴》之《大地伦理》一文中，明显地将其"伦理序列"（ethical sequence）概念建立在查尔斯·达尔文在《人类的由来与性选择》中对进化伦理学的描述上。达尔文同时称引了休谟的《人性论》（*A Treatise of Human Nature*）和亚当·斯密的《道德情操论》（*Theory of the Moral Sentiments*），将它们作为自己伦理学之"自然史"的哲学先驱。因此，我在许多地方极为细致地主张，休谟的道德理论 *54* 乃奥尔多·利奥波德的大地伦理、环境保护运动和许多当代环境哲学家们所选择的现代伦理的历史先导。[12]还有，利奥波德大地伦理的道德支点乃

"生物共同体"这一生态学概念。

因此，玛利·米奇利主张，动物福利伦理与奥尔多·利奥波德创造性的环境伦理共享一种基础性的休谟式理解：伦理学基于一种利他主义情感。它们在共同体概念——米奇利的"混合共同体"概念与利奥波德的"生物共同体"概念——中共享一种介于人类领域与非人类领域的伦理桥梁。将这两个元人类伦理共同体的概念结合起来，我们便为一种统一的动物环境伦理理论奠定了基础。

休谟将伦理学大厦立于其上的社会性情感视为人性之基本事实。通过诉诸自然选择的进化原则，达尔文解释了我们如何具备了这种社会性情感，正如他解释了许多其他令人吃惊的自然事实一样。

达尔文对休谟道德理论的生物社会学简化特别具有创造性。因为乍看起来，立足进化观，利他主义似乎并不合理，并且自相矛盾。基于为有限资源而进行的无休止的生存竞争始终处于达尔文自然考察之核心，对他人的关切与顺从似乎是一种不良适应倾向，这种倾向即使有机会出现，也会很快地从基因池中消失，或者至少在我们认识到社会成员的生存-生殖的优势之前是如此。达尔文认为，对他人的关切与自律，对社会的融合与有机性而言是必要的。事实上，"伦理"行为是个体为加入一个社会群体所应付之资；群体成员相对于个体成员的生存优势，足够补偿道德要求个体所做出的个人牺牲。因为大多数动物（包括大多数人类）并不一定有足够的智力对自己的社会性行为做出利益-成本分析，达尔文如此概括：我们具备了一种"社会性本能"，它强迫我们倾向于做出有益于社会的伦理行为。

达尔文提出，何为正确、何为错误或多或少反映了社会的特殊组织结构，因为伦理学已进化到可促进社会之融合。比如，一种由狼群组成的等级结构式社会的"伦理学"，要求其大多数成员过独身生活。一种非政治性、平等性人类部落的伦理学，要求其成员定期重新分配财物。同样，谁是与谁不是一个人之伦理同情的适当受益者，反映了社会成员被认定的身份边界。在与那些我们视其为本社会成员的人打交道时，我们会应用伦理规则；在与那些我们不视其为本社会成员的人打交道时，我们会随意行事。

米奇利的惊人洞见在于：无论历史上可感知的人类社会边界对其他人 55
类成员如何排斥，这些社会均已将某些动物包括其中，比如人类最早的狩
猎伴侣——狗。新石器革命后，则增加了各种兽群、家畜与工作动物：各
种动物，从奶牛与猪到亚洲象与水牛。与我在《动物解放：一项三边事
务》中的分析相同，米奇利提出，在目前这个人类文明的工业阶段，不人
道地对待动物的很大一部分便是，我们破坏了自己对我们传统的混合共同
体中非人类动物成员的信任。动物已被非人格化与机械化。这一事实可以
很好地解释我们对工厂化养殖与动物研究实验的伦理反感。

依生物社会学伦理理论之逻辑，我们相互（包括动物）之间应当或不
应当如何对待，由共同体之性质与结构决定。甚至对那些深刻地同情动物
困境的人而言，对动物给予同等的伦理关注与同等的伦理权利的观念——
此乃拓展通行的现代伦理范例之逻辑所要求——中也存在某些深层错误，
正如不顾及社会关系，要求给予所有人类同等的伦理关注这个观念中存在
某些深层错误一样。

彼得·辛格再次为上述前后二者提供了一个很有展示性的范例。他提
出：他未能成功地履行自己的义务，因为他未能从自己的微薄收入中捐出
最大部分，用以缓减全世界饥民的痛苦。即便这样做不仅会耗尽他自己，
而且会使他的孩子陷入困境。[13]但痛苦就是痛苦，无论是谁的。在权衡相
互冲突的痛苦中，做到不偏不倚乃一个伦理主体之责任。辛格总结说，既
然他拒绝资助而造成的饥民之苦将大于他的孩子们因他解救饥民而遭受
的苦，那么他就应该将自己收入的更大部分用于资助饥民，以缓减饥民的
饥饿之苦。

依米奇利的生物社会学观念，我们是嵌套性共同体的成员，这些共同
体具有不同的结构，因而有不同的伦理要求。处于该结构之中心的是家
庭。对于我自己的孩子，我不仅有给他们吃、穿与住的义务，而且有给予
他们亲情的义务。然而，给予邻居家孩子们相似的亲情，不仅不是我的义
务，而且我若如此行为，还可能被认为奇怪，甚至被认为是一种犯罪。同
样，我对邻居具有某种义务，比如在他们外出度假时照看他们的房屋，或
者在他们生病或不方便时帮他们去小商店买东西；而对那些住得离我更远 56
的同城其他居民，我就没有这样的义务。我对同城居民具有某些我对作为

整体的人类并不具有的义务，我对作为整体的人类具有某些我对作为整体的动物并不具有的义务。

这些被精致刻画的社会伦理关系复杂且重叠。如米奇利所恰当主张的，宠物是替代性家庭成员。它们所获得的那些良好待遇，不仅那些关系不太密切的动物（比如农场动物）得不到，甚至关系不太亲近的人类成员也得不到。

经历数百代之后，农场动物已然从遗传学上被导向在混合共同体中发挥某些作用。谴责这些动物角色的道德性，就像我们正确地谴责人类社会中的奴役与贫困一样，便是谴责这些动物本身。因此，基于混合共同体的动物福利伦理并不谴责使用这些设计性动物于工作，甚至也不谴责屠宰肉用动物来做食物，只要持有与使用这些动物时没有使用暴力，而工业化养殖显然使用了暴力，它是人与兽之间所缔结的一种演进性的、默认的社会性契约。

然而，此处我的意图并非详述我们对于混合共同体中各类动物成员的责任。我希望论证：无论我们对于各种家畜具有何种责任，这种责任都与我们对于生物共同体中野生动物成员的责任有一般性的深刻差异。

作为一个环境伦理学家，我所体会到的大家所熟悉的功利主义与道义论方法在处理动物解放议题上的一种原则性挫折是，我们同家畜的恰当伦理关系与我们同野生动物的恰当伦理关系之间一直缺乏一种有充分根据的区分。依传统的方法，家牛与羚羊、家猪与豪猪、熊与机械化饲养的鸡有资格获得同等的伦理关注与/或权利。

相比之下，米奇利–利奥波德的生物社会学伦理理论清楚地提供了上述所无之区分。家畜是混合共同体成员，所以应当享有基于成员关系而具有的所有的权利与待遇，无论那是什么样的权利与待遇。依定义，野生动物并非混合共同体成员，所以不应当处于同样的伦理关注范围内，不应当得到家庭成员、邻居、同城居民、人类同胞、宠物，以及其他家畜所得到的伦理关注。

相反，野生动物是生物共同体成员。生态学描述了生物共同体的结构。因此，一种生物共同体伦理或"大地伦理"的责任和义务，如利奥波德所称，可能源于对自然的生态学描述——就如我们对于混合共同体成员的责任和义务源于对混合共同体的描述一样。

最概括与抽象地描述之，生态系统是（引用利奥波德的话）："贯穿土壤、植物与动物圈的能量之源。"[14] 换言之，自然经济的流通过程是，首先由绿色植物捕捉到太阳能，然后又经过这些植物，从一个动物机体向另一个动物机体转化——并非像人造钱币那样从手到手，而是这样说吧，从胃到胃。在生物共同体内，生命的最基本事实是吃……与被吃。每一物种适应于一种营养生境，每一物种均是一个食物链中的一环、一个食物网（food webs）中的一个纽结。不管作为生物共同体成员的存在物可能拥有的伦理赋予是什么，其中都没有生存权。每个存在物都应当受到尊重，让它去追求自己的生存方式，即使其生存方式会对其他存在物（包括其他感受性存在物）造成危害。生物共同体的有机性、稳定性与美依赖所有成员以其恰当的种群数量与共同进化的方式发挥作用。

从传统的、不加区分的动物解放/权利理论中推演出来的最令人不安的内涵是：我们若可以如此行为，那么就应当保护那些无辜的食草动物免受其食肉捕食者的威胁。[15] 对生物共同体伦理学而言，没有什么比如此建议更矛盾的了。对捕食者的（人道性）清除不仅将毁灭共同体，而且将毁灭那些该误置伦理有意确定的受益物种。许多被掠物种依靠其捕食者来优化种群数量。而且，在一个更深的层次上，我们必须记得：对食草动物而言，我们最崇拜其警觉、速度、优雅以及其他特点（所有这些特点使这些动物成为生命主体，因而值得我们赋予它们伦理关注与/或权利），这些特点均乃食草动物在对食肉动物共生有机体（symbionts）的直接反应中的进化成果。[16]

休谟的生物社会学道德理论被米奇利与利奥波德以不同的方式应用于比人类更大的共同体。与我们更熟悉的将利己主义总体化的方法不同，他们是以历史的方法同时为整体与个体提供伦理方向。换言之，我们对共同体本身的关注，超过或高于对其个体成员的关注。如米奇利所言，它们对我们而言也很"重要"。因此，依休谟之见，"我们必须弃绝那种用自爱原则来说明每一种伦理情感的理论，我们必须选择一种更公众性的情感（publick affection），使社会利益即使依其自身，也并非与我们毫不相关"[17]。

达尔文的整体主义甚至更明确:

> 我们现在已然明白:一些行为被野蛮人评价为好的或者坏的(或
> 者也可能被原始人这样评价),仅仅是因为它们明显影响到部落的利
> 益,而不是物种的利益,也不是部落之个体成员的利益。这个结论与
> 如下信念一致:所谓的道德感最初源于社会本能,因为二者起初都仅
> 仅与共同体相关。[18]

奥尔多·利奥波德的大地伦理之整体主义维度克服了个体主义立场。
利奥波德提出,不仅要"尊重"生物共同体中的个体成员,而且要尊重物
种的"生命权",在他最后的分析中,"生物共同体的有机性、稳定性与
美"成为评价影响环境之行为之对错的标准。

大地伦理的超整体主义立场本身也是对生物共同体进行生态学描述
的一项功能。但是,考虑到为各种共存的、合作的与竞争的伦理学——每
种理论都是对我们嵌套性共同体之复杂关系的反应——所提供的生物社
会学伦理范例,我们的整体性环境责任并不具有优先权。我们仍然服从于
所有其他更具体的、个体导向的义务,这些义务是针对我们各种更限定
的、关系更亲密的共同体成员的。因为他们更亲近,所以他们更优先。总
体而言,对家庭的责任先于对关系更远的其他人类成员的责任。不同于辛
格,人们不会因援助实际上处于饥饿状态的其他大陆的人们,而让尚未处
于饥饿状态的自家孩子陷入困境。但是,人们不应当为了实现环境保护的
目的而促进甚至默许人类整体处于饥荒状态(无论这些人离我们多远),
像某些热心过度的环境保护主义实践者实际上呼吁的那样。同样,人们不
应当允许一个野生捕食者接近一只自由散步的鸡,后者乃我们自身混合共
同体中的成员,人们也同样不应当干涉在生物共同体中相互关联的其他野
生成员。

因此,承认一种整体主义的环境伦理,并不会导致我们取消自身对于
家庭成员、邻居、所有人类以及混合共同体中非人类个体成员即家畜的那
些我们所熟悉的伦理责任。另外,我们各种伦理范围的外轴对其内轴施加
压力。人们也许为了援助另一个大陆上的饥民,可以轻易剥夺其孩子的一
次迪斯尼旅行,或在圣诞节时给孩子更少的礼物。同样,人们自己也可以

做出牺牲，或因生态有机性的原因而对其混合共同体中的动物成员给予某 59
些限制。例如，奶牛可以毁灭某些植物共同体；当其他草地或饲料可用
时，应当将它们逐出，而无须顾及其原有的食用偏好，以及奶牛场主的经
济利益。

　　因此，动物解放与环境伦理学可以统一在一面共同的理论旗帜下——
即使如此，随着我们社会伦理积累各层面的展开，它们偶尔也会陷入相互
冲突中。可是，既然它们拥有一种共同的理论结构，那么原则上我们就已
有一种途径以确定优先项目与相对重要之物，从而以一种系统的方式解决
这样的冲突。

第二编
一种整体主义环境伦理

第四章　环境伦理要素：伦理关注与生物共同体

一

环境伦理被设想为一种处理人类与非人类自然实体之关系的伦理。比如，它将禁止或谴责某些影响动物或植物的错误行为模式。依环境伦理，以下行为是错误的：毁伤一棵树，污染一条河流，或开发一片荒野。

在普通的（所谓普通的，即指西方伦理学圈子中的）伦理谈论中，"毁伤树木是错误的"或"人们不应当污染河流"这种伦理陈述日常屡见不鲜，并得到很好的理解，且日益得到人们更多的认同。因此，至少表面上看，我们熟悉的西方伦理概念揭示了人们与自然环境的关系，并且谴责在森林放火这类行为是错误行为。

在一篇题为《需要一种新的环境伦理吗？》（"Is There a Need for a New, and Environmental Ethics?"）的文章中，理查德·劳特利（Richard Routley）提出："主流的西方伦理传统"从原则上排除了一种环境伦理——因此，要求我们在一种非传统的基础上拓展出一种新伦理。[1]依劳特利的分析，烧掉一片野生的加利福尼亚红木林，或灭绝大鲸鱼中的一个种类（劳特利的例子），这类恶意行为的伦理之恶在于它们对他人产生的影响。因此，红木林与鲸鱼只是伦理关注的间接对象，也就是说，只有当他人的利益或权利可能受到影响时，才会有这种关注。

为体现这一点，劳特利提出了一些极好的限制情形案例，这些案例将条件限定在只排除对他人，而没有排除对树木、鲸鱼或其他非人类自然实体给予关注。比如，劳特利要求我们考察"最后的人"（"他尽其所能地对一切生物体——动物或植物——施行灭绝行为")或"最后的人群"。[2] 想象一下，随着核电站的大量增加，人们发现核辐射的负面效应已然使人类不可能繁衍。痛苦中，最后一代人类决定系统地毁灭这个星球上的所有生命。因为未来的人们，即人类之后裔，原则上已不在考虑范围内，劳特利主张：依主流的西方伦理传统，最后的人群对自然环境所做的行为并无错误或并非伦理上当受指责。[3]

64

假定劳特利是正确的——坚持需要一种整体上是新的环境伦理以限制上述行为，让我们追问一下这样一种伦理可能是什么样的。

下文旨在概括一种环境伦理。准此伦理，劳特利在例子中所描述的人类行为方式显然地、无可争辩地是错误的。就像存在许多可选择的伦理系统（用以裁定人群关系的恰当与不恰当，并提供一种解释与论证）一样，肯定存在许多可能的观念因素，我们可据此得出自己有关自然的行为指导。接下来要讨论的环境伦理是对《沙乡年鉴》的一种阐释。它由奥尔多·利奥波德于1933年勾勒，于1949年重印，重印时在很大程度上进行了修订。[4]

二

利奥波德的环境伦理部分地基于以下紧密相关的命题：（1）"迄今为止，所有伦理学都基于一个简单前提：个体是由相互依赖之各部分组成的共同体之成员"[5]；（2）"依生态学，伦理乃对生存斗争中行为自由的一种限制。依哲学，伦理乃对社会性行为与非社会性行为的一种区分。此乃对同一事物的两种界定。这种事物根源于相互依赖之个体或群体朝合作模式之个体或群体进化的趋向"[6]。

利奥波德想表达的是：一方面，群体中的个体间存在着密切的合作关系；另一方面，伦理学这一术语在这里意味着一种或多或少自愿的行为禁止或限制系统。作为对此关联的明晰逻辑命题的首次阐释，我的主张如下：若一物乃某合作群体、共同体或社会之成员，则该物服从对其行为自由的伦理或类伦理限制。或者，令C代表"属于一个共同体"，令E代表"服从伦理限制"，利奥波德可能被理解为做出了以下陈述：

(1)　(x)(Cx⊃Ex)

这样说吧：（1）似乎简直就是错误的。我们可以想到一打生物学反例。比如，W 可以是一个合作共同体即一个白蚁窝的成员。可是，设想 W 服从对其行为自由的伦理或类伦理限制——这是一种被设想为自愿的获得社会认可的限制——则没有道理，因为白蚁与所有其他社会性昆虫一样，显然根本谈不上自愿。

因此，利奥波德所主张的存在于伦理学参与和社会性参与之间的关系（若此关系确实存在的话），必须被更为谨慎地陈述，以使它能说明社会性昆虫与其他明显的非伦理动物社会。白蚁，虽然几乎肯定不服从伦理或类伦理限制，但却肯定服从对其行为的社会性规定，就像它们确实是合作性共同体的成员一样。这一点可能是真的：一个共同体的成员资格本身便意味着对生存斗争中行为自由的限制。但这一点可能不是真的：所有这些限制都是一种伦理或类伦理限制。一种伦理，当被视为生物世界之广阔与超多样性的对立面时，可以被理解为只是获得社会有机性因而获得联合的可能性或合作技能的众多手段之一。伦理学特别地（虽然并非唯一地）是人类建立社会组织的手段。

利奥波德表述的原则史起于现代生物学之始，它在查尔斯·达尔文的《人类的由来与性选择》中获得了进一步的阐释与提倡。[7] 依达尔文之见，伦理学与其他社会限制系统在自然选择中得到进化。简言之，平均地说，通过共同体成员资格而获得的适应性积累（或生存/繁殖优势）要大于因服从伦理或某些其他社会限制系统而造成的适应性损失。一种社会化程度更高的动物，虽然会在本物种范围内变得更少侵略性、更多地缺少自信，但在很多情形下却比独处动物适应力更强。若我们讨论的是哺乳动物，特别是，若我们讨论的是一种服从伦理限制或某种类似之物的智人，那么可以说，为了成为一个社会的一部分，其付出是值得的。

因此，我们相信：

(1a)　(x)[Cx⊃(Ex v G_1x v G_2x v···G_nx)]

此处，新的符号 G 代表类伦理限制或对个体自由进行社会限制的其他模式。个体动物 x 服从此模式，就像是一种本能对其行为信号或信息素

(pheromones) 等做出反应。处于下脚的 1～n 代表这种限制种类的无限多样性。

在诸多物种中，为了更形式化地表示达尔文对伦理学和其他模式的社会限制的社会生物学还原，$C_{(f)}/S_{(f)}$，此处，f 代表对适应的一种合适的量化描述，C 代表一种社会的生活方式，S 则代表一种孤立的生活方式。当 $S_{(f)}/C_{(f)}$ 趋于 1 时，社会组织与类伦理限制就逐渐变得更松散、更少；当 $S_{(f)}/C_{(f)}$ 趋于 0 时，社会组织与类伦理限制就变得更大、更复杂（相对于所论及物种的机体复杂性而言）。再者，若 $S_{(f)}/C_{(f)} > 1$，则作为一个服从类伦理限制的社会动物，将几乎肯定不再有适应性。因此，若（1a）为真，则下面的反命题亦为真：

$$(1b) \quad (x)[(Ex \vee G_1 x \vee \cdots etc.) \supset Cx]$$

若一个个体动物服从伦理或其他有关于社会的行为限制，那么它必然就是一个共同体的成员，若没有不平衡地获得的适应性（这种获得是作为一个共同体或合作团体中的一员共同为生存而斗争的结果），那么，对行为的限制造成的退化将使其适应性受损，并且通过自然选择它的基因将被从该物种的基因池中筛除。

关于（1a）与（1b）的社会生物学论证可以从另一考察获得支持。若（1a）与（1b）整体为真，那么，我们将期望 C 与 E 为共变量（covariant）。也就是说，一个个体所服从的特殊限制依其所属共同体组织的特殊形式而变。合言之，（1a）与（1b）将导出：

$$(1c) \quad (x)[Cx \equiv (Ex \vee G_1 x \vee \cdots etc.)]$$

成为一个共同体的成员，从本质上说等于服从伦理限制，或某种类伦理限制的系统，或为维持系统社会组织所需要的关于限制个体行为的其他系统。且不论由附加的 $\cdots \vee G_1 x$, etc. 所谨慎表达的东西为何物，若仅在人类社会语境下考察伦理学，那么就可以说，一种伦理就是对社会组织的一种描述，乃一个共同体自身成员对其结构的内在描述。比如，请看如此命令："尊重你们的父母！"这样说吧，这内在感知地等同于对一个典型的人类社会的客观的社会学描述，在这个人类社会的组织方式中，对偶关系与原子家庭是核心。若（1c）为真，那么我们就应该能发现某个既定人类组织之特定社会结构与其伦理规范间的一种直接的关联和协调。比如，我们可预测：比之于一个纯粹的母系社会（在这里，父亲身份的确认与确定在此群体中的社会地位是不相关的），一个真正的父系社会中的性伦理更严苛、性处罚更严厉，对女性来说尤其如此。我们可以推测：随着社会从一种形态向另一种形态转变，比如从部落社会向民族社会转变，其伦理规范也将相应地发生变化。因此，人类学和动物行为学研究可以证明伦理学与共同体组织之间的关系。对于后者，利奥波德视之为自明的，达尔文更早便耐心地做过阐释，而爱德华·O. 威尔逊最近以一种正式的理论表述过。[8]

三

利奥波德继续说："大地伦理只是将共同体的边界拓展至包括土壤、水、植物与动物，或合言之：大地。"[9]因为大地伦理可被理解为劳特利的一个漂亮概念——环境伦理的对等物，所以利奥波德主张，一种环境伦理应当将术语共同体（即我们的共同体）拓展为将非人类自然实体也包括在内的概念。对这些自然实体，他宽泛地称之为大地。据此，若某物为环境共同体之成员，那么它就将服从一种环境伦理。此可表示为：

$$(2)\quad (x)(LCx \supset LEx)$$

在此，LC 代表"是大地共同体（或环境共同体）之成员"，LE 代表"服从环境（或大地）之伦理限制"。

然而，该共同体并非只包括动物，它也包括了植物——依利奥波德之见，甚至包括了土壤与水。作为大地或环境共同体的成员，那么，它们也服从相互的伦理限制吗？树木有责任吗？岩石有义务吗？也许，雨并未落到它愿意去的地方？若如此理解，环境伦理就很荒谬。[10]

利奥波德当然不期望做出如此推论。相反，他希望我们得出的是如下结论：（1）我们是一种人类社会的成员（现在则从野蛮部落发展到"人类家庭"，据此，我们已进化出对自身之行为的伦理限制）。（2）我们也是一种生物的，或大地的，或生态的共同体的成员。（3）因此，我们应当进化或设定有关我们之行为的环境伦理限制。

若将此环境伦理以一种清晰的、普遍的形式表述之，那么我们就需要使用一个限定性从句。我们期望"将共同体边界拓展"到将非人类自然实体包括在内，将它们也作为伦理责任的受益者，但并未将相互的或共同的责任、义务或伦理限制强加于这些实体之上。这些限制对它们而言是不可能承受的，对我们而言，设想让它们承担这些责任则是荒唐的。另外，我不想任意地单独挑出人类作为一种特殊负担（一种消极的物种沙文主义，或换言之，一种在今天已基本上被抛弃了的"白人责任"观念的抽象化）的主体。相反，我们需要一个标准，来限制对那些事实上可以承担伦理责任、义务等的存在物的伦理责任、义务等，并且要用一种概括性的方式（即开放的方式，正如一个经验问题那样）来表达这个标准到底包括了什么、排除了什么。这一标准一旦被厘清，便很愉快地立即可用。如我在上一节所示，伦理与类伦理限制并非物种进化出的社会限制之仅有系统，伦理仅乃物种进化出的诸多社会限制模式之一。所以，仅要求那些服从伦理限制或其他近似于类伦理社会规范的存在物的伦理行为与一种环境伦理相协调，是恰当的（既非任意，亦非偏见）。于是，以一种我们以为公平的清晰良知，我们可得出：

$$(2a) \quad (x)[(LCx \cdot Ex) \supset LEx]$$

任何自然存在物，无论是否为人类，若是此大地共同体之成员，且服从（其他）伦理限制，则服从环境伦理限制。

对那些坚持一种严格的生物隔离政策的哲学家而言，没有任何动物符合这两项专为服从一种环境伦理而设定的条件。他们认为，人类服从伦理限制，但正是因为这个原因及其他与形而上学和神学假设相关的原因，人类并非生物共同体之成员。另外，这些哲学家将同意："残忍的野兽"无论如何都不会服从伦理或类伦理限制（尽管有相反的行为证据），因为在他们看来，此类限制是对人类的奖赏。

对那些在生物学上更民主的哲学家而言，并非只有一个物种符合上述条件。人类显然是伦理动物（服从伦理限制的动物）。而且，对这些哲学家而言，同样显然的是，人类是生物（大地或生态）共同体之成员。再者，他们也许相信，其他物种亦符合上述条件。比如，虎鲸在永久性组织中过一种高度社会化的生活。它们进行合作性围猎，且各成员通常会谦让地进食。所以，它们的行为——总体上符合上述命题（1a）——为伦理或类伦理限制所修正。且据此定义，它们也是生物共同体之成员。于是，依我们的理论，与我们一样，虎鲸应当同等地服从一种环境伦理。虎鲸是否因此而真的如此行为，据我们的理论所关注的主题，则是另一个问题。因为它们即使服从一种环境伦理，也可能像多数人那样，忽视或回避环境责任。但是，为了在虎鲸对其资源的利用中发现它们到底有无某种滥用，实践性地考察虎鲸有关环境的行为并不荒唐。

四

对伦理学的一种社会生物学阐释与分析（如利奥波德的大地伦理），可以为认识当代伦理学理论的混乱状况提供一种途径。一方面是"自然谬误"困难（Scylla of the "naturalist fallacy"），另一方面是有关律令、命令、责任、义务、必要性的窘境，这其中有些能直觉（"不自然地"）之，有些则不行。

立足科学角度，即从一种分离的与分析的视野来看，伦理学与其他类伦理行为限制系统是功能性的，就像任何行为安排均是功能性的那样。一种伦理使某些动物被社会性地整合起来。其他动物（最著名的社会性昆虫）以完全不同的方式实现了同样的个体整合与组织，就比如，蜜蜂之间交流信息的方式与哺乳动物的典型交际方式完全不同。

所以，从这一点来看，伦理学是功利主义的，是实现一个目的的一种手段。此目的并非出于我们的选择，而是自然提出的，它由自然选择原则无情地强加给我们。若内含适应性（inclusive fitness）乃机体活动之既定目的，若社会性整合在某些情形下乃其手段，那么伦理学与其他社会性限制模式作为形成一个社会的手段，从总体上说就是后起性的。用流传至康德哲学的术语来说，它们与实然假言判断（assertorial hypotheticals）的地位有些类似。若对社会类型的进一步界定（这种界定是最好地适应可用资源与自然天敌所要求的）是既定的，那么人类与"高级"哺乳动物中的特定限制便可能是专为此而产生的。比如，对狩猎/采集人群而言，据性别而分配劳动就可能比据其他原则而分配劳动更有效。为了实现这一点，某些风俗与禁忌便被进化出来，并且最终获得了命令、责任或律令的地位。"你们不应当觊觎邻人之妻"减少了男人之间的争斗，故而有利于社会男性成员的合作性狩猎，并改变了群体与其个体成员的适应能力。狼群中的限制行为特点亦可以同样的方式解释。

70

然而，利奥波德注意到，"通往社会便利之路对普遍个体而言并不明显"[11]。因此，内在地考察，依某个既定社会之成员立场，伦理律令似乎是绝对的，或不可置疑的，而非聊备一格之物。若一种环境伦理是一种伦理恰当，而不是我们所熟悉的、仅仅基于对人类价值（一种用于指导集体与个人利益的新的生态学启蒙）之关注的审慎考虑之产物，那么它就必须以如下方式做内在的阐释：认可非人类自然实体不仅仅具有工具价值。利奥波德评论说："土地使用伦理学整体上仍为经济自利所统治……但是……没有伦理良知，义务便无意义。我们所面临的问题是社会性良知从人到大地的拓展。若无我们的智性关注、忠诚、情感与信仰方面的变化，伦理学中的任何重要变化都不可能实现。"[12]他进一步坚持："对我而言，没有对大地的爱、尊重与欣赏，以及对其价值的高度关注，却存在一种与大地的伦理关系，这是不可想象的。对于价值一词，我当然……是在哲学意义上使用它的。"[13]

因此，一种伦理的功能是一回事，其形式与方法则是完全不同的另一回事。在古典哲学的伦理学的最佳传统中，利奥波德汲取了一个指导我们与环境相关之行为的总体原则、最高律令："一物趋于保护一个生物共同体之有机性、稳定性与美即为是，趋于相反则为非。"[14]

20世纪生物共同体的发现有助于我们意识到需要一种环境伦理（一种审慎之需）。然而，为了应对此需要，按照利奥波德和其他人的看法，一种源于功利主义的伦理并不够。一种恰当的伦理，一种截然不同的环境伦理——可能是基于爱、尊重，基于拓展性的伦理情感——可能是重建人类与作为一个整体的、人类亦属于其中的生物共同体之和谐的唯一有效的途径。

五

1979 年，一位职业哲学家约翰·帕斯莫尔（John Passmore）在其《人类对自然的责任：生态问题与西方传统》（*Man's Responsibility for Nature: Ecological Problems and Western Traditions*）中对环境伦理学做了最新的拓展性讨论。他抓住生物共同体这一观念，并使之具有伦理学意义。他写道："现在，我们有时会遇到如此建议……动物与人实际上形成一个独立共同体，因此可以恰当地拥有权利。确实，奥尔多·利奥波德已然走得更远：'当我们视大地为我们所属之共同体时，'他写道，'我们可以爱与尊重利用之。'……以生态学观之，无疑，就一个独特的生命圈涉及以下四者中之所有要素而言，人类与植物、动物和土壤一起形成一个共同体。然而，如果对共同体而言，其成员具有共同利益与形成相互责任是本质性的，那么，人类与植物、动物和土壤就没有形成一个共同体。细菌与人没有形成相互责任，它们之间亦无共同利益。在那种同属于一个共同体便产生了责任的意义上，它们并不属于同一个共同体。"[15]

帕斯莫尔为伦理意义共同体之存在提出两项必要条件：（1）承认相互责任；（2）拥有共同利益。我否认（1）为必要条件。罪犯乃人类共同体之成员，但并不承认相互责任，低能者、老年人、精神病患者、婴儿、昏迷者等等，亦如此。所有候选者均满足第二项条件。细菌（帕斯莫尔一定将其视为生命之异类）与人确实拥有共同利益。在某些细菌与所有人合作性相互依存度很高的情形下，我们可以在严格意义上将人与细菌的关系称为生物学共生（biological symbiosis）。而且，所有生物被以生态学方式统一起来，所有生物共享生命自身之共同利益，期望生存，并且自在地生存。

六

对于伦理意义上的生态共同体概念之合法性，疑问依然存在。它不仅仅是一个比喻？帕斯莫尔的批评可能容易对付，但是这一观点中可能存在某些被他忽略的不足。可以确定的是，生物伦理共同体并非幻影（willof-the-wisp）或妄念（wind egg）。应当考察其与社会范例之间的同异。对此问题之全面讨论超过了本章的范围，可是一种尝试性梳理亦当有益。一个生态共同体与一个社会之最显著的不同是，后者通常由属于同一物种的成员构成。我猜想，甚至在人类群体中这一规则也有例外，可它们是些特例，且是成问题的。（比如，有些美国印第安人声称他们与某种动物或植物、家畜、宠物关系很近；这些动物或植物、家禽、宠物有时受到的对待似乎显示着它们拥有某种社会地位。）然而，在最广泛的意义上说，生物共同体包括了所有生物（"植物与动物"）和甚至无生物（"土壤与水"）。生物共同体与人类共同体和其他动物社会之间的不同是根本性的，因此，"生态共同体"这一术语最好只具有一种类比意义。

从自然选择的角度看，动物社会之出现有如此理路：从作为更有效繁殖之具到更有效自卫之具，再到更有效经济之具。社会组织亦可有其他功能，但上述三项是核心的、普遍的功能。对头两项功能而言，生物共同体鲜有明显类似。蜜蜂可能是许多开花植物之繁殖过程的一个重要部分，但这种跨物种的繁殖依赖在自然界并不典型。鲨鱼会偶尔保护伴随其游泳的鲭类海鱼，可这并非一种普通的生物群落（biocenosis）。另外，生物共同体是一种很优秀的经济系统。我们确实有理由说：生态学原则上（若非全部地）是一种对自然经济的研究。无数的生命形式在追求自身利益时，发挥了有助于系统内部之材料、服务与能量所形成之整体洪流的功能。植物在应用空气、水与矿物质养活自己时，将太阳能固定为可被某些动物利用的形式，它们也产生了作为其副产品的自由氧（free oxygen）。食草动物在直接啃食植物时，开始了一个回收植物成分、将二氧化碳返回于空气、将矿物质储藏于土壤的过程，这一过程最终由虫子与细菌完成。总体而言，在自然经济中，每一物均有特定的作用或功能。对此经济，每一物已然适应。生态学家论及了三种角色：生产者（producer）、消费者（consumer）与分解者（decomposer）。在生态系统中，此三者均能适应其"生境"。因此，正如利奥波德所言，说我们是大地共同体之成员，就是说，就像我们在经济上依赖其他人——美国艾奥瓦（Iowa）的农民、日本东京（Tokyo）的工厂工人等——一样，我们也有依赖浮游植物、森林、蚯蚓、蜜蜂、细菌等，这两种依赖在形式上是一样的。若一种伦理在前一种情形下是一种人类模式的相互认可与促进，那么它为何不应当对后者亦如此？

七

　　最后，我们也许会问：我们的环境伦理符合劳特利对环境伦理的思想 *73* 实验吗？若生态共同体与人类共同体在总体经济形式上类似，即若生态共同体是一种宏观经济，人类共同体是一种微观经济，那么我们就会认为下面的表述是决定性的。让我们把劳特利的"最后的人群"案例替换为底特律的最后一代企业大亨。在不久的将来的某个时刻，当石油被消耗殆尽，任何形式的能量都非常珍贵，私人汽车就成为一种过去之物。痛苦中，底特律最后一代汽车制造商决定消灭所有他们可以找到的人，男人、女人与孩子们。若底特律最后一代企业大亨的行为是错误的，那么据我们的环境伦理，劳特利的"最后的人群"的行为显然也是错误的。

第五章 大地伦理之观念基础

上个世纪①的两项重大文化进步是达尔文理论与地质学的发展……然而，植物、动物与土壤如何作为一个共同体来运行，就像它们的起源一样，是非常重要的问题。解决此问题之任务已落在新的生态科学上。该科学每天都在揭示相互依存之网，这张网是如此复杂，以至于达尔文在此神奇面纱之前也会惊叹，而他是所有人中最无须对此因兴奋而战栗者。

——奥尔多·利奥波德

《利奥波德论文》，第 36 篇，片段 6B16

威斯康星大学—麦迪逊档案

一

75　　如华莱士·斯特格纳（Wallace Stegner）所言，《沙乡年鉴》"在环境保护圈内几乎被视为一部圣书"，而利奥波德则被视为一位先知、"一位美国的以赛亚"。亦如柯特·迈恩（Curt Meine）所指出，《大地伦理》是《沙乡年鉴》中关于气候的文章，是"'结论'的结论"。[1]因此，人们可能会很自然地以为，推荐与论证人类一方对自然的伦理责任当是预言性的《沙乡年鉴》的所有内容。

然而毫无例外，《大地伦理》并未被当代学院派哲学家们所欣然接受。大多数哲学家无视其存在。在那些并未忽视它的人中，多数人要么未能理解它，要么对它充满敌意。杰出的澳大利亚哲学家约翰·帕斯莫尔在其对

---

① 即 19 世纪。——译者注

这一新的被称为"环境伦理学"的哲学分支学科首次以一本书的规模进行的讨论中，对《大地伦理》完全置之不理。[2] 在一次更为晚近也更为细致的讨论中，同样优秀的澳大利亚哲学家 H. J. 麦克洛斯基（H. J. McClosky）傲视利奥波德，以诸多词不达意的东西"阐释"《大地伦理》。他得出如此结论："赋予利奥波德的主张一致的意义——将其大地伦理呈现为伦理学中的一种主要进展，而不是向各种原始人所持有之道德的倒退——存在一个实际问题。"[3] 受麦克洛斯基的影响，英国哲学家罗宾·阿特菲尔德（Robin Attfield）攻击对《大地伦理》的哲学尊敬。加拿大哲学家 L. W. 萨姆纳（L. W. Sumner）称《大地伦理》为"危险的胡说"[4]。那些以更赞同的立场理解利奥波德的哲学家通常只是称引《大地伦理》的词句，似乎它只比一种高贵但天真的道德呼求稍进一步，总体上缺乏一种支持性的理论框架。这种理论框架是通过有说服力的论证通达伦理规范的基础原则与前提。

据我的判断，对《大地伦理》的忽视、混淆与（某些情形下的）谴责可以归因于：（1）利奥波德极为简约的散文风格。在此文章中，极为复杂的观念被以极少的句子甚至一两个词语来表达；（2）他远离当代哲学伦理学之假设与范例；（3）大地伦理显然会导致令人不安的实践性内涵。简言之，以哲学角度观之，《大地伦理》简约、陌生而又激进。

在此，我首先简要地审察与阐发大地伦理令人印象深刻的抽象要素，揭示可将这些要素结合为一种恰当的却是革命性的伦理理论的"逻辑"。之后，我讨论大地伦理所具有的令人争议的特征，并回应对它的实际与可能存在的批评。我希望表明：不能将大地伦理当作一位伤感的环境保护主义者无根据的情感性训诫而忽视它，或者不能因其会导致野蛮的不良实践后果而抛弃它。相反，它对常规的伦理哲学提出了严肃的智性挑战。

二

《大地伦理》随那富有魅力的、诗一般的对荷马笔下之希腊的呼唤而展开。其要义如下：在今天，大地被日复一日地且令人痛心地奴役着，就像古希腊时期奴隶曾遭受的奴役一样。对我们最为遥远的文化源头做了全景式回顾之后，利奥波德提出并呈现过去三千年中虽然缓慢但却也稳定的道德进展。随着文明的发展与成熟，我们的关系与活动（"行为领域"）的大部分已被置于伦理原则的保护下。若道德的成长与发展得以持续，那么（对历史的概括性回顾和最近的经验都显示），未来的人们将责备今人对环境的随意、普遍奴役，就像今人责备三千年前所存在的对人的随意、普遍奴役那样。[5]

喜欢嘲讽的批评家可能会笑话利奥波德对人类历史的乐观描述。直到利奥波德降生时的上一代人，奴隶制一直在"开化的"西方存在，更为特别的是，它就存在于有伦理自傲的美国。在西方历史上，从雅典城邦、罗马帝国，到西班牙宗教裁判所与第三帝国，发生过一系列令人羞耻的战争、迫害、暴政、大屠杀，以及其他暴行。

然而，伦理实践史并不与伦理意识史完全一致。道德不是描述性的，它是一种规定或规范。据此区别，虽然美国的暴力犯罪率依然在上升，在伊朗、智利、埃塞俄比亚、危地马拉、南非与其他地区依然存在对人权的制度性侵犯，在其他地方依然存在持续的、有组织的社会不公与压迫，但今天伦理意识的拓展显然还是快于从前。民权、人权、妇女解放、儿童自由、动物自由等都意味着：如新出现的伦理理念所示，伦理意识（与伦理实践不同）已然在近期有所进展——因此证明了利奥波德对历史的考察。

三

利奥波德继而指出，"伦理学的这种拓展（到目前为止，还只有哲学家研究）"——所以其含义很清楚，但并不令人满意——"实际上是一种生态进化过程"（第 202 页）。利奥波德在这里要说的很简单，就是我们可以用生态学术语理解由奥德修斯的小插曲所奇妙地揭示的伦理学史，就像用哲学术语理解伦理学史那样。从生态学的角度看，一种伦理就是"对生存斗争中行为自由的一种限制"（第 202 页）。

当我评论说，利奥波德努力用一对词语来传达其整个观念之网时，我心中出现了上述段落。"生存斗争"（struggle for existence）一语准确无误地让人想起达尔文的进化论，对伦理学之起源与发展的生物学描述最终必须被置于此观念语境下。而且，它马上便指出一种矛盾：在不可缓和的竞争性"生存斗争"中"对行为自由的限制"（limitations of freedom of action）如何能在智人种群或其进化性祖先中被保存下来，并传播开来？

作为对伦理的生物学描述，如哈佛大学社会昆虫学家爱德华·O. 威尔逊最近所写："核心的理论问题（是）……在人类这一物种中被作为道德或伦理规范来精心阐释的利他主义——按定义它会减少个人的适应性——如何在自然选择中进化出来？"[6]依现代社会生物学，答案存在于血缘关系（kinship）中。但是，依达尔文（他本人在其《人类的由来与性选择》中完全立足自然史来解决这一问题）之见，答案存在于社会中。[7]正是达尔文立足自然史的经典描述（及其各式变项）启发了利奥波德20世纪40年代后期的思想。

让我把这个问题说得更透彻些。我们正在追问：伦理规范如何产生，它一经产生又如何在规模与复杂性上发展？

人类记忆中的最古老答案是神学的。诸神（或神）把伦理强加给人们。诸神（或神）又确认之。此种描述的一个最生动与形象的例子出现在《圣经》中。摩西站在西奈山上直接从神那里得到十诫（Ten Commandments）。该文本也清楚地描述了神对道德背叛的神圣惩罚（表现为瘟疫、传染病、大旱、军事失败，等等）。因此，此后神圣意志的启示方便地、简要地解释了相应的道德进展与成长。

另外，西方哲学几乎都同意以下意见：人类经验中伦理的起源与人类的理性有某种关联。理性在关于伦理之起源与本质的所有（从古代普罗泰戈拉的，到现代霍布斯的，到当代罗尔斯的）"社会契约理论"中发挥着核心和关键的作用。依柏拉图与亚里士多德之见，理性乃美德之源；依康德之见，理性乃绝对命令（categorical imperatives）之源。简言之，西方哲学之重心倾向于如此观点：我们是伦理存在物，因为我们是理性存在物。随之而来的理性的精致化与进步性启蒙（这种启蒙照耀着的善与正确），解释了利奥波德所关注的"伦理序列"，即道德的历史性进展与成长。

然而，进化论自然史学家对上述关于伦理之起源与发展的总体性解释均不满意。神赋予人道德的观念原则上被排除在外——就像对自然现象的任何超自然解释在自然科学中原则上被排除在外一样。虽然道德可能原则上是人类理性的一种功能（比如说，数学计算显然是它的一种功能），但设想它事实上就是如此却是一种本末倒置。理性显然是一种精细的、可变的，且近来才出现的官能。在复杂的语言能力产生之前，任何情况下都不能设想进化出理性；而语言能力的进化反过来依赖一种高度发展的社会集合。但是，除非我们设想对生存斗争中行为自由的限制，否则，我们不可能变成社会性存在物。因此，在变成理性存在物之前，我们必须先成为伦理存在物。

可能是由于反思了这些问题，达尔文转向了现代哲学中的一种少数传统，即一种道德心理学，它与对伦理现象的一种总体性进化论解释相协调且对之有用。一个世纪以前，苏格兰哲学家大卫·休谟与亚当·斯密主张，伦理依赖情感或"情绪"（sentiments）——当然，它们可以被理性丰富化与启发。[8]由于在动物王国情感或情绪确实比理性更为常见或普遍，所以它们对关于伦理之起源与发展的进化论解释来说应该是一个更可能的起点。

利奥波德在其《大地伦理》中正确且简要地提及的达尔文的解释，始于可能为所有哺乳动物所共享的父母与子女间的情感。[9]达尔文认为，情感纽带、父母与其后代之间的同情允许形成一种很小的具有亲密血亲关系的社会组织。假如将家庭成员联系起来的父母与子女之间的情感有机会拓展到血缘关系不太密切的其他亲属个体，那么家庭组织就会扩容。假如这种新拓展的共同体将更成功地捍卫自己，及/或更有效地保护自己，那么其个体成员对共同体的内含适应性就将逐渐增加。因此，这种更为扩散的家族情感，达尔文称之为"社会情绪"（social sentiments），作为对休谟与斯密的回应，将会被拓展至整个种群。[10]

道德（恰当地说，作为纯利他本能之反面的道德），用达尔文的话说，要求一种足以回忆过去、想象未来的"智性能力"（intellectual powers），一种足以表达"公共意见"的语言能力，以及对为公共意见所确认、为社会所接受且能使社会受益之行为模式的"适应力"。[11]即便如此，依据达尔文的解释，伦理恰当仍然坚实地扎根于道德情感或社会情绪，他强烈地主张，它们并不弱于生理官能。由于这些情感或情绪在生存方面特别是在成功繁衍方面所具有的优势，自然选择了它们，社会又给予了它们。[12]

　　作为自然史学家的利奥波德继承了关于伦理现象的原型社会生物学视野，这种视野使他做出了一个总结（这个总结在他对达尔文更为细致与更具拓展性的范例的凝练的并且通常共振的呈现中是非常明确的）："这种事物（伦理）根源于相互依赖之个体或集体朝合作模式之个体或群体进化的倾向……迄今为止，所有伦理学都基于一个简单前提：个体是由相互依赖之各部分组成的共同体之成员。"（第 202～203 页） 80

　　因此，我们可望发现：伦理的范围与特定内容将同时反映合作性共同体或社会的可感知边界、实际结构或组织。伦理与社会或共同体相互关联。此单一的、简单的原则，为对道德做自然史分析，为预测未来道德的发展（最终将包括大地伦理），为系统地推导突然出现的并在文化上无先例的伦理（如大地伦理或环境伦理）的特定对象、规定与禁令，提供了一种强有力的工具。

四

　　对伦理的人类学研究表明：事实上，伦理共同体之边界总体上与可感知的社会边界共同拓展。[13]在部落社会，美德与恶德的特殊表现——比如共患难之美德与关于隐私和个人财产方面之恶德（从文明社会的角度看，有时正好相反）——反映与培育了部落人群的生活方式。[14]达尔文在其闲散讨论中，为"野蛮人"道德的强度、特性与明确界定描绘出一幅生动图画："一个野蛮人会冒生命危险去救一位其共同体成员，可对一位全然陌生之人则毫不关心。"[15]如达尔文所描述，部落人群同时是"同一部落内部"的美德模范，而于部落之外则变成毫无美德的狂热盗窃者、杀人犯、与折磨者。[16]

　　为了更有效地对付共同的敌人，或因为日益变大的本部落人口密度，或为了回应生存方式与技术方面的革新，或为了彼此力量间的某些融合，人类社会已在程度或规模上获得发展，在形式或结构上发生改变。民族——如易洛魁（Iroquois）族，或印第安人之苏克斯（Sioux）族——乃由此前各自独立且相互敌对的部落组成。动物与植物获得驯养，以前的狩猎者与采集者变成了牧民与农民。永久居住地被建立起来，贸易、工艺与（后来的）工业繁荣起来。随着社会的每一次变化，伦理不断地发生变化。伦理共同体拓展到社会的新边界，美与恶、正与误、好与坏的表现物也随之而改变，以协调、培育、保持新社会秩序在经济与制度方面的安排。

81　　　今天，我们正见证人类的一种全球规模超级共同体之痛苦诞生。现代交通与通信技术、国际经济的相互依赖、国际经济实体以及核武装，已将世界带入一个"地球村"。它尚未全然形成，正与民族国家处于一种很危险的紧张状态。其最终的制度性结构，一种全球联邦制，或任何它可能成为之物，在此意义上完全不可预测。但有趣的是，一种相应的全球人类伦理——如大家所称的"人权伦理"——已经获得更确定的阐释。

　　今天大多数受教育人群至少在口头上认可以下伦理原则：人类物种之所有成员，无论种族、信念与国家，均享有某些基本权利，不尊重这些权利是错误的。依达尔文所开创的进化论视野，关于人权的当代伦理观念是对一种感知的回应（无论此感如何模糊与不确定）：人类所生活的世界被统一到一个社会、一个共同体，虽然它尚未被确定，或尚未从制度上被组织起来。正如达尔文很有预见性地写道：

> 随着人类在文明上的进步，小部落将被统一到大的共同体，最简单的理由将告诉每个人：他应当拓展其社会本能与同情心至同一民族之所有成员，虽然就个人而言他们是陌生人。这一点一旦实现，就只有一个人为障碍阻止他将同情心拓展至所有民族与种族之人。如果某些人因相貌、习惯上的很大差异与他区别开来，那么经验将不幸地向我们表明：在我们将他们视为同胞之前，尚有很长的路要走。[17]

　　依利奥波德之见，照此顺序，超越依然不完善的普遍人性伦理的下一步（这一步在视野上非常清晰）便是大地伦理。迄今为止，"共同体概念"（community concept）已然将伦理的发展从野蛮人部落推进到人类大家庭。"大地伦理只是将共同体的边界拓展至包括土壤、水、植物与动物，或合言之：大地。"（第204页）

　　如《沙乡年鉴》之前言所示，该著最重要的核心原则乃强调如此观念——通过叙述性描述、灵活的展示、抽象的概括，以及偶尔的训诫——
"大地是一共同体"（第ⅷ页）。共同体概念是"生态学的基本概念"（第ⅷ
页）。一旦大地被普遍地理解为一种生物共同体（如其在生态学中被专业
性地所理解），一种相应的大地伦理便会在群体性文化意识中产生。

82

五

　　虽然一种"自然经济"（economy of nature）概念可远溯至 18 世纪中
期，但"生物共同体"概念则于 20 世纪 20 年代由查理斯·埃尔顿
（Charles Elton）作为生态学运行模式典范做了全面、细致的拓展。[18] 自
然界组织得像密切合作的社会，其中植物与动物占据一块"生境"，或如
埃尔顿所称，在自然经济中具有一种"作用"或"职业"。[19] 像在一个封
建共同体中那样，生物共同体中很少或没有一种社会经济地位的流动（向
上的或相反），每个个体都有自己的事业。

　　利奥波德提出，人类社会总体来说建立在相互安全和经济上相互依赖
的基础上。并且，只有在生存斗争中对行为自由有所限制（即伦理限制），
该社会才得以持续。如现代生态学所示，既然生物共同体表现出一种类似
结构，那么基于"机械化人类"近来日益增强的影响，它亦只有在一种对
行为自由的类似限制——即一种大地伦理限制（第ⅷ页）——的条件下才
得以持续。再者，大地伦理不仅是"一种生态必要性"，而且是一种"进
化可能性"，因为对自然环境的一种伦理反应——达尔文的被翻译与编码
成一套原则和规范的社会同情、情绪与本能——将会通过生态学对自然的
社会呈现在人类身上自动地激发出来。（第 203 页）

　　因此，大地伦理出现之关键便是普遍的生态学意识。

六

　　大地伦理建立在三块科学基石上：（1）进化论；（2）生态生物学；
（3）作为生态生物学之背景的哥白尼天文学。进化论为伦理学与社会组织
及其发展提供了概念联系。它为我们在"进化之旅"（odyssey of evolu-

tion）中提供了某种"对伴侣造物的亲密感"（kinship with fellow-creatures）意识与"伴侣"（fellow voyagers）意识。（第 109 页）它在人类与非人类自然之间建立起一种历时性联系。

生态学理论提供了一种共时性联系——共同体概念——人类与非人类自然之间的一种社会整体性意识。人类、植物、动物、土壤与水"在一种共同合作与竞争的活跃共同体即一种生物区（biota）中相互结合"[20]。因此，借用达尔文的说法，最后简单的推理便是告诉每个个体，他或她应当拓展他或她的社会本能与同情心于生物共同体的每个成员，虽然这些成员在相貌与行为上与他或她有很大的不同。

虽然利奥波德在《沙乡年鉴》中并未直接提及哥白尼式的视野，即将地球理解为巨大的、充满敌意的宇宙之外的"一个小行星"，但这种视野很可能是下意识地但却强有力地为我们培育了对地球上其他居民的一种亲密的、共同体的与相互依赖的意识。它将地球缩小为一片沙海中的一块惬意小岛。

概括地说，大地伦理之观念基础与逻辑基础如下：其观念因素是一种哥白尼式的宇宙学、一种达尔文式的原型社会生物学式伦理学自然史、地球上所有生物形式之间的密切联系、一种埃尔顿模式的生物群落（biocenoses）结构。所有这些因素都建立在休谟-斯密道德心理学的基础之上。其逻辑如下：自然选择使人类可以对可感知到的亲属关系、共同体成员关系、身份关系做出一种情感性伦理反应；今天，自然环境（大地）被作为一种共同体（生物共同体）呈现出来，因此，一种环境或大地伦理便既是可能的（其生物心理学条件与认知条件已具备），又是必需的，因为人类作为一个群体已然获得毁灭包围与支持自然经济的有机性、多样性和稳定性的能力。在本章的剩余部分，我将讨论与伦理哲学相关的大地伦理之特性与所存在的问题。

利奥波德大地伦理最显著的特性是，它提供了对生物共同体自身，而非仅仅生物共同体所属成员的，被肯尼思·古德帕斯特小心地称为"伦理关注"的东西[21]：

简言之，大地伦理改变了智人的角色，将他从大地共同体的征服

者改变为此共同体的普通成员与居民。这意味着尊重同伴，也尊重此共同体自身。（第 204 页，强调乃本书作者所加）

因此，大地伦理同时具备整体视野与个体视野。

确实，如《大地伦理》所拓展的，伦理关注的焦点逐渐从单个的植物、动物、土壤与水转移至集体性的生物共同体。在《大地伦理》的中间部分，题为"代之以大地伦理"的一节，其语境隐含着如此意味——利奥波德主张野花、鸣禽与捕食者等拥有物种的"生物权"（"biotic rights" of species）。在题为"展望"的一节（《大地伦理》之高潮部分），非人类自然实体首先作为同胞出现，然后作为物种得到关注，但此处并不是提及非人类自然实体最多的地方。提及非人类自然实体最多的地方是被称为大地伦理的"总结性道德箴言"："一物趋于保护一个生物共同体之有机性、稳定性与美即为是，趋于相反则为非。"（第 224～225 页）

据此是非之则，不仅一位农场主为了获得更高收益，清理了 75 度斜坡上的树木，把他的牛群赶到所清出的空地，将雨水、石头与废土倾倒至作为生物共同体的河流中是错的，而且联邦鱼类与野生生物管理局为了个体动物的利益，允许鹿、野兔、野驴等种群无控制地增长，因而威胁到这些物种作为其成员的生物共同体之有机性、稳定性与美也是错误的。通过关心生物共同体之有机性、多样性与美，大地伦理不仅提供了对生物共同体本身的伦理关注，而且对其个体成员的伦理关注也获得了优先考虑。所以，不仅大地伦理具有一种整体视野，而且这是一种彻底的整体视野。

比之于其他特性，大地伦理的整体性将它与现代道德哲学的主流范例区别开。因此，此乃大地伦理需要最耐心的理论分析与最敏感的实践性阐释的特性。

七

如肯尼思·古德帕斯特所示，现代道德哲学之主流通过一种总体化过程，已将利己主义（egoism）作为出发点，并扩张至伦理权利之更广的范围[22]：我确信，我——封闭的自我——内在地或固有地具有价值，因此，当他人的行为可能对我产生实际影响时，我的利益应当得到"他者"的关注，应当被"他者"考虑在内。依传统智慧，我自己对获得伦理关注的主张最终依赖一种心理能力——理性（rationality）或感受（sentiency），它们分别成为康德与边沁的经典候选物。理性和知觉自身即有价值，因此可为我的伦理地位做出证明。[23]然而，在此基础上我勉强赞同：对那些亦可主张总体上拥有同样心理特征的他者而言，必须给予其相同的伦理关注。

85　　　因此，伦理价值与伦理关注的标准得到确立。古德帕斯特有力地主张：学界尘埃落定之后，主流现代伦理理论基于这一由边沁和康德原型所塑造的伦理证明与逻辑示范之简单范例。[24]若伦理价值与伦理关注之标准被定得足够低（如边沁的感受标准），那么就会有许多动物获得伦理权利。[25]若伦理价值与伦理关注之标准被定得再低些〔如艾伯特·施韦泽的敬畏生命（reverence-for-life）伦理〕，那么所有最低级的意动性（conative）之物（植物与动物）都将被包含于伦理关注之内。[26]实际上，当代动物解放/权利与敬畏生命/生命原则伦理学乃现代伦理主张经典范例之直接应用。但是，这个标准的现代模式的伦理理论未能为对整体（正处于威胁中的动物与植物种群，地方性的种群，稀有或濒危物种，或生物共同体，或极广而言之生物圈整体）的伦理关注提供任何可能性，因为整体自身并无任何心理经验。[27]由于主流现代伦理理论已然是"心理中心主义的"（psychocentric），所以在其基本理论方向上，它已成为一种极端的、不可救药的个体主义或"原子主义"。

　　　通过承认利他主义与利己主义一样，是一种基本的、自然的人性，休谟、斯密、达尔文与其当时流行的理论模式相分离。依他们的分析，伦理价值与值得伦理关注之物所客观地表现的自然特性——（像理性和/或感受由人和/或动物客观地表现那样）——并不相同，依其本性，伦理价值乃价值评价主体的一种投射。[28]

　　　再者，休谟与达尔文承认一种天然的伦理情绪（moral sentiments），此类情绪具有社会性，就像它们所拥有的自然对象一样。休谟认为，"我们必须弃绝那种用自爱原则来阐释伦理情绪的理论。我们必须选择一种更为公众性的情感，使社会利益即使为其自身，也并非与我们毫不相关"[29]。达尔文有时有点滑稽（因为"达尔文进化论"通常意味着自然选择仅仅是一个关于个体的过程）地写道，道德似乎仅以公共利益（作为一个共有实体的共同体之善）为对象：

> 我们现在已然明白：一些行为被野蛮人评价为好的或者坏的（或者也可能被原始人这样评价），仅仅是因为它们明显影响到部落的利益，而不是物种的利益，也不是部落之个体成员的利益。这个结论与如下信念一致：所谓的道德感最初源于社会本能，因为二者起初都仅仅与共同体相关。[30]

86

那么，从理论上讲，生物共同体就拥有利奥波德在"展望"之首段所讲的"哲学意义上的价值"，即直接的伦理关注——因为它是一种得到特别进化的"公众性情感"或"道德感"的最近被发现的恰当对象，这些情感是所有心理正常的人类从先前社会性原始祖先那里继承来的。（第223页）[31]

八

在大地伦理中，如在社会性伦理进化之所有早期阶段，作为整体的共同体的善与单个考虑的其个体成员的"权利"之间存在一种紧张。当《大地伦理》之"伦理后果"一节清楚地激发出达尔文对伦理之起源与拓展的经典生物社会学阐释时，利奥波德实际上更明白地关注了整体性与个体性伦理情感间的相互作用———一边是同情与伴侣情感，另一边是对于公共利益的公众性情感：

> 最初的伦理处理个体之间的关系，摩西十诫便是一个例子；后来增加的处理个体与社会之间的关系。金规试图将个体整合成社会，民主制则努力将社会组织整合成个体。（第202～203页）

实际上，最初的伦理仅处理个体之间的关系，而与个体和社会之间的关系毫无关系。[这种伦理取代了一种"原初的彻底自由的竞争"（第202页），这样的评价意味着利奥波德的达尔文式思路已不加批判地染上了霍布斯因素。当然，霍布斯之"自然状态"——所有人对所有人的战争状态，从进化论的角度看是荒唐的。]一个世纪的人种学研究似乎证明的是达尔文的猜想：比之于近期出现的伦理，整体主义成分的相对重量在部落伦理——《旧约》中记录的希伯来部落伦理是一个生动案例——中更大。另外，金规并未以任何形式提及社会本身，它的基本关注似乎是"他者"，87 即其他个体人类。民主制由于强调个体自由与权利，似乎促进而非消除了金规对个体主义的力量。

在任何情况下，大地伦理的观念基础在伦理范围内都同时为生物共同体同胞成员与生物共同体自身（视为一种共同实体）提供了一种内涵丰富的、自洽的理论基础。然而，在利奥波德对大地伦理的阐释中，优先强调的是作为整体的共同体之善。他的观点确实与其休谟-达尔文理论基础相协调，但并非仅由它们规定。然而，整体主义占上风之大地伦理会更多地来自受生态学启发的伦理敏感。

九

历史地追溯，生态学思想已趋向于一种整体主义观点。[32] 生态学乃对有机体之间以及有机体与其基本环境之间之关系的研究。这些关系将被关系者（relata）——植物、动物、土壤与水——织入一个密不透风的结构。实际上，经典西方科学对象之本体性出发点及其关系特征的本体从属性均与生态学理念正好相反。[33] 生态关系（而非其他方式）决定着有机体的本性。一物种之所以是其所是，是因为它已然适应了生态系统中的某一生境。因此，整体（即生态系统自身）也很直接地塑造、形成其成员性物种。

先于查理斯·埃尔顿生态学共同体模式（community model）的是 F. E. 克莱门茨（F. E. Clements）与 S. A. 福布斯（S. A. Forbes）的有机体模式（organism model）。[34] 准此模式，植物、动物、土壤与水，被整合为一个超有机体。依其本然，物种乃其器官，个体（specimens）乃其细胞。虽然埃尔顿的共同体范例——如我们将见，后来为阿瑟·坦斯利（Arthur Tansley）的生态系统观念所修正——是《大地伦理》中最重要且具有伦理学上之丰富性的生态学概念，但是克莱门茨与福布斯更激烈的整体主义的超有机体范例成为一种强有力的弦外之音，在《大地伦理》中得到了回应。比如，在"大地健康与 A–B 裂缝"一节（在"展望"一节之前）之尾，利奥波德坚持：

> 在所有这些裂缝中，我们反复见到同样的基本矛盾：作为征服者的人类与作为生物居民的人类相对，作为磨刀石的科学与作为照亮其普遍性的科学相对，作为奴隶和仆人的大地与作为集体有机体的大地相对。（第 223 页）

在《大地伦理》的后半部分，利奥波德不止一次谈论大地的"健康" *88* 与"疾病"——这些词语既是描述性的，也是规范性的。依字面意思理解，它们只有被用来概括有机体时才是恰当的。

在一篇早期论文——《西南部环境保护之基础》（"Some Fundamentals of Conservation in the Southwest"）中，利奥波德对环境之整体主义的超有机体模式表现出推测性兴趣，并将它视为富有伦理意义的范例：

> 将地球的各部分——土壤、山脉、河流、大气等——视为器官或器官的一部分，每一部分具有一种特定功能，这至少并非不可能。若我们通过一个更长时段来观察这一整体（理解为整体），我们就可能不仅认识到具有协调功能的器官，而且认识到消费与替代过程（在生物学中，我们称之为新陈代谢或生长的过程）。在此情形下，我们将获得一个生物的所有可见属性。我们无法以此方式看待这个整体，因为它太大，其生命过程太漫长。我们也可以将不可见属性，即一种灵魂或意识赋予"死的"地球，所有时代的许多哲学家都曾把这种属性赋予所有生物和它们的集合体。
>
> 用我们的本能感知（它可能比科学更真实，比哲学更少为言词所阻），我们意识到地球——其土壤、山脉、河流、森林、气候、植物与动物——的不可分割性，并且集体地尊重它，不仅将它视为一个有用之仆，而且将它视为一个有生之体，这个有生之体远不如我们有生气，但在时间与空间上却比我们宏大很多……那么，哲学将提出一个问题：为何我们不能在伦理上不受指责地毁灭地球？换言之，"死的"地球是一个拥有某种程度生命的有机体。对此有机体，我们本能地给予同样的尊重。[35]

假如利奥波德在其《大地伦理》中保留了这个整体性的理论方法，大地伦理无疑将得到哲学家们更多的批评性关注。一种大地伦理，利奥波德可能称之为"地球"伦理，将建立在如下假设之上：地球具有生命与灵魂——拥有内在的心理特征，该特征在逻辑上与理性和情感平行。在我们所熟悉的主流伦理思想形式中，意动性的整体地球这个观点能合理地作为内在价值与伦理关注的一个总体标准。

89 《大地伦理》越来越多地强调作为一个整体的环境的有机性、稳定性与美，越来越少地强调个体植物和动物对生命、自由与追求幸福的生物权利，其部分原因在于，比之于共同体范例，超有机体生态范例将整体更加具体化，而将其个体成员置于附属地位。

如我们所知，在任何情形下，根据《西南部环境保护之基础》来重读《大地伦理》，自然之整体地球有机体的形象在利奥波德后来的思想中并没有被完整地表现出来。利奥波德可能放弃了"地球伦理"，因为生态学已放弃了有机体类比，而将共同体类比作为一种起作用的理论范例。共同体模式通过休谟与达尔文的社会/情感伦理自然史，更恰当地具备了伦理内涵。

同时，20 世纪 30 年代后期与 40 年代，生物共同体生态范例已获得一种更为整体性的视野。1935 年，英国生态学家阿瑟·坦斯利提出，从物理学角度看，"自然经济"之"流"（"currency" of the "economy of nature"）是一种能量。[36]坦斯利主张，埃尔顿的定性与描述性概念——食物链、食物网、营养生境与生物行当等，均可由一种热动力流模型做定量表达。利奥波德正是移植了坦斯利关于环境的热动力学范例，将它作为一种"大地的精神形象"。在与此形象相关联时，"我们可以是伦理的"（第 214 页）。正是大地的生态系统模式揭示了大地伦理的核心实践规范。

"大地金字塔"乃《大地伦理》之关键一节——这一节完成了从关注"伴侣成员"（fellow member）向关注"共同体自身"的转变，它也是《大地伦理》一文中最长、最专业的一节。对"生态系统"（坦斯利之精致的、非比喻性的概念）的描述始于太阳。太阳能"流过一个被称为生物区的圈子"（第 215 页）。它通过绿色植物的叶子进入生物区，经过食草动物，继而到达杂食与食肉动物。最后，通过绿色植物转化为生物量的一小部分太阳能被保存在捕食者的尸体、动物粪便、植物碎片或其他死去的有机材料中，被分解者——虫子、真菌与细菌——储存。这些分解者回收了上述参与性元素，将它们降解为熵平衡，包括任何剩余能量。准此范例，

> 大地不只是土壤，它乃贯穿土壤、植物与动物圈的能量之源。食物链乃生命通道，它向上传导能量；死亡与腐烂则将能量返回至土壤。这一循环并不封闭……它是一种持续性循环，就像一种缓慢增长、循环性的生命基金。（第216页）

在此关于自然的极抽象的（虽然是一种诗性表达的）模式里，过程先于本质，能量比物质更基础。比之于在模式化能量之流中的暂时性结构，*90*个体植物与动物变成更少自主性之物。依耶鲁大学生物物理学家哈罗德·莫罗维茨（Harold Morowitz）之见，

> 从现代（生态学）角度看，每个生物……都是一种消耗结构，它本身并不耐久，只是此系统能量持续之流的结果。有一个例可能很说明问题。考察一下溪水中的一个旋涡，旋涡是一种结构，它由总在变化中的一组水分子构成。在经典的西方意义上，它并不作为一种实体而存在，仅因穿过溪水的水流而存在。同样，构成生物实体的结构是短暂的。为保持其形式与结构，分子持续变化的非稳定实体依赖一种来自食物的持续能量之流……据此，个体的现实性是成问题的，因为个体本身并不存在，而只是此宇宙之流中的一种局部振荡。[37]

虽然表述得并不生硬，并且因其散文魅力而更有味道，利奥波德提出的大地精神形象与莫罗维茨所提供者同样广泛、系统与深远。保持"大地的复杂结构与其作为一种能量单位而发挥的平稳作用"，在"大地金字塔"一节是作为大地伦理之至善（summum bonum）出现的。（第216页）

十

利奥波德从此善推导出几项实践性原则，与"展望"一节所概括的关于大地伦理的概括性伦理原则相比，这些实践性原则具有较少的普遍性，故而就更为具体。"进化趋向（非其目标，因为进化是非目的性的）是生

物区的精致与多样化。"（第 216 页）因此，在我们的基本责任中，便有尽力保护物种，特别是那些处于金字塔顶端的物种——最高食肉动物——的责任。"一开始，生命金字塔低而宽，食物链短而简。进化已然为之加了一层又一层、一链又一链。"（第 215～216 页）今天的人类活动，特别是那些导致物种急剧地大量灭绝的活动（例如在热带地区系统地毁灭森林的活动），实际上是一种"退化"，它们削平了生物金字塔；它们窒息了一些渠道，吞掉了另一些渠道（在我们自己这个物种面前终止的渠道）。[38]

91　　　大地伦理没有夸大生态现状，也没有低估自然的动态维度。利奥波德解释说："进化是一漫长系列的自我诱导变化，变化的结果就是产生了流动的机制、延长了循环。然而，进化性变化通常是缓慢的、区域性的。人类工具的发明使人类制造了一些在力度、速度与规模上空前的变化。"（第 216～217 页）"自然的"物种灭绝，即正常的进化过程中的物种灭绝，会在一个物种因竞争性排斥而被替代或进化为另一种生物形式时发生。[39]通常情形下，物种形成率会胜过灭绝率。在地球生命 35 亿年的历史进程中，人类继承了从未有过的更丰富、更多样化的遗产。[40]人类所造成的物种灭绝之错误在于正在发生的物种灭绝的速度及其后果：生物灭绝，而非生物丰富。

　　利奥波德在此据其对生态系统——"世界范围内动物群与植物群的汇聚"——所造成的影响，谴责如下行为：无限制地引入外来与家养动物，原生与地方物种的迁移，为储藏的生物能源而挖掘土壤，这些最终将导致土壤肥力丧失、水土流失、污染与筑坝控制水流。（第 217 页）

　　因此，依大地伦理：你不应当灭绝或造成物种灭绝；在引入外来与家养物种于地方生态系统时，在从土壤内挖掘能源，将它们释放到生物区内时，在污染或控制水流时，你应当高度警惕；你应当特别关心捕食性鸟类与哺乳动物。此乃对大地伦理规则的简要表达。它们都受环境之能量循环模式影响，即使不说从其中推导而出。

十一

　　能量过程通过生命通道即食物链，由个体植物与个体动物构成。处于生态过程之中心的一个核心事实是：能量，即自然经济之流，从一个机体传递到另一机体，不是像人造钱币一样，从一只手传到另一只手，而是这样说吧，从胃到胃。吃与被吃、生存与死亡，构成充满活力的生物共同体。

　　大地伦理规范，像那些所有此前之积累，反映与强化了相关共同体的结构。营养不均衡构成生物共同体之核心。这似乎不平等、不公正，可这正是自然经济的组织方式（且已施行了千百万年）。因此，大地伦理肯定自然界的不均衡是善，并努力保护之。在人类社会中，此类不均衡现象则会被作为恶而受到谴责，将会被我们所熟悉的社会伦理，特别是离我们更近的基督教与世俗的平等主义伦理学所消灭。个体成员的"生命权利"与生物共同体的结构并不和谐，因此，也不为大地伦理所要求。大地伦理与其更为人们所熟悉的社会先例之间的这种不同，导致了对生物共同体之个体成员的低估，增加与强化了大地伦理之趋势，这种趋势受系统的生态学视野所驱，朝向一种更整体的或共同体自身的方向。

　　在那些对大地伦理给予严肃思考的少数伦理学家中，大多数人对它表示惊恐，因为它强调共同体之善，而忽视共同体之个体成员的利益。不仅生物共同体中其他有情感能力的生物成员，就连我们自己也服从生物共同体之有机性、稳定性与美。于是，依大地伦理观，为了生物共同体之有机性、稳定性与美，特定物种的成员被弃于遭捕食之境，任凭野生生物自由交替，甚至故意挑选某些物种成员以处理之（比如我们对待警觉、敏感的白尾鹿之情形），这些行为不仅在伦理上是被允许的，而且是必要的。那么，我们如何才能逻辑一贯地使自己免除这种类似的严酷境地呢？我们自己也只是生物共同体中的"普通成员与居民"。而且，我们的全球人口规模正在无限制地增长。因此，依威廉姆·艾肯（William Aiken）之见，从大地伦理的观点看，"由死亡所造成的人类人口大量锐减是好事，我们有义务造成此种后果。对我们所属之生物共同体整体而言，消灭我们人类成员的90％是我们这个物种的责任"。于是，依汤姆·里甘之见，大地伦理是"环境法西斯主义"[41]的一个明显案例。

　　当然，利奥波德从未企图让大地伦理具有非人道或反人类主义内涵或后果。然而，无论他是不是有意为之，从大地伦理的理论前提都确实可以在逻辑上推导出这些意想不到的后果。而且，基于这些后果之巨大与有力，它们将形成对整个大地伦理事业之归谬，保护与强化了我们当前的人类沙文主义以及与自然的伦理疏离。若这便是生物共同体成员身份所带来的东西，那么，除了那些最激进的厌恶人类者，几乎其他所有人都必然希望从这一共同体中退出。

十二

幸运的是，大地伦理并不意味着非人道或反人类主义后果。某些哲学家对大地伦理的认识一定更多地来自他们自身之理论假设，而非得自大地伦理之理论要素本身。如我此前所提出者，传统的现代伦理理论将伦理权利建立在一种标准或资格之上。若一位候选者符合了这一标准——感知理性（rationality of sentiency）乃其最普遍之界定，那么他、她或它便有资格获得与那些在同等程度上拥有同样资格的他者同等的伦理地位。所以，据此正统的哲学方式推论，并强迫利奥波德的理论承认：若人类与其他动物、植物、土壤与水均为生物共同体的平等成员，若共同体成员身份乃同等伦理关注之标准，那么，不仅动物、植物、土壤与水具有同等的（被大大削弱的）"权利"，而且人类同样服从个体利益与权利低于作为整体之共同体的善的原则。

然而，如我已尽力提出的，大地伦理乃继承了另一种伦理分析，它与已被制度化的当代道德哲学不同。以对伦理的生物社会学进化论分析为基础，利奥波德建立了大地伦理。对于此前的伦理成果，它（大地伦理）既未替代，也未凌驾。领先的伦理敏感与责任伴随且融入领先的社会阶层的整合，在其中发挥作用，并保持优先性。

成为美国，或英国，或苏联，或委内瑞拉，或某个其他民族国家的公民，因而拥有民族的责任与爱国义务，并不意味着我们不是一些更小共同体或社会组织——城市、乡镇、社区与家庭——的成员，或者我们被免除了作为这些更小共同体或社会组织之成员的特定伦理责任。同样，我们承认生物共同体且我们属于它，并不意味着我们不是人类共同体——"人类家庭"或"地球村"——的成员，或者我们被免除了作为人类共同体成员的伦理责任，其中包括尊重普遍人权、赞同维护个人财产与尊严的原则。

伦理之生物社会学发展并不像吹大一个气球是范围的扩大，后者在吹大的过程中并未留下此前边界之迹，前者更像一棵树的清晰年轮。[42]每个新的、更大的社会单元总是在此前更原始的、有密切关系的社会组织之上累积而成。

再者，作为一项总原则，当不同义务发生冲突时，我们对于自己所属社会圈的义务将超过对于从社会核心圈层拓展出来的外围圈的义务。若狂热的意识形态民族主义者鼓励孩子们在他们父母与执政党在政治经济理念不同时向当局检举其父母，我们就会表现出一种伦理反感。一位狂热的环境保护主义者以维护生物共同体之有机性、稳定性与美的名义，支持战争、饥荒、瘟疫发生在人类身上（当然，是在其他地方存在的人类），我们就会有一种类似的反感。总体上说，家庭责任先于民族责任，人类责任先于环境责任。所以，大地伦理并不是严酷的或法西斯主义的，它并未取消人类的伦理。然而，大地伦理可能像任何一种新增加的伦理那样，要求的一些选择反过来会影响更内在社会伦理圈的要求。税收、征兵与家庭层次的义务相冲突。当然，大地伦理虽未取消人类的伦理，但并非对其没有影响。

大地伦理也不是非人道的。生物共同体之非人类伴侣成员没有"人权"，因为根据界定，它们并非人类共同体之成员。然而，作为生物共同体之伴侣成员，它们值得尊重。

如何准确地表达或显示尊重，同时将我们的生物共同体之伴侣成员置于它们各自不同的命运之境，或甚至实际上为我们自己的需求（与欲望）而消费它们，或为了生态系统之有机性，故意在野生生物管理活动中造成其伤亡，这确实是个困难的、微妙的问题。

幸运的是，在处理人与自然之相互关系方面，美国印第安人及其他民族的模式提供了丰富的、细致的范例。比如，阿尔冈卡林地的人们将动物、植物、鸟类、水、矿物视为异人类群体，它们与人类一起参与到合作、互惠的社会经济关系中。[43]对于那些必须利用之物，印第安人通常会做象征性支付，并同时致歉。用心地不浪费有益之物，小心地处理那些不可用的动植物残留物，也是阿尔冈卡人在处理与大地共同体之伴侣成员的关系时，对必须消费之物表达敬意的一个方面。如我在其他地方更全面地

94

讨论的那样，阿尔冈卡人对人与自然之关系的描绘虽然在某些地方的确很独特，但在抽象形式上却与利奥波德在大地伦理中所提倡的相同。[44]

十三

95   然而，欧内斯特·帕特里奇（Ernest Partridge）认为，美国印第安大地伦理的存在对大地伦理之生物社会学理论基础的历史性构成了反证：

> 人类学家将在（利奥波德的）描述中发现许多值得批评之物……人类学家将指出：在许多原始文化中，比之于对其他部落之人的同情，更多的伦理关注可能被给予动物，甚至岩石与山脉……因此，我们并未发现一种"伦理的拓展"，而是一种伦理的"跳跃"。越过人群而及于自然存在物与客体。对利奥波德的观点而言，更糟的是，一种原始文化对自然的伦理关注通常似乎会"退回"一种人类中心视野，这被看成这种文化进化至文明的条件。[45]

实际上，帕特里奇所指出的表面上的历史反常，证明而非否定了利奥波德的伦理序列。在人类社会进化的部落阶段，其他部落成员是一个分离的、独立的社会组织的成员，因而是一个分离的、陌生的伦理共同体的成员。所以，"其他部落中的（人类）群体"并未被拓展至伦理关注之域，就像生物社会学模式所预测的那样。然而，至少在我已细致地研究了其世界观的那些部落人群中，部落领域内的动物、树木、岩石与山峰被描述为这一区域共同体的劳动成员与贸易伙伴。部落的图腾象征借助这种观念统一内部共同体。人群的不同组织被与鹤、熊、龟等动物联系起来，同样，鹿、海狸、狐狸等群体也成为"人群"部落——这是一些看起来穿着奇怪的人群部落。许多关于部落人群"变形"神话的故事——从动物变为人形，或是相反——进一步强化了区域性非人类自然实体的部落性整合。弄清楚生活于另一个部落领域内的植物与动物生命是否像其人类成员一样被对待，被视为已越过伦理之界，但却是件很有趣的事。

帕特里奇所注意者——"'退回'一种人类中心（伦理）视野是一种文化进化至文明的条件"，并未摧毁大地伦理的生物社会学理论基础。而且，大地伦理的生物社会学理论基础阐明了这一历史现象。当一种文化向文明进化时，它逐渐与生物共同体相去甚远。"文明"意味着"城市化"——居住并参与到一种人工化、人文化环境，以及一种相应的孤立于、异在于自然的感知。因此，文明发展之时，非人类自然实体被剥夺了其作为伦理共同体成员的地位。今天，内在于文明的两种进程促使我们承认，我们对自己的生物居民身份的否认是一种错误的自我欺骗。进化论科学与生态科学（是现在正替代此前文明时代所产生的神人同形同性与人类中心主义神话的现代文明的成果），重新发现了我们与生物共同体的同一性。现代文明技术对自然的影响所产生的负面反馈——污染、生物灭绝等——有力地提醒我们，人类从未真正地——虽然过去曾做出相反假设——脱离周围的生物共同体而存在。

十四

　　我们最近重新发现自身的生物居民身份，使我们直面彼得·弗里策尔（Peter Fritzell）所提出的悖论[46]：我们或者与其他生物一起，同样的是生物共同体的普通成员与居民，或者不是。若是，那么我们便对我们的伴侣成员以及共同体自身没有伦理义务，因为若从一种现代科学视野理解之，自然与自然现象是非伦理的。狼与美洲鳄（各自）在捕杀、食用鹿和狗时并没有错。大象在其自然领地毁坏阿拉伯橡胶树，因发怒而搞大破坏时，也不应当受到指责。若人类是一种自然物，那么人类的行为无论具有怎样的破坏性，从一种自然的角度看，都是一种自然行为，不应当受指责，就像其他自然存在物的行为现象所展示的那样。另外，我们是一种伦理存在物，我们比自然存在物多了点什么。其含义似乎很清楚：我们是文明的，我们已从自然中脱离出来。我们是元自然的（metanatural）——并不是说"超自然的"——存在。那么，我们的伦理共同体仅限于那些与我们同是超越自然者，即限于人类（可能也包括人的代理者，即已加入我们的文明共同体的宠物）和人类共同体。因此，假如只有两种可能——我们是生物共同体成员，或者不是，那么这两种可能均会使大地或环境伦理夭折。

　　但是，自然不是非伦理的——我们是一种精心的、做选择的伦理存在物，仅与我们是元自然的、文明的存在物相关联，正是这一默认的假设产生了上述困境。大地伦理以之为基础的对人类伦理行为的生物社会学分析，旨在准确地显示：事实上，理智性的伦理行为是一种自然行为。因此，我们是伦理存在物，不是与自然无关，而是恰恰与之相关。在自然至少已然产生了一种伦理物种——智人的意义上，自然并不是非伦理的。

美洲鳄、狼与大象不服从物种间的相互责任或大地伦理的义务，因为它们不能想象与/或承担此责任。美洲鳄，像大多数独居的、凶猛的爬行类动物，没有明显的伦理情感或社会本能。狼与大象确实具有社会本能，以及至少是原始伦理情感，正如其社会行为所丰富地显示的。但是，它们对共同体的感知或想象比之于我们，显然更少文化塑造，更少根据认知信息而改变。这样，当我们可能视之为伦理存在物时，它们不能像我们那样，形成一种普遍的生物共同体概念，因此构想一种全范围的、整体性的大地伦理。

弗里策尔用心注意到的大地伦理的矛盾可以更一般地用一些更传统的哲学术语来描述：大地伦理到底是功利主义的还是道义论的？换言之，大地伦理是一种启蒙式的（群体的、人道的）自利，或它确实承认非人类自然实体与作为一个整体的自然拥有真正的伦理地位？

我在此所阐发的大地伦理的观念基础以及利奥波德的诸多劝诫性警句似乎表明：大地伦理是道义论的（或责任导向的），而非功利主义的。在其富有意味地名为"生态良知"的一节，利奥波德抱怨：当时流行的环保哲学是不恰当的，因为"它不界定是非，不设定责任，不呼吁奉献，不揭示当前价值哲学之变化。关于土地之利用，它只促进启蒙式自利"（第207～208页，强调乃本书作者所加）。显然，利奥波德本人认为，大地伦理超越了功利主义。在这一节，他还有两次责备"自利"，并得出如下结论："没有良知，责任便没有意义。我们面临的问题是将社会性良知从人类拓展至大地。"（第209页）

在下一节——"代之以大地伦理"，他两次提及权利——鸟类持续生存的"生物权利"，以及关于人类一方之特殊利益——灭绝捕食者——的权利的消失。

最后，"展望"一节之首句写道："对我而言，没有对大地的爱、尊重与欣赏，以及对其价值的高度关注，却存在一种与大地的伦理关系，这是不可想象的。对于价值一词，我当然意指比纯经济价值更广泛的东西，我是在哲学意义上使用它的。"（第 223 页）通过"哲学意义上的价值"，利奥波德只能意指哲学家们更专业地所称之的"内在价值"（intrinsic value）或"固有价值"（inherent worth）。[47] 某物具有内在价值或固有价值，是它在其本身且为其本身是有价值的，而不是因为它可以为我们做什么。"责任"、"奉献"、"良知"、"尊敬"、对权利的归属与内在价值——所有这些均一致地与自利相对。这似乎确定地意味着：大地伦理属于道义论类型。

然而，有些哲学家对它已有不同阐释，比如斯科特·莱曼（Scott Lehmann）写道：

> 虽然利奥波德为植物与动物共同体主张一种"持续生存"的权利，但他的论点仍是人类中心的，诉诸人类在危险中的持续存在。基本上，它是一种立足启蒙式自利的论证。在此，所论及之自我不是个体的人类，而是作为一个整体的人类。[48]

莱曼的主张有些优点，虽然它不符合利奥波德的观点。利奥波德确实经常使用有关（群体的、长时段的、人类的）自利的词语，比如，在早期他有如此评论："在人类历史上，我们已懂得（我希望）征服者的角色最终是自我挫败的。"（第 204 页，强调乃本书作者所加）后来，他又指出，威斯康星州 95％ 的物种"不能被销售、喂养、食用，或被用于经济利用"。利奥波德提醒我们："这些生物是生物共同体之成员。若（正如我相信）其稳定性依赖有机性，它们便有权持续地生存。"（第 210 页）显然，若占绝大部分的 95％ 的非经济价值物种被毁灭了，具经济价值的 5％ 的物种也无法生存，更不用说在没有这些"资源"的情形下我们的生存了。

事实上，利奥波德似乎自觉地意识到这一矛盾。与其理论的生物社会学基础一致，他用社会生物学术语表达它：

> 一种伦理可被理解为一种应对以下这些生态状况的指导模式：它们或者如此新，或者如此复杂，或者涉及延迟的反应，以至对普通个体来说，无法辨识出社会性应急措施的路径。动物本能乃指导个体符

合这类状况的模式。伦理可能是一种正在形成的共同体本能。（第
203 页）

从一种客观的、描述性的社会生物学角度看，伦理因有助于其拥有者
的内含适应性（或更原始地表达，其拥有者之基因的增殖）而进化；它们
可以带来方便。可是，自利之途（或自私基因的自利之途）对相关个体
（当然，也对于其基因）来说是无法辨识的。因此，伦理根植于本能情
感——爱、同情、尊重，而非自我意识到的算计理智。这有点像享乐主义
（hedonism）所面临的矛盾，它是这样一个观点：某人若直接追求快乐本
身而非他物，他便不能获得快乐——某人只有将他人利益与自身利益置于
同等地位，方可获得自身利益（在此情形下，他人利益便相当于长期的、
集体的人类自利，其他生命形式的利益，以及生物共同体自身的利益）。

所以，大地伦理到底是道义论的还是功利主义的？它都是——于此二
者均能自洽——这依赖考察角度。从内在的角度，从有机的、将共同体成
员与进化了的伦理敏感性相融合的角度讲，它是道义论的。它涉及关于以
下要素的情感认知态度——真正的爱、尊重、欣赏、责任、自我奉献、良
知、义务，以及对内在价值与生物权利的赋予。从外在的角度，从客观
的、分析的科学角度讲，它是功利主义的。"大地无法在机械化人类的影
响下幸存。"（第 viii 页）因此，机械化人类也不可能在自身对大地的影响下
幸存。

第六章　生态学之形而上学内涵

一

　　本章的主题乃生态学之形而上学内涵。从正统哲学角度看，不仅价值　　
与事实分离，而且哲学本质上仅得益于普遍科学与基础科学。[1]因此，生
态学作为一门新诞生的科学，且与更为基础的自然科学相距甚远，可能具
有形而上学内涵。如此观念看起来可能显得有些滑稽。所以，请让我在一
开始就做些辩护。

　　生态学虽然不像物理学那样基础，也不像天文学那样普遍，但却深刻
地改变了我们对自己所生存的这个离我们最近的地球环境的理解。"内涵"
（implications）这一词语，我并不用它意指在生态学前提与形而上学结论
之间存在逻辑关系，即若前者为真，后者亦一定为真。"意指"（imply）、
"意味"（implicate）、"内涵"（implication）从拉丁词根 implicare——意
为包括、涉及或投入——发展而来，具有更宽泛的意义，这些正是我期望
能指出的意义。生态学已然向我们解释如此事实：我们被包括、涉及和投
入到有生的地球环境之内，即我们被内含于（implicated in）和涵盖于
（implied by）环境。（这一命题本身乃生态学之形而上学内涵之一。）因
此，生态学也必然深刻地改变我们对单个自身及群体人性的理解。从这种
已然改变了的环境与人的呈现（个体的与群体的）、环境内部以及人与环
境的关系，我们可以抽象出某种一般的观念性概念。这些抽象的结晶物乃
生态学之形而上学内涵，我在讨论中将关注这些内涵。

　　有趣的是，生态学与当代物理学在观念上相互补充，汇聚于相同的形

而上学概念。因此，那些处于自然科学层次之顶端与底部的科学，别而言之，"新生态学"与"新物理学"，正在以一种最为基础、普遍的方式绘制一幅关于自然的相互协调与支持的抽象画，并有最为复杂与区域性的呈现。[2]这样，一种坚实的形而上学共识似乎从20世纪科学中涌现，它可能最终取代从17世纪科学典范中所提炼的那种形而上学共识。

二

为强烈地显示生态学之形而上学内涵，请让我从以下这种背景开始：刚才所提及的现代经典科学的形而上学观念，包括前生态学自然史。现代经典科学采取并改造了一种在西方思想上首先由留基伯（Leucippus）和德谟克里特（Democritus）在公元前5世纪创立的本体论——原子唯物主义。[3]

经典的"原子"（atom）本质上是一种数学实体，其所谓的基本特性也许可以被准确地量化表述为几何空间的面或"模式"（modes）。因此，一个原子的固体集合，就可以从数学上被理解为消极或"空虚"（empty）欧几里得空间之积极或"充实"（full）部分——其形状可以被理解为三维连续统一的边界，大小就是其立体体积，运动就是其从一个位置（点）到另一个位置（点）的线性变化。[4]

德谟克里特所想象的空虚和简单实体（或原子）是非创造的、不可摧毁的；然而，现代神学家们却将空间、时间与原子想象为由神独特地创造的，以作为宇宙的永久剧场与恒定要素。[5]

然而，合成的实体、由原子构成的宏观事物，经常性地出现和消亡。合成事物之"产生"与"腐烂"（或"存在"与"消逝"）被理解为原子在其永无止息之冲撞和移动过程中的暂时性聚散。[6]

所以，原子主义是还原的。一种合成实体将本体性地被还原为其简单要素。一种合成实体的历程——产生、成长、腐烂与解体——即可被还原为其构成要素之局部运动。

所以，原子主义又是机械的。所有的因果关系被还原为简单实体或由这些要素构成的合成实体从一点到另一点的运动或变化。在最后的分析中，火、疾病、光或任何其他之物的神秘因果性效果被解释为不安分粒子 *103* 的运动、撞击与粉碎。被如此想象的假定性因果关系——那些在天文学、魔术、巫术、祭祀（priestcraft）、牛顿惯性理论、磁学的法拉第-麦克斯威尔阐释等之中的假设，或者被作为迷信而遭到抛弃，其存在被否认，或者被认为是等待一种机械解决方案的物理问题。[7]只有一种机械解决方案令人满意，因为只有一种机械解决方案排他性地揭示了原子唯物主义的基础性本体。[8]

物理学中的这种物质的、还原的、粒子的、合成的、机械的、几何的与量化的典范也统治了其他领域——比如道德心理学与生物学——的思想。

虽然德谟克里特、卢克莱修与霍布斯是彻底的唯物主义者，企图用解释比如火、光与热的机械术语来对待心灵，但是以毕达哥拉斯、柏拉图和笛卡尔为代表的二元论已成为现代经典科学主流心理学之更大特征。[9]

然而，心灵被二元论者以推导与类比原子主义的方式，被想象为一种心理单子（psychic monad）。换言之，每个心灵是一种不连续的心理物，被隔绝地包裹于一种（对其本性而言）异的物质外壳内。[10]心灵被动地为其躯体意识所困，它机械地为局部"外在"世界所激发。但是，心灵又并不为其与物质的相互关系所充实，即人类心灵的理性结构，连同其情感与意志被视为一种给定的独立事物。通过小心地移动与区分，由感官所提供的原初的混乱材料，经受训练的理性心灵能勾勒出外在物质世界的机械法则，将此知识应用于实践问题之解决。

基于单子式伦理心理，伦理学有两种基本选择。如霍布斯所清晰地阐释的，伦理学可能存在于发现最恰当的规则以协调个体自我（或社会原子）的惯性欲望中。[11]或者一种观念性法宝以克服孤立心理单子那贪婪的利己主义。在康德的伦理学中，理性概念作为这样一种超越性原则而发挥作用。[12]

在生物学中，一种甚至更为精致的观念性原子主义普遍流行。解释自然种类或物种之存在，这已成为柏拉图理念论的一个主要任务。[13]对每个物种或自然种类而言，有一种相应的永恒"形式"或"理念"。通过参与这种形式，个体获得本质、特征与个别属性。因此，狮子是狮子，不同于

104 豹子，因为狮子参与了狮子这一形式，而豹子则参与了豹子那一形式。对马、牛及其他有生命的物种而言亦如此：通过与具有特殊形式的类型相联系，每一事物便不同程度地获得自己的独特属性。

亚里士多德（他和其后西方生物学的关系可与毕达哥拉斯和其后西方数学的关系相比）当然拒绝了柏拉图形式独立存在的理论，却保留了关于本质的更为隐蔽的柏拉图原则。[14]根据亚里士多德的说法，一事物之本质就是定义，而定义通过一种分类层级而被给出。这一层级的普遍性〔后为卡尔·林奈（Carl Linnaeus）所修改与完善〕——种（species）、类（genus）、科（family）、目（order）、纲（class）、门（phylum）与界（kingdom），并非一种真实或实际的存在，只有个体有机体才完全地存在。然而，对亚里士多德而言，一个物种并不通过与其他物种建立相互关系，而通过它在以一种逻辑规定的分类体系（schematism）中所占据的位置而获得独特属性。

亚里士多德关于自然的目的论观念被引入另一种层级（hierarchy）的生物学。在目的序列中，有些物种是"低级的"，另一些物种则是"高级的"。低级有机体为高级有机体而存在。[15]这种将从进化上看更令人尊敬的生物称为"低等生命"的习惯，作为一种亚里士多德遗产在现代生物学中持续到今天，就像将某些数目称为"平方数"或"立方数"，作为一种毕达哥拉斯遗产在现代数学中持续到今天一样。然而，前者似乎不只是经典的古代社会在术语方面的古怪的、无害的遗产，它似乎为自然植入了一种独特的等级序列（pecking order）。

简言之，关于有生自然的图景，在生态学转变之前，西方流行的观点可以被概括如下：地球的自然环境由以原子的分子式聚集而成的实体之集合构成。一种有生自然实体原则上是一种很精密的机械：其发生、酝酿、发展、衰落和死亡最终可用还原与机械方式给予阐释。其中，有些自然机械神奇地为一种有意识单子即一种"机械幽灵"所居。有生自然实体在类型或物种上变化纷繁，这种变化由一种逻辑-观念秩序决定，各类型或物种间并无本质性联系。依其本然，它们乃景观上的一些松散物，彼此随意关联，每一种都具有（字面上讲乃由上帝所给予）柏拉图-亚里士多德式的本质。

安东尼·昆顿（Anthony Quinton）最近以一种类似但更形象的方法对现代经典世界观做出了概括：

> 依此（牛顿的）概念，世界由一系列精确划界的个体之物或物质 *105*
> 构成。这些东西在时间上保持同一性，在空间上占据确定的位置，在
> 与其他任何之物的相互关系中独立地拥有自身的本质特性，清楚地属
> 于不同的自然种类。这样一个世界类似于汽车配件仓库，每个配件在
> 特征上是标准的，独立于其他配件，有自身的位置，通常情形下内在
> 性质不会发生变化。[16]

三

生态学由厄恩斯特·黑克尔（Ernst Haeckel）于 1866 年命名。但是，自从林奈在此前一个世纪为此学科提供了一篇论文后，自然经济概念就已在自然史中流行。[17] 虽然有秩序的自然经济观念是对一种混乱的、彻底自由状态的霍布斯自然图景的改进，林奈及其支持者还是以一种机械性术语清晰地呈现了这种观念。有机自然依其本性，是一个机械的利维坦、一个巨大的机械，它自身亦由许多机械构成。"像一个星球在其轨道上，或一个齿轮在其盒子里。每个物种存在着，以便在一个巨大的设备中发挥自身的功能。"[18] 每个物种都适应其中的这个巨大的设备及其功能，被认为就像其构成物种那样，是由上帝设计的。这样，所有的自然关系与相互作用就都保持一种秩序，虽然是外在的。

然而到后来，田园牧歌式的、浪漫主义的知识潮流乃 18 世纪理性主义与机械主义之反动，它为自然经济之原型生态概念赋予一种更有机的、更整体的视野。最终作为自然史的一门独特分支学科而出现的生态学，由发源于少数传统的一系列复杂隐喻塑造。比如，吉尔伯特·怀特（Gilbert White）在 18 世纪晚期将物种间的自然关系描绘成一种"和谐"与巧妙"平衡"——既是物理学意义上的动态平衡，也特别是美学意义上之对立面的紧张与解决，就像在美好的绘画、诗歌与音乐中所发生的那样。[19]

与林奈之设计性的、还原性的机械利维坦形成对比，19世纪后期，约翰·伯勒斯（John Burroughs）提出一种进化性的、有生的有机利维坦。对此观念，生态学之20世纪早期代表弗雷德里克·克莱门茨后来给予了理论上的界定与说明。[20]克莱门茨是一个自觉的哲学整体论者，其思想可追溯至斯宾塞、歌德、黑格尔与康德的智性根源。他明确提出，生态学乃对超级有机体的生理学研究。[21]在19世纪至20世纪之交，从克莱门茨生态有机主义角度观之，整个地球的有生罩可能类似于一种巨大的"综合性"有机物。再者，组织之每一更高级——从单细胞到多细胞有机体，从有机体到区域性超有机体（或"生态系统"，克莱门茨时代尚未发明的一个术语），从生态系统到生物群系，从生态群系到生物圈——是"涌现的"。所以，整体不能被还原为部分之总和。

关于自然经济的原初林奈概念，其本身是一个比喻，查理斯·埃尔顿在20世纪二三十年代用它来建构对生态学而言可能是最重要的一个理论模型：植物群体与动物群体也许可以被作为"生物共同体"来研究。每个物种占据生物共同体中的一块"营养生境"，该共同体依其本然，是自然经济中的一种"行当"（profession）。[22]其中有三大"行当"（guilds）——生产者（绿色植物）、消费者（包括第一层次与第二层次，分别为食草动物与食肉动物）与分解者（真菌与细菌）。在生物共同体中，每一大的集团中无数从业者通过"食物链"联系起来。合而观之，这些"食物链"又构成一个复杂的"食物网"。所有的生物共同体呈现出某些共同的结构，不论它们在由以构成的物种与各自行当上有何不同。比如，比之于消费者，生产者在数量上大许多倍，必须数量巨大。猎物在数量上必须是捕食者的许多倍，必须数量巨大。没有任何两个物种完全共享一个生态生境。

1935年，牛津大学生态家阿瑟·坦斯利发明了"生态系统"这一术语，替代了此前那些更为比喻性的概括——将生物群落说成植物与动物"共同体"，或"超级有机"实体。[23]坦斯利关于生物进程的生态系统模式被有意识地引入生态学，使之能超越定性描述阶段，超越神人同形同性式的、神秘的暗示，将它转化为一门价值中立的、能精确量化的科学。因此，坦斯利提出，被包含在食物中的、可测量的"能量"贯穿了生态系统，且处于其结构之基础层。

坦斯利所考察的科学范例是物理学。对于坦斯利的生态系统模式乃其关键因素的所谓"新生态学"，唐纳德·沃斯特（Donald Worster）写道："无须感谢科学史上的任何先驱……它有完全不同的出身：那便是现代的热动力物理学，而非生物学。"[24] 因此，新物理学和新生态学应当在观念上相互补充与融合，这并不奇怪。坦斯利对于生态学所给出的新范例，是物理学中出现的新范例。生态系统模式被精心地设计成现代生物学的场理论。

然而，如沃斯特有力地指出的，关于自然的可量化热动力学、生物物 *107* 理学模式，已成为新生态学之特点。它作为一种有力的新式武器，在人类征服自然的古老战役中被立即转化为经济优势。通过坦斯利能量循环模式所具有的量化精确性，生态系统能被改造得更有"生产力"、更"有效"，就像能"生产"更高卡路里的"谷物"。但是，正如对新物理学的哲学阐释，哥本哈根阐释及其变种与选项，与对新物理学的经济、军事应用（从电视到激光武器）完全不同。这样，对新生态学的哲学阐释就与此新生态学在农业经济和管理方面的应用——［从水禽协会（Ducks Unlimited）到绿色革命］完全不同。如沃斯特的预言性评论："有机体具有一种甚至在最无希望的表面获得立足之地的途径。"[25]

四

20 世纪中期，生态学家和环境保护主义者奥尔多·利奥波德致力于构建一种建立在进化论与生态学基础之上的世俗环境伦理。[26] 在其大地伦理中，人们会发现克莱门茨关于自然的有机形象之迹，虽然利奥波德在此之前就借用俄国哲学家 P. D. 奥斯本斯基（P. D. Ouspensky）的术语阐释了这一观念。[27] 当然，对大地伦理的观念基础而言，埃尔顿的共同体概念也很关键。然而，当利奥波德在其《沙乡年鉴》中更为用心地转向建构一种自然环境之"精神形象"时，他呼吁一种新的伦理敏感性，他用一种诗性话语勾勒出一种以物理学为基础的生态系统模式。利奥波德说，"大地"（其对自然环境之简称），乃贯穿土壤、植物与动物圈的能量之源。食物链乃生命通道，它向上传导能量（注：至营养金字塔顶端）……能量向上传导的速度和特点依赖植物与动物共同体的复杂结构……无此复杂性，正常的循环可能不会发生。[28]

生态学家保罗·谢泼德十多年后更为自觉地拓展出关于有生自然场理论的形而上学蕴含，这一理论之轮廓是由利奥波德勾勒的。依谢泼德之见，立足现代经典视野，

108

自然由有生对象构成，而非暂时性对象构成的复杂流动模式……（由经典视角观之）景观乃一屋子似的会动的家具之集合……然需注意的是，最好是据构成一种场模式的事件而描述之。[29]

因此，谢泼德比利奥波德更为抽象地主张，对象本体论对自然环境的生态学描述并不恰当。有生自然对象应当被视为本体性地从属于"事件"、"流动模式"或"场模式"。作为立足 20 世纪中期成熟生态科学视野的反思性呈现，生物现实似乎至少成为一种更具流动性与有机性的模式，比之于之前的呈现，它更少具有本质性与独立性。

20 世纪 70 年代早期，耶鲁大学生物学家哈罗德·莫罗维茨对利奥波德和谢泼德所提倡的作为对自然环境更具生态学意味刻画的场本体给予了更为细致与有力的说明。依莫罗维茨之见，

从现代（生态学）角度看，每个生物……都是一种消耗结构，它本身并不耐久，只是此系统能量持续之流的结果。有一个例可能很说明问题。考察一下溪水中的一个旋涡，旋涡是一种结构，它由总在变化中的一组水分子构成。在经典的西方意义上，它并不作为一种实体而存在，仅因穿过溪水的水流而存在。同样，构成生物实体的结构是短暂的。为保持其形式与结构，分子持续变化的非稳定实体依赖一种来自食物的持续能量之流……据此，个体的现实性是成问题的，因为个体本身并不存在，而只是此宇宙之流中的一种局部振荡。[30]

在此十多年之后，挪威哲学家阿恩·纳斯（Arne Naess）致力于说服哲学家接受共同体：生态学可能具有重要的、彻底的形而上学意义。纳斯

提出一个类似于本讨论开始所论及的忠告，即那些形而上学结论并不"从逻辑与推导上源于生态学"[31]。依纳斯之见，生态学"主张"或"启发"一种"关系性总体场形象，在其中，有机体被置于具有内在关系的生物圈网络中"[32]。纳斯将此生态学的形而上学维度称为"深层生态学"（Deep Ecology），而将许多与此相关的公共政策规范与倾向称为"深层生态学运动"。

请让我总结，并更准确地表达关于自然之抽象的一般概念，此概念由新生态学在利奥波德、谢泼德、莫罗维茨和纳斯的传统上概括而来。

首先，在新生态学所意指的"有机"自然概念中，就像新物理学所意指的那样，比之于物质性对象或独立性实体——单个的要素性粒子与有机体，能量似乎是一种更基础、更原初的现实。[33]一个个体有机体，就像一个基本粒子，依其本性，乃能量流或能量场中的一种瞬间合成物、一种局部振荡。

然而，此处所称引的形而上学生态学家若有压力的话，似很难彻底否认一种原初现实：除能量及其流动之外，还有一种原子与分子本身之物。有机体，虽乃能量之渠、能量之聚合，仍由分子（坚固的物质）构成。生态学关系，特别是营养关系，原初地构成一种宏观的网络或模式。通过它，经光合作用合成的太阳能从一个有机体向另一个有机体传递，直到消散。有机体乃此网络中之瞬间物、此生命网之终点。

可是，我们如果将量子理论与生态学联系起来，将它们做比较，并以短暂的能量量子的观念来消解此前那种坚固的、不变的原子的观念，以及由原子构成分子，这些分子反过来又构成有机体之细胞的观念，那么就可以确切地表明：有机体，依其全部结构（从微观的次原子到宏观的生态系统），乃能量之模式、振荡或聚合。

深层生态学诗人与哲学家加里·辛德在一首诗中捕捉到这些形而上学观念的纵向有机性：

> 食用草之嫩芽
> 享用巨鸟之卵
> 吸取活物之生机

> 万束光芒旋转于
> 空间之外
> 亦藏于葡萄之中[34]

在此诗句中，"万束光芒旋转于空间之外"显然意指微观世界之动态聚合、次原子世界的能量模式。确实，食用谷物、蛋类和水果，特别是通过持续地使用动词的进行式（"食用""吸取"），清楚地使人注意到能量流的动态模式。依生态系统模式之设想，它处于生态关系之核心。

110 　　其次，就像源于新物理学的自然概念，源于新生态学的自然概念是整体性的。把有机体想象为依其本性乃生命网中之纽结，或复杂的流动模式中之暂时的聚合或振荡——这种想象如果脱离了对场的设想就是不可能的，场是这种想象方式的母体。相对于经典物理学和生物学的对象本体，对它们而言，想象一种与其环境相脱离——孤悬于虚空或在标本博物馆中被标识出来——的实体是不可能的。在新物理学与新生态学中，一物之概念必须涉及他物等概念，直到整个系统在原则上被论及。

　　纳斯在另一种意义上提出：生态学意指有机世界的整体概念。对此概念之引入，只有学院派哲学家会给予关注。他主张，生态学事实上复兴了内在关系的形而上学原则。[35]这一主张甚至在更早的时期已为比较哲学家埃利奥特·多伊奇（Eliot Deutsch）做了明确的提升，他也将此原则与吠檀多的因缘（karma）概念相联系。[36]

　　因此，内在关系原则与 19 世纪和 20 世纪早期德国与英国的观念主义——黑格尔、费希特、布拉德雷（Bradley）、罗伊斯（Royce）与鲍桑葵（Bosanquet）的哲学——联系起来。其基本思想是：一物之本质绝对地由其关系决定，不能离开它与他物之关系来设想它的本质。无论这些观念主义者的目的（真理一致论、灵魂全知遍在论，等等）是什么，尽管在20 世纪中期，内在关系学说被新经院哲学家们不可避免地与其他时尚话题（"裸粒子"、唯名论、分析与综合之区别，等等）纠缠在一起，生态学依然直接地意指内在关系。

　　从现代生物学角度看，物种适应于生态系统中的一个生境。它们与其他有机体（捕食者、被捕食者、寄生物、致病有机体）的实际关系，以及与物理与化学条件（温度、辐射、盐分、风、土壤与水的 pH 值）的关系，明确地塑造着其外部形态、新陈代谢、心理与繁殖过程，甚至其心理与精神能力。事实上，一个物种是该物种与自身环境的历史的适应关系之总和。这一观点使谢泼德主张，"事物之关系与事物一样真实"[37]。确实，我将倾向于更进一步，以亚里士多德式的言说方式传达一种反亚里士多德式的思想。人们可能会说，从生态学角度看，关系"先于"（prior to）相关事物。由这些关系织成的系统整体先于其构成部分。生态系统整体在逻辑上先于其构成物种，因为部分之本质由其与整体之关系而定。更简洁、具体地表达之，一物种具有它所拥有的特殊属性，因为那些属性源于其对生态系统中一生境之适应。

111

　　然而，这里有必要立即补充：新物理学与新生态学在组织之宏观和微观层次上所揭示的整体性自然概念是一种不同于与经典印度形而上学联系在一起的整体主义的整体主义。埃利奥特·多伊奇与弗里特乔夫·卡普拉各自做出了这种也许是自然的但又是不幸的比较。依卡普拉之见，在"东方世界观"（他似乎将其视为一种智慧的合成实体，包括从印度次大陆到日本的思想之独立内在传统）与"现代（量子）物理学中，万物均被视为这一宇宙整体中相互依赖、不可分割的部分，同一终极现实之不同呈现。东方传统总是提及这一终极的、不可分割的现实，这一现实在不同事物中显示自身……它在印度教中被称为婆罗门（Brahman）……"[38]依多伊奇之见，"确认人与其他生命间之连续性（如生态学所论）意味着什么？吠檀多将主张：这意味着承认从基础上说，所有生命是同一的，从本质上说，任何事实均为现实；……婆罗门，现实之同一性，乃所有存在之最原始基础"[39]。

　　可是，在事物被认为是"一"（one）的不同方式间存在着关键的观念性区别。经典的印度思想是一方，而当代生态学与量子理论则是另一方。在经典的印度思想中，万物一体，因为万物都是现象，最终乃婆罗门之虚幻呈现或表达。因此，事物之统一性（the unity）是真实的、本质的，对此统一性之经验是相同的、无限的（oceanic）。对当代生态学与量子理论而言，在单个现象层次，自然的同一性（the oneness）是系统性的与（内在地）关系性的。并无任何无差别的存在可以神秘地显示自身。自然是一种建构性的、差异化的整体。粒子和生命有机体的多样性在层次与结构上最终均保持其独特的——可能是短暂的——特征与身份。但是，它们系统地被整合在一起，且相互界定。由生态学与量子理论所揭示的整体是统一的，不是一种空虚的统一性；它们是"一"，就像各类有机体自身为一，而非不可分割的、同类的、无质的实体之同一。

五

112　　生态学对于道德心理学具有象征意义。在此，为方便起见，我们将后者理解为形而上学之一部分。因为从生态学角度看，比之于一个连续但有差异的整体之状态，个体有机体是具有更少独立性的对象。自我与他者之间的区别是模糊的。所以，现代经典伦理哲学的核心问题（如肯尼思·古德帕斯特在最近一次讨论中所极好地指出的）——处理和克服利己主义——并不能由生态学所充分蕴含的道德心理学来解决。[40]

　　保罗·谢泼德评论道：

　　　　一方面，自我乃机体、情感与思想之一种安排，——一个"我"——被一个坚硬躯体之边界所包围：皮肤、衣服与独立居所……另一（方面）则是：一个自我是一个组织中心，它持续地吸取与影响其周边之物……生态学思维……要求一种跨边界视野。从生态学角度看，皮肤表皮就像一处池塘之表面，或一片森林之土壤，一个硬壳不能如此精细地相互渗透。这将自我呈现为一种高贵、拓展……乃其景观与生态系统之一部分。[41]

谢泼德继而认同早先由阿兰·沃茨（其灵感源于东方哲学）概括的一种说法："世界乃汝体。"[42]

　　环境哲学家霍姆斯·罗尔斯顿论及并拓展了生态学所包含的谢泼德之"关系性自我"概念。在一处落基山（Rocky Mountain）荒野湖泊的岸边做了一番沉思后，罗尔斯顿问道：

　　　　我的皮肤不就像这湖面吗？湖与自我均非独立之物……入口的水已跨越其界面，现在则在我之内呈现……北岸入口的水乃我的循环系统之一部分。我们越直接地接受这一事实，便越能理解它。我呈现了流经此湖的太阳能。并无一种自由生物……生命（bios）内在地是一种共生现象（symbiosis）。[43]

一个人在想象中从自身有机体的核心走出时，就不可能在自我与其环境之间发现一条明确的界线。其周遭的气体与液体持续地流出、流进。某人之渗透性包膜外面（与里面）的有机体正在持续地（虽然是有选择地）进入与穿越其自我。在想象的时间之流影像中，人们可以看到自我从地球涌现，依其本然，这是一个有韵律的结构，处于一片由其他或大或小模式——其中有一些神奇地通过自我而发生变化——构成的汪洋中，最终自我变为他者。确实，世界乃某人的拓展了的身体，而某人的身体乃世界之沉淀，一个特定时空规模的世界之中心。

这一观念很古老，在西方，它在希腊传统中由赫拉克利特给予抽象与哲学的表达，又由《创世记》第三章的作者（们）做了具体与富有诗意的表达：“你本是尘土，仍要归于尘土。”然而，在西方，仍然存在关于本质性气息（nephesh）、心理、灵魂或有意识的精神之形象——其更精致的、非本质性的有机覆膜被理解为更脆弱、更可怜。可是，保罗·谢泼德已经指出：可以将自我的关系性概念从意识拓展至有机体，从精神拓展至物质。依谢泼德之见，

内在的复杂性，如一个原始人之心灵，乃自然复杂性之拓展，可由植物和动物之多样性与神经细胞的多样性来测定——人类关系之复杂性则可由其相互关系的有机拓展来测定。

种类的丰富，（是）一种良好的心灵得以进化（至处理一个复杂世界）的环境条件……自然复杂性观念作为人类复杂性之对照物，对人类生态学至关重要。[44]

谢泼德在其后的讨论中阐释了这一洞见。[45]动物意识的更原始因素——可感知的饥与渴、害怕与愤怒、愉快与痛苦——显然是对一种甚至更为精致的生态系统之进化性适应，就像其皮毛与羽毛、脚趾与手指、眼睛与耳朵即此种进化性适应一样。人类意识的显著标志与人类理性材料是由人类语言所体现的概念系统。谢泼德认为，作为动植物分类序列进化出的观念

思想，由原始狩猎者与采集者突然出现的意识塑造。因此，人类意识，包括抽象的理性思想，直接就是环境的一种拓展。就像在新物理学的心身统一体中，当环境与意识产生联系时，它就变为全部事实。[46]

关于物种保护，谢泼德已在此基础上提出一种有趣观点：若我们简化与损害地球生态系统，我们将会冒使后代人类精神退化之风险。我们将缺乏一种丰富与复杂的自然环境以支撑人类丰富与复杂的智力，作为一种回应、类比与刺激，人类智力将会退化。

关于自我——包括作为身体有机体的自我与有意识、能思考的自我——的关系性观念，借用肯尼思·古德帕斯特的巧妙说法，将利己主义转化为环境主义。如我已在其他地方所指出的，利己主义一直被视为在价值论上具有优先地位。[47]自我的内在价值被视为先天固有之物。如何说明"他者"——人类他者与现在所论及之非人类自然他者——的价值，已成为非利己主义伦理学的原则性问题。[48]

然而，若世界乃人之身体，那么，人对特定范围内周围世界的意识形象，以及人的心理与理性能力结构，都通过与自然的生态组织之间的相互联系而形成。那么，人之自我，无论从生理上说还是从心理上说，都融入了从中心地带向外进入环境的一种渐变梯度（gradient）。因此，人们不能在自我与环境之间划分生理和精神上的坚固边界。

对我而言，过了20年且受过生态学教育之后，再次来到儿时即熟悉的密西西比河边时，这种认识已获得了具体形式。当我凝视那棕色的、充满淤泥的，吸收着来自孟菲斯工业与市政府的黑色污水的河面时，当我的眼睛追寻着一些模糊的褐色杂物，正不断从辛辛那提（Cincinnati）、路易斯维尔（Louisville）或圣路易斯（St. Louis）向下漂移时，我明显地体验到一种痛苦。显然，在我的任何极端体验中我都无法归置它，它也不像头疼或恶心。可这种经验却很真实。我并不打算去河里游泳，不需要喝这里的河水，也不打算购买此处河边的房产。我狭义上的个人利益未受影响，但在某种程度上我个人还是受到了伤害。然后，在自我发现的一刹那，我认识到河流是我的一部分。我记起利奥波德《沙乡年鉴》上的一句话："生态教育的惩罚之一便是，让一个人孤独地生活在一个充满创伤的世界。"[49]

澳大利亚环境保护主义者约翰·锡德（John Seed）反思其在昆士兰（Queensland）保护雨林的努力，得出类似结论：

> 因为进化论与生态学的意义是内在的……所有生命存在一种同一性……异在性减弱……"我正在保护雨林"发展到"我正在保护作为雨林之一部分的自己，我是雨林的一部分是近期在思考中形成的观念"。[50]

因此，生态学赋予"启蒙式自利"（enlightened self-interest）一语新的意义与本质。

第三编
环境伦理学之非人类中心主义价值理论

第七章　休谟是/应当二分法及生态学与利奥波德大地伦理之关系

一

利奥波德《沙乡年鉴》之第三部分——"结论"（"The Upshot"），已成为环境哲学之现代经典。它似乎是作者有意地用一种观念上更为抽象、逻辑上更为系统的方式呈现生态学观念，这些观念在其第一与第二部分则得到了更为具体和诗性的表达。《大地伦理》这篇文章乃第三部分之高潮。这样说吧，是结论之结论。因此，大地伦理显然已被作者从此前大量展示生态学原则的描述性文章中推导出来。确实，就在他 1948 年去世前几个月，利奥波德为这本文集写了前言。在此前言中，他表达了自己对那些描述性记叙文章与规范性结语之关系的理解："大地乃共同体是生态学的基本概念，但是大地值得爱与尊敬则是伦理学的一种拓展。大地产生一种文化上的收获，这是一个久为人知的事实，但近来则经常被人遗忘。本文集中的这些文章则旨在将这三个概念结合起来。"[1]

一旦看到这些文字，学院派哲学家就可能不愿再读下去。因为利奥波德，当代环境伦理学之父，在此已愉快地跨越了区别是（is）与应当（ought）的边界，即他已犯了自然主义谬误（就像从是向应当的转化有时被错误地所称呼的那样），他已竟然从事实（fact）（或至少从对事实之某种理论性组织）推导出价值（value）。所以，作为一种为大地（在利奥波德富有包容性的意义上）提供直接伦理地位的独特伦理理论，环境伦理学——若由生态学的经验信息与理论所激发、启蒙——在其原初与最有表达力的意义上，似乎注定要打破是/应当二分法（is/ought dichotomy）。

显然，为生态学与其他环境科学所激发的环境伦理学，在最近十多年来已引起学院派哲学家共同体之关注。不奇怪，是/应当二分法正出没于学院派环境伦理学，威胁着它，将会成为其阿喀琉斯之踵。在一次精彩的讨论中，对于将事实/价值二分法应用于环境伦理学所造成的问题，霍姆斯·罗尔斯顿做了清晰的陈述，并为解决此问题拓展出一种概念框架，他称之为"元生态学"（metaecology）（在此，"描述与评估在某种程度上相伴而生"）。在此后的两篇文章中，他对此方法做了更全面的阐释。[2]同时，唐·E. 玛丽埃塔在两篇论文中应用现象学的概念工具处理了同一问题。其第一篇文章做出评论，并重申了汤姆·里甘对环境伦理学中是/应当二分法的否定。[3]比之于我的同仁罗尔斯顿与玛丽埃塔，我在本章致力于一种较少创造性与前瞻性的方法，我所做的依其本然，只是一种重申其立场的历史行为，以防他们的论点遭到忽视，或收到的意见只是反对者教条的、未加批判的断言。因此，我首先在其各自历史语境下，为是/应当二分法与自然主义谬误进行定位。自然主义谬误作为一个论题遭到抛弃，是因为它太小，无法与当代环境伦理学产生实践上的相关性。我主张，在实践伦理理性中更为一般性的从是到应当转化的问题可在休谟的伦理系统内很容易地被解决，正是该系统首先提出了此问题。最后我将表明：立足休谟奠定的基础，利奥波德大地伦理（环境伦理学的当代典范）的观念基础，提供了从可感知的事实——我们是自然存在物，我们属于一种生物共同体，到大地伦理之首要价值的直接性通道。

在休谟奠定的基础上解决事实/价值问题，对于利奥波德大地伦理特别适当且重要，因为利奥波德大地伦理最终建立在一种休谟式的理论基础之上。利奥波德的伦理概念（"对生存斗争中行为自由的一种限制"与"对社会性行为与非社会性行为的一种区分"）与其对伦理之起源的理解（"根源于相互依赖之个体或群体朝合作模式之个体或群体进化的倾向"）显然直接处于生物学有关伦理的思想传统内。这一传统始于达尔文，最近由爱德华·O. 威尔逊做了总结。[4]在阅读利奥波德的著述中，有一点可能并不清楚：达尔文的伦理学概念反过来要感谢休谟。后者主张：伦理行为依赖"道德情感"（the moral sentiments），且为它所推动。

安东尼·弗卢（Anthony Flew）已指出：休谟的伦理学"似乎最可

能要求一种进化论背景"[5]。不然，休谟如何解释自己所主张的事实——   *119*
道德情感同时是自然的与普遍的，即它们是人性之固有心理特征呢?[6]达
尔文的理论提供了一种非常合理的解释：道德情感乃人性所固有，就像人
的所有其他标准特征一样，乃自然选择之结果。另外，对于伦理，尚无其
他可用的分析如休谟的分析那样，对达尔文有益。原则上说，自然史不能
容忍对伦理学的一种"神圣意志"或其他超自然阐释。标准的哲学阐释，
如康德所有力地代表的，认为道德绝对地依赖理性。从进化论的角度看，
这是本末倒置。理性显然是最高级与精致的人类官能，但离开一种浓厚的
社会语境，此种官能被进化出来是不可想象的。同时，我们也不能想象社
会自身会在一种缺乏道德限制——对生存斗争中行为自由的限制——的
地方存在。

达尔文主张，道德情感（如同伴之情、同情、仁爱心、友爱和慷慨）
与原始的人类社会一起进化。论及"所有情感中最重要的同情"（显然，
这一情感对休谟也最重要）这一主题时，达尔文写道：

> 这种情感无论以何种复杂的方式产生，对所有那些需要相互支援
> 与保卫的动物而言，它都是非常重要的情感之一，所以将通过自然选
> 择而得以增强；那些富有同情心的成员最多的共同体将最繁荣，能培
> 育出最多的后代。[7]

简言之，达尔文对伦理之起源给出了一种阐释。伦理之起源与一个社
会或共同体之生存优势有关，而且伦理最终并不仅依赖理性而存在，同时
如休谟所有力地指出的，也依靠热情（passion）、情绪（feeling）或情感
（sentiment）。更明显的是，从利奥波德追随达尔文描述伦理之起源和进
化的文字来看，通过达尔文，利奥波德接受了关于伦理之基础的一种休谟
式理论。

二

"自然主义谬误"这一术语出自 1903 年 G. E. 摩尔（G. E. Moore）
的《伦理学原理》（*Principia Ethica*）一书。[8]恰当地说，它并非是/应当

120 逻辑裂隙或推理谬误的代名词。这一谬误本由休谟发现：我们在陈述一个包含了"应当"这一系词的结论时，却发现这一结论又从均由系词"是"连接起来的前提中推出，虽然有些作者显然已设想其为正确。[9]事实上，困扰摩尔的是用某些其他特性界定善。比如，当边沁说唯快乐为善、唯痛苦为恶时，他犯了摩尔所界定的自然主义谬误。摩尔指出，善并非一些其他"自然事物"（natural thing），如快乐与智慧，它是一种内在于对象的、不可还原的"非自然特性"（nonnatural quality），我们能直觉到它的存在。因此，从逻辑上说，摩尔界定的"自然主义谬误"不是一种严格意义的谬误（a fallacy proper），因为这里并不涉及从前提到结果的推论。从严格的摩尔意义上说，它专属于摩尔的伦理学。作为一个术语，它并不适合指称在并不重要的意义上以这种或那种方式违反他的非自然道德性质学说的那些理论。换言之，指责利奥波德（或其他环境伦理学家）犯了自然主义谬误，就像是指责他们不同意摩尔对善之特性的信仰一样，并不值得警觉。

然而，休谟的是/应当二分法在范围与应用上是更为一般性的，因此对环境伦理学而言也就是一个更大的问题。它对任何将其观念基础部分地建立在对世界的经验与理论主张之上，以及严格地建立在评估性和道义论命题之上的伦理学而言，均是如此。

三

休谟对最为"世俗的道德体系"中关于从是到应当或从不是到不应当的非解释和非论证转化的著名考察，出现在其《人性论》第3卷第1章第1节之尾。其一系列论点都旨在证明，善与恶、美德与恶德之别并非"仅仅建立在对象之间的关系上……也不仅仅为理性所把握"，这些考察构成了致命一击。依休谟之见，此类判断，比如这一行为是好的或那一行为是恶的，建立在情感而非理性之上。善与恶并非，如我们今天所言，客观特性，用休谟的术语，它们既非"事实之物"（matters of fact），亦非对象间的"真实关系"（real relations），而是我们在"自己的内心"（own breast）发现了它们。它们是认可或不认可之情、热烈的赞许或厌恶。当我们反思某些行为或对象时，这些情感自动地从我们内心产生。若我们见证某些行为比如故意的谋杀，其罪恶或邪恶并非此行为的一种特性，就像红色乃一摊血的特性那样，而是"依你本性之构成，反思此行为后，你会产生一种想责备它的情绪或情感"[10]。对此行为所认定的恶，依其本性，是此主观情感之特性的一种投射，当我们见证或想象此种谋杀时，此情感便会在我们自身之内产生。其他伦理判断也很相似。比如，仁慈是善，不公平是坏的，等等；情感，而非理性（在冷静考察的意义上），乃其终极基础。 *121*

　　根据对休谟伦理学理论之核心概念的上述简要描述，人们可能会立即得出如下推论：可惜，休谟的伦理学同时是糟糕的相对主义和糟糕的怀疑论。其实不然。如我在前面所示，伦理情感同时自然地与普遍地属于人类。换言之，像人的一些生物特征（双眼在头部的位置、有双臂与双腿、手掌之拇指与余指相对，等等）一样，伦理情感只是稍微有所不同，而为人所共享的心理特征。确实有这样的人，他们有生理上的缺陷或残疾；同样，也有人由于先天不足或生命反常，在某种程度上缺乏一种、某些或所有伦理情感。我们仍然可以谈论正常的甚至正确的伦理判断，尽管存在例外，就像我们可以谈论生理正常的甚至正确的身体比例和条件一样。因此，休谟的伦理主观主义并不必然意味着正确与错误、善与恶、美德与恶德在存在意义上是不确定的，也不意味着他的理论会陷入一种情感相对主义。

　　再者，依休谟之见，认知在伦理行为与判断中有着重要的、本质性的作用。用休谟的话说："在严格的与哲学的意义上，理性仅以两种方式对我们的行为具有影响：它通过告诉我们作为某种情感之恰当对象之物的存在，从而激发起那种情感；或者它发现了因果联系，并为我们提供调动一种情感的途径。"[11]理性对我们行为的这两种影响均与我们将要展开讨论的直接问题特别相关——生态学和环境科学与环境伦理学之间的知识相关性具有在元伦理学上的合理性。

　　让我们首先用一个简单例子呈现理性在实践性论点中的后一种应用，这一论点精准地符合休谟的标准。（我们的例子只涉及"自爱"，而并非任何伦理情感。）设想父母对其十多岁的女儿说："你不应当抽烟。"这个青少年问:"为何不能?"父母回答说:"因为抽烟有害健康。"如果这个女儿已修过一年级的哲学课程,她可能会得意地回答:"你们正在从是推导出应当,你们已犯了自然主义谬误(一个一知半解的用词错误)。除非你们能提供一个元伦理学上更有力的证据,否则,我将继续抽烟。"

理性(亦即医学)于最近已发现:抽烟确实有害健康。它已发现一种此前不知道的"因果联系",此发现"为我们提供了调动……情感的途径",即我们通常为自己的好身体与幸福都会感受到的一种情感。但是,正是由于这种情感在人性上如此近于普遍,所以实践论证中通常会将它省略。由于未提及它,我们也许会体验到一位作者最近所称的"从'是'到'应当'的通道神秘性"[12]。

当有关热情、情绪或情感缺省的前提被明确地包含在论证中时,该神秘性在休谟自己的基础上便得以消解。让我们论及的父母将女儿的论证阐释如下:"(1)抽烟有害健康。(2)事实上,你对你的健康持有积极态度。(我们今天会如此表达,休谟则会更富色彩地称之为一种热烈的情感或热情。)(3)因此,你不应当抽烟。"如果休谟在实践性地考虑中承认,理性在发现"因果联系,因而为我们调动情感提供途径"中具有作用时并未陷入矛盾,那么,这样从是之陈述向应当之陈述转化就是完全合理的。在最严格的逻辑意义上,这也许并不是一个推理,但是依据休谟自己的标准(该标准在他自己的判断中是如此的"严格、富有哲学性"),它是一个有力的实践论证。[13]

值得注意的是:康德,一位休谟作品的认真读者,实际上认为上述实践性论证是推论性的。在康德的理论中,"你不应当抽烟"这样的结论是一种假言律令(hypothetical imperative),更具体地言之,是一项关于审慎的律令(an imperative of prudence)。康德告诉我们:"无论意愿追求何种目的(在我们的例子中是健康),就理性对行为有决定性影响而言,意愿亦乃实现此目的之不可或缺的必要途径(在我们的例子中是限制抽烟)。在我们所关注的命题中,意愿是分析性的,目的亦在能力之中。"[14]

我们的抽烟女孩可能仍有一个异议。她可能会否定(至少会质疑)前提(1)或(2)。追随烟草工业的例子,一位学过哲学的十多岁女孩可能会否定前提(1),坚持对因果的(一种附带的非休谟式的)严格阐释,将

因果理解为必然联系，而非仅事件间的相关性。对于前提（2），她可能会
以不同的方式进行否定。对健康漠不关心者尽管承认一种对健康的积极态 *123*
度；可他们又承认，相较而言，与之相冲突的其他热情（比如，为了被某
一圈子接受，或抽烟所能产生的强烈的当下快感）可能更强烈，因而最终
控制了行为。若前提（1）或（2）被否定，那么女孩的父母在实践性论证
上便无其他可资借鉴的资源。若前提（1）被否定了，那么一位心理学家
或科学哲学家的专家见证可能会有所帮助。若前提（2）被否定了，那么
心理学咨询可以成为指导。

四

返回到生态学和环境科学与环境伦理学的关系。现在应当明白：利奥
波德及其近来的支持者所需要的是哪种辩护，他们被指责企图不合理地从
是之陈述推导出应当之陈述。让我们建构一个环境伦理学论证，它与上述
简单例子具有同样的形式，但涉及一个源于生态学与环境科学的前提，就
像上述例子中涉及一个源于医学的前提一样。

（1）包括生态学的生物科学已经发现：（a）有机自然被系统地整合为
一个统一体；（b）在有机统一体中，人类并无特权；（c）因此，环境滥用
威胁人类生命、健康与幸福。（2）关于人类生命、健康与幸福，我们人类
具有相同的利益。（3）因此，我们不应当通过生产危险垃圾，或消灭那些
自然环境赖以发挥其关键功能的物种，或其他伤害或错置，侵害自然环境
之有机性与稳定性。

与我们上述例子一样，人们当然可以通过否定（或有所保留）那两个
前提而回避这一论证的结论。比如，神学家们可能会否定（1b），持有牛
顿观点的机械论者可能会否定（1a）。近来有一种令人担忧的倾向，它由
企业家、没头脑的消费者及其政治同盟所支持，他们采取一种对上述简单
例子中那个十多岁抽烟小女孩儿而言有效的、与上述前提（2）相关的策
略。因为现在，我们所有人都经常会听到：虽然我们每个人都会对这些东
西有一种积极情感——为了我们自己的人类之生命、健康与幸福，以及为
了我们子孙的将来等，但是，我们对不妨碍经济增长与肆意消费，即保持

"一种美国生活方式"会有一种更大的热情。[15]这在形式上类似于那个十

124 多岁抽烟女孩的反驳：比之于未来的健康与长寿，她只是将更大的优先性
给予了抽烟所产生的当下快乐。更滑稽的是，我们有时会听到如此动人的
问题："毕竟，后代子孙能为我做什么？"

五

迄今为止，我们只是维护生态学和环境科学与一种本质上是审慎的、
功利主义版本的环境伦理学的相关性。利奥波德之大地伦理还有更激进
的、在元伦理学上具有更大挑战性的一面。确实，利奥波德之大地伦理的
新颖与有趣特征是，它将直接的伦理地位、伦理关注，或基本伦理地位拓
展至包括"土壤、水、植物与动物"[16]。正如他自己所言，这超出了"开
明的启蒙"，即超出了审慎，即使我们在最宽泛的意义上将审慎拓展至包
括我们整体人类的幸福，从现在的一代到未来的世代。[17]再者，这种新颖
的生物中心主义伦理以其轻轻一击，简言之，大地伦理"改变了智人的角
色，将他从大地共同体的征服者改变为此共同体的普通成员与居民。这意
味着尊重同伴，也尊重此共同体自身"[18]。这也代表着一种被认为是源于
生态学启蒙的价值转换！

滑稽的是，休谟这位通常被认为是任何企图从事实中发现价值，更进
一步说，任何建议基于新发现事实而改变价值者之敌人，却再次为利奥波
德更激烈的主张提供了一种经典的元伦理学模式。让我们再次重温两种途
径中之第一种。在休谟看来，理性对我们的行为具有影响，即"它通过告
诉我们作为某种情感之恰当对象之物的存在，从而激发起那种情感"。

依休谟之见，出于情感分析的目的，情感可被分为两类，关于自己的
与拓展至他人的。后者如前者一样，也是行为之动机。[19]再者，休谟指
出，作为一种事实，人类完全依赖社会，且存在一种自然地居住于我们内
心的情感。该情感被他屡次称为"公众性利益"，即为社会自身的利益或
有机性。[20]

现在，一位伦理学家可以合法地应用理性来激发这些情感，从而影响
我们的行为。比如，堕胎的反对者可以用医学证据表明：依据人的概念，

五个月大的婴儿已具备人的所有外部特征——循环与神经系统，以及人的 *125*
内脏。他们希望我们得出结论：胎儿乃我们伦理同情的恰当对象。这种同
情自然地由人类，特别是由人类中的婴儿所激发。

利奥波德以拟人的方式展示其他动物时，在其《沙乡年鉴》的白描
（shack sketches）中应用了类似策略。多情的鸟鹬在空中起舞，老鼠工程
师正在搞破坏，捕鸟猎犬正在将嗅觉区分的精妙艺术耐心地教给其嗅觉迟
钝的主人们，等等。利奥波德笔下的形象描绘（anthropomorphism）总
是被限定在他所描述动物行为的行为学事实之内。鸟鹬并未给它的新娘准
备订婚戒指，老鼠工程师并无运输设备。不像肯尼思·格雷厄姆（Ken-
neth Grahame）在其《柳风》（*Wind in the Willows*）中所描绘的那样，
利奥波德没有给他的动物穿上晨礼服，将它们安排在桌子边享用茶水与饼
干。然而，利奥波德通过描述动物们在许多方面与我们自己相似的行为，
努力激起我们的同情之情与伴侣之情，就像我们被同类的类似行为激发起
相似的心理体验一样。

大地伦理在逻辑上很大程度极为合理地依赖对人类心理反应的科学
影响。如利奥波德所直言：

> 自从达尔文首先关注物种起源始，现已有一个世纪。我们现在知
> 道此前世代人们所不知道的事实：在进化之旅中，人们只是其他造物
> 之旅伴。现在，这一新知识应当已然为我们带来一种对其他伴侣造物
> （fellow-creatures）的亲密感（a sense of kinship）［亦即，它应当激
> 起我们的一种同情之情或伴侣之情（fellow-felling）］。一种自己活，
> 也让他人活的愿望，一种对生物世界之宽广度与恒久性的惊异
> 之感。[21]

要揭示其休谟意义上的合法性，这一论证也许可被系统地表达如下：
（1）我们（亦即所有心理正常的人）被赋予某种对我们成员特别是对我们
同类的道德情感（同情、关心、尊重，等等）；（2）现代生物学将智人
（a）像其他有生物种一样，理解为有机体进化的产物，因此（b）人们确
实（因其共同祖先）是生命的所有当代形式的亲属；（3）所以，若接受此
启蒙，我们就应当对其他生物感觉到，因而做出（此处我设想的是休谟关

于行为的整体性理论，我对此理论已做过系统阐释，且相信并无争议）类似于我们对人类同胞所感觉到，因而做出的所有情感与行为。[22]

忽视了惊异之情的更为群体或整体的对象（即整体生物世界、其宽广度与恒久性，利奥波德在其关于进化理论之内涵的非正式来源的讨论中提及了它们），我们被引导到超越人道主义与动物解放主义，走向我在其他地方所称的"敬畏生命伦理"。[23]但是，我们尚未臻至"土壤与水"。

六

更正式地讲，利奥波德之大地伦理本身建立在关于生物共同体的生态学概念之上。[24]生态学，利奥波德指出，将有机自然呈现为生物共同体，即一个由植物、动物、矿物、流体与气体所构成的社会。这是一个关于自然的真正创新的概念。在生态科学出现之前，自然史主要是一种分类科学，自然更多地被仅仅认知为对象之集合，就像一个放满了家具的房屋。这间房屋内的各组成部分偶然地、外在地发生关系。因此，自然之物具有中立的价值、积极的功利性资源价值，或消极价值（像害虫、野草、害鸟，等等）。生态学改变了这一切。它已成为一种新的自然范例。自然界现在被认知为一种有生整体、"一个活跃的共同体"（a humming community）。众多的物种，以前被想象为一处呆滞景观中的偶然散落之物，纯属偶然，现在则被理解为密切相关的，特别是相互适应的，适应于土壤类型与气候条件。每一物种在自然经济与其生境中均具有一种作用，依其本然，形成一种行当。我们人类在此自然或生物共同体之内生存，我们当然不能在它之外生存，不能在除了这个地球之外的月球、火星或任何其他地方生存。

现在，如休谟所论，我们不仅对自己的同胞具有同情心，我们也自然地被赋予一种情感，这种情感之恰当对象乃社会自身。因此，生态学和环境科学告诉我们，我们最基础的伦理情感有一个恰当对象。生物共同体乃此种情感之恰当对象，通过反思我们所属的这个共同体的复杂性、多样性、有机性与稳定性，我们拥有了这种情感。所以，生态学已改变了整体自然之价值，就像进化生物学已分别地改变了自然构成物之价值一样。利奥波德用如下伦理原则总结其大地伦理："一物趋于保护一个生物共同体之有机性、稳定性与美则为是，趋于相反则为非。"[25]

这一原则源于生态学和环境科学。这一结论之源头，在许多方面就像关于抽烟的结论，属于休谟元伦理学之严格规定。将我们已熟悉的思路做系统的重新安排，利奥波德呼吁我们得出如下结论：（3）我们应当"保护生物共同体之有机性、稳定性与美"。我们为何应当如此？因为：（1）我们总体上对我们所属的共同体或社会持有一种积极态度；（2）现在科学已发现，自然环境是我们所属的共同体或社会，就像人类地球村。就像"一个人不应当抽烟"这一结论一样，它也是从是推出应当，从事实导出价值（实际上是一方面从关于自然事实的理论安排中导出，另一方面从某些心理事实中导出）。

若休谟的分析本质上正确，那么生态学和环境科学就能直接地改变我们的价值：改变的是我们认为什么东西有价值，而非我们评估价值的方式。换言之，它们并不改变我们所继承的做出伦理区分与反应的能力，也不改变我们人类情感的特定方面（这些变化若有的话，只有通过一种进化过程，即通过随机变异、自然选择等才能实现）。[26] 而是，生态学通过改变我们关于世界以及与此世界相关的我们自身的观念，改变我们的价值。这表明，对象之间的新关系一旦被呈现，便会刺激我们伦理情感的古老核心。

第八章 论非人类物种之内在价值

"事实"与价值

现在，地球正处于可能前所未有的生物枯竭阵痛期。[1]当下的物种灭绝率还是一个有争论的话题，但是争论各方均认可：目前物种灭绝率大得惊人，且正在加速。[2]从 1600 年至 1900 年，物种灭绝的均值为大致每 4 年消失 1 个物种。从 1900 年到现在，则是每年消失 1 个物种。[3]而且，据诺曼·迈尔斯（Norman Myers）所说，"若现在一般的开发模式持续下去"，那么 20 世纪最后 25 年的物种灭绝率也许就会达到每天消失超过 100 个物种！[4]可以想象，到 20 世纪末，100 万个或更多的物种将会灭绝。[5]用阿尔弗莱德·拉塞尔·华莱士（Alfred Russel Wallace）的话说，已消逝的那些物种是"最大、最凶猛与最奇异的生命形式"[6]。接下来消失的将会是众多的植物和非脊椎动物。

噢，这又如何？为什么我们应当关注？曾经来到这个地球上的超过 90％的物种现在难道不是已经消失了吗？[7]毕竟，物种灭绝难道不是一种自然过程？

无疑，在所有自然现象都是自然的意义上，物种灭绝也是自然的。（确实，这并非超自然现象。）再者，当物种灭绝由物种形成（speciation）补偿时，它是正常的，也是自然的。然而，巨大的、突然的物种灭绝，以及由之而来的生物枯竭则是不正常的。化石记录显示，有多次可观察到的大的物种灭绝发生于过去的地质年代；可它同时也表明，随着时间的推移，"退场"（background）或通常的灭绝速率在下降，因此随着时间的推移，生物多样性在增加。[8]平均而言，物种形成已超过物种灭绝。地球的进化过程倾向于更大的生物多样性（我在此并未提出任何目的论之物），虽然它已被空间上大范围的退化所打断。

我们已然知道大的物种灭绝是不正常的，即使是自然的。有机体进化 _130_ 的趋势是走向更大的生物多样性，但是这并不解决价值问题。一个物种为何应当关注它会给其他物种带来灭绝的威胁？进而言之，我们智人为何应当保护和照看那些现存的其他物种？

许多关于物种保护的有力的、通常被称为"功利性"的论点近来已出现。[9]依人们对"功利"这一概念之一般理解，任何强调人类福祉或幸福（无论是物质的还是精神的）的物种保护论证本质上都是功利性的。[10]总体而言，有两种价值：（1）内在价值；（2）工具价值。一种关于物种保护的功利主义或人类中心主义论证或明确或含蓄地假设：人类（或更抽象地说，人类福祉或幸福）内在地具有价值，所有其他事物，包括其他形式的生命，仅仅作为可以服务于人类（或促进人类福祉或幸福）的手段或工具而具有价值。

然而，在通常由其他物种以及地球上现存其他生物要素为人类所提供的利益背后，人们经常会发现一种难以掩饰的非功利主义价值基础。比如，乔治·伍德韦尔（George Woodwell）满怀希望地评论："人们可能会梦想：在我们所知道的唯一的绿色星球上，生命有其自身的特殊价值。"然而，因为此价值并未被普遍承认，他与同事霍华德·欧文（Howard Ir-win）认为，有必要从"政治上的可理解性与可应用性"，以及"公众可轻易地理解与接受"的意义上主张物种保护。[11]换言之，功利主义论证通常似乎是一种向公众推销政策的方式，这些政策不论与当下与未来的人类福祉是否有关都被认为是正确的。人们会猜想，对伍德韦尔、欧文以及其他物种保护的热情提倡者而言，传统的功利主义论点只是一种托词，他们更深层的关注源于其他理念与价值。[12]确实，许多杰出的物种保护主义者已公开、勇敢地宣称：其他物种有生存权，或者相反，我们智人无权造成其灭绝。[13]

当对物种保护的功利主义辩护已得到全面、有说服力的阐释时，非功利主义辩护被忽视了。论及为物种保护提供一种非功利主义辩护所带来的

哲学问题，阿利斯泰尔·S. 岗恩（Alastair S. Gunn）最近甚至表示绝
望："为自然物种赋值提供理由似乎是不可能的。对我来说，如果我们失
去了老虎、秃鹰或各类鲸鱼，世界似乎将会更糟。但我不知道如何对那些
持异议者证明这一观点。"[14] 现在的情形是：人们并无完善考虑之理由，
而仅仅宣称，我们智人对于其他物种具有"伦理责任"，或其他物种具有
"生存权"，或我们"无权造成其灭绝"，等等。在本章中，我努力提供关
于其他物种之"权利"（内在价值）的尚未展开的讨论。首先，我将批评
性地阐释"物种权利"概念。然后，转向我的首要任务：讨论几种不同的
价值论，这些价值论可能为生命之非人类形式提供内在价值。建立在其他
物种审美价值基础上的物种保护论证有时似乎确实是无关功利的或生物
中心的，但是它们易于被化约为一种人类中心主义或功利主义的形式：在
最后的分析中，其他物种作为为（某些）人类提供审美愉悦的审美资源是
有价值的。[15] 建立在宣称其他物种权利基础上的物种保护诉求对上述化约
有更大的抵抗力。

下一节将提供的对权利概念之分析，已充分满足了本讨论之所需。在
那里我将提出：从字面意义上说，代表其他物种主张权利并无道理。因
此，流行的持续性"物种权利"呼吁本质上是象征性的。我以为，它所象
征者，即它不准确但戏剧性地表达者，是一种广为共享的直觉——非人类
物种具有内在价值。"内在价值"概念（虽然传统），既然对此类讨论而
言，是技术性的并且绝对地处于中心地位，那么就应当在一开始就被明确
地给予界定。

若某物在其自身或为其自身而拥有价值（其价值并非源于其有用性，
而是独立于任何它在与其他某物或某人之关系中所可能具有的应用或功
能），那么它便内在地具有价值。以经典的哲学术语言之，一种内在地具
有价值之实体，据说是一种"以自身为目的"（end-in-itself）之物，而非
其他目的之"手段"（means）。

大多数现代伦理学系统〔包括正式的哲学体系（比如康德的道义论）
与不太正式的流行体系（比如基督教伦理）〕都认同：人类内在地具有价
值。换言之，每个人在其自身以及为他/她自身是有价值的，这种价值独
立于他或她可能对其他个人或社会群体有所助益的原因。我们不可能抛弃

或毁掉那些已然衰老、伤残或不健全之人，就像在类似情形下我们对各式工具可能采取的措施那样，因为我们最普遍地设想：不像工具或"资源"仅仅工具性地具有价值，人类内在地具有价值。

在西方哲学传统中，对内在价值的阐释已有可观的变化。柏拉图并未采用现代教条——人类乃具有内在价值实体之典型范例。他将"形式" *132* （form）——即善（the Good）——作为内在地具有价值的实体之终极来源。在本章之后面一节，我有机会更全面地解释柏拉图对善即内在价值的理解，并将它应用于我的核心论题——非人类物种具有争议的内在价值。比之于柏拉图，亚里士多德较少抽象与模糊地得出：幸福乃唯一内在地具有价值之物。因为他认为，在其他理由中，幸福是唯一追求其自身之物。康德——我将在下面更全面地提及他——将人们（人类）的内在价值建立在人们的推理能力上。我在此并不对 G. E. 摩尔的理论进行概述，也不应用其理论于物种价值问题，因为在最后的分析中，他诉诸沉默的直觉（mute intuition），认为内在价值是对象的一种原初的非自然特性，就像红颜色是一种基本的自然特性一样。他认为，人们或者感知到了内在价值，或者没有感知到。像摩尔这样的理论，没有为所争论案例留下任何理性讨论的空间。我可以感知到物种的内在价值，而你却没有。因为被如此限定的内在价值是一种原初的非自然特性，所以我不能解释为何物种内在地具有价值，而只能指责你在伦理上不敏感。摩尔的理论将伦理争论化约为武断和/或恐吓。

然而，对那些企图确立内在价值——在事物自身且为事物自身的价值——的存在，并恰当地解释其特性的哲学家而言，现代科学的一项基本原则是极难克服的障碍。依笛卡尔最初确立的现代科学形而上学立场，客观的物理世界明确地区别于主观意识。从科学自然主义角度看，思想、情感、感觉与价值，从来就被视为属于意识之主观领域。因此，从科学的角度看，客观、物理的世界是价值中立的。

据说，量子理论、相对论和其他后现代科学之进化式发展已消解了在主观与客观领域做笛卡尔式划分的合理性，因此，不仅为认识论与本体论，而且为价值理论带来了深远的影响。[16]然而，后现代科学的价值论成果目前停留在抽象层面，它们并未被细致地发掘，所以它们似乎距我们尚远，还是一个比喻。再者，在科学自身结构中，量子理论与生物学并无直接关系，也未对后者产生影响。所以，在我们所关心的组织层面，陆地生命所构成的宏观世界与其成员性物种的价值，以自然为价值中立的经典态度实际上已然是科学世界观中不可挑战的信条。准此，将内在价值归之于物种，就像归之于太阳之下的任何其他事物一样，注定要失败。

另外，许多人（包括一些科学家）本能地感觉到：非人类物种在其自身并为其自身而有价值，这与其作为物质或精神资源，或者为（人类）生命支撑提供服务而对我们有用很不相同。在下面的讨论中，我将为这种极为真实、真诚的伦理直觉拓展一些可能和首选的基础。

毕竟，经典的科学世界观并非今天西方世界所呈现的唯一世界观。关于物种的内在价值也许可以很直接地根据前科学的某些因素，但依然被很好地给予呈现的犹太教-基督教世界观进行维护。在本章的最后一节，我努力发现一种折中方案，推荐一种关于"内在价值"的理论，该理论一方面尊重科学世界观中所包含的对象与主体、事实与价值之间的制度化鸿沟，另一方面也公平地对待如此直觉——某些自然"实体"（包括非人类物种）不只具有工具价值。在此过程中，内在价值概念被转化了，或准确地说被改造了。

我承认依科学自然主义观，所有价值之根源（source）乃人类意识；但我们并不能据此推出：所有价值之核心（locus）乃意识自身，或意识的一种形式，如理性、快乐或知识。换言之，某物有价值乃仅因有人为之赋值，但它亦可为其自身而有价值，并不出于为评估者提供的任何主观经验（快乐、知识、审美满足，等等）之因。价值可以是主观的与情感性的，但它是有指向性的，并非自我指涉的（self-referential）。比如，对父母而言，一个新生婴儿为其自身而具有价值，它同时也因能为其父母提供快乐或任何其他经验而具有价值。在其自身与为其自身而言，严格地依现代科学主-客/事实-价值二分法，一个婴儿之价值中立，正如一块石头或一个氢原子之价值中立。我们依然可望指出：一个新生婴儿"内在地具有价值"（即使其价值在最后的分析中依赖人类意识），为了将它所具有的对它的父母和亲戚以及人类共同体的非工具价值与它所具有的实际的或潜在的工具价值（为父母带来的快乐、为亲戚带来的荣耀、可能为社会做出的贡献，等等）大体区分开；可是如此这般时，"内在价值"就只保留了其传统意义的一半。在现在的意义上，一种具内在价值之物是因其自身的原因、为其自身而具有价值。但是，它并非在其自身而具有价值，即完全独立于任何意识，因为原则上说，从经典的规范科学角度看，无任何价值可独立于一种评估意识。我主张，非人类物种在此被改造的意义上可能具有内在价值，它可以与科学自然主义观相协调。确实，我的建议是：不仅现代科学世界观允许非人类物种具有这种有限意义上的内在价值，而且其宇宙学、进化论与生态学视野实际上培育了这种价值。

"物种权利"或似是而非的权利？

我想，所谓自然或伦理权利（与可用一种积极的、可操作的方式界定的民事或法律权利相对）的周围有一种神秘氛围。[17]因为是一个名词，"权利"似乎是某种实体的名字。一个人拥有鞋子、牙齿、肾脏、情感、思想与某种不可剥夺的自然权利。情感和思想也许并非一种与鞋子、牙齿、肾脏相同的实体，但至少是人类有机体的一种可感知状态。权利甚至不是这种稀薄化的实体。"权利"这一术语是一种表达性措辞，好像是个名词一样。[18]当然，此乃其神秘力量的很大一部分。

就此联系而言，注意到如下事实极为有益：伦理权利观念既是西方的，也是现代的。柏拉图和亚里士多德在其伦理与政治哲学中从未如此多地提及权利。《圣经》中并无关于权利的神话、寓言、训诫或说教。东方宗教哲学亦无任何可被阐释为属于权利之物。确实，17世纪之前，显然并无任何有关伦理权利之系统主张与理论辩护的清晰例证。若权利是我们与生俱来的真实的自然实体，那么它们并未被很快且更为普遍地意识到，这一点很奇怪。

谈论物种之共享生命的"权利"，似乎显然乃自然或伦理权利这一西方伦理学话题之相对晚近传统的一种拓展。去除了名词性术语"权利"蕴含的某些神秘实体的可怕呈现后，我主张，日常谈话中权利的基础功能是宣称某人或某物在一种伦理共同体中的"身份"，即作为目的而非被用作其他改良之手段的地位。若此最小阐释恰当，那么，此种主张——我们不

134

135 应当造成其他物种的灭绝，因为它们拥有一项存在的权利——就不仅拒绝被化约为一种功利主义形式，而且承认，无论物种具有（或不具有）何种工具价值，它们都具有并不比我们少的内在价值。[19]

可以理解，但却也令人遗憾的是，非人类物种具有内在价值以及工具价值之伦理直觉通常被以权利术语来表达——"物种权利"。这可以理解，因为谈论权利已然成为表达伦理关注之有用且喜欢的方式。这也令人遗憾，因为从表面上看，物种权利概念在哲学上似乎没有意义。术语"权利"的"法则"（grammar）显然要求那些拥有它们的事物，若非人们，至少是某种可区域化之物。然而，术语"物种"传统地是指一个种类或类别。一个种类，依定义并非一种个体或区域性之物，那么，它如何可能拥有权利？从字面上讲，这一命题从概念上说就是奇怪的，即使并非在逻辑上自相矛盾。

解决此困难有诸多方式，但没有一种令人满意。有人也许会追随柏拉图并实施分类。若此，则赋予物种权利从逻辑上说就是可能的，虽然这样做并没有意义，因为依同样的本体论，物种是永恒的形式，因此不会受到威胁或处于危险之中。

有人会主张，谈论"物种权利"仅乃以一种松散与不准确的方式谈论个体非人类有机体被假定的权利，类似于"同性恋权利""少数族群权利"，我们将后者理解为拓展了某一种类的成员。"物种权利"可被理解为不仅指物种本身，而且包括该物种之个体。然而，这样一种从类型到象征的还原将言不及义。那些主张非人类物种具有生存权的人正在关心的是物种保护，并不必然关注动物和/或植物的福祉，后者是一个完全不同的论题。从逻辑上说，这与以下立场相一致：主张物种具有内在价值，但认为某些物种之个体却不具有此价值。确实，我倾向于认为：对某些激进的物种保护主义者而言，物种具有内在价值，但物种之个体只具有工具价值——作为物种保护之手段。比如，一只鸣鹤比之于一只沙丘鹤，作为个体它们在价值大小上并无不同；但是，一只能繁殖的鸣鹤承载着其物种遗传之有意义的物质部分，所以它的生命便是拯救其物种的珍贵手段。若鸣鹤作为一个物种被从灭绝的边缘救回，那么个体鸣鹤甚至可以经常地被从"种群"（herd）中"剔除"（culled），以改良其"血统"（stock）。

最后，人们可以对术语"物种"选择一种非传统阐释。比如，大卫·

赫尔主张，对"物种"的传统解释——作为一个种类的指示者（designa-tor）——在进化生物学上没有理论意义。在他看来，物种是"超有机物 136 实体"（superorganismic entities）或"历史性实体"（historical entities），在空间上可区域化，但在时间上却浑然漫开，无论有多长。[20]虽然权利的典型持有者乃个体人类，但是将权利归于"超有机物实体"——比如公司——一点也不怪异，在概念上也不奇怪。再以国家为例，它拥有某些并不能与其个体公民权利之总和相提并论的权利。它的主权权利与其单个个体公民所拥有的各项权利（无论其权利为何等物）之总和截然不同。简言之，"物种权利"也许可被理解为与"国家权利"（national rights）类似。此乃实现术语"物种"之意义的最有吸引力之途径。这样，词语"物种权利"从表面上看就至少是可理解的。然而，赫尔所提倡的"物种"术语尚未被科学哲学家普遍接受。[21]在任何情况下，申明物种权利基本上都是象征性的，从字面上讲，比之于以更为人所熟知的、有力的伦理术语来申明非人类物种的内在价值，申明一种物种权利似乎意义更弱。

物种权利确实是一个似是而非的概念，放弃此概念会更好。然而，它肯定不会被放弃，因为它是当下一个强有力的表达方式，以表达人们有深刻感知与广泛直觉的论题——物种具有内在价值。

当然，对代表非人类生命形式而提出的某些主张之如此分析，这样说吧，可谓每况愈下。比之于"自然权利"概念，"内在价值"概念的神秘性并不更少。确实，它就是一个形而上学概念，但事实上此乃其优点。我们并不要求一种关于权利的更为自由的理论，而是，我们需要为其他物种之内在价值发现一种形而上学基础，代表它所表达者申明权利。将非人类物种之内在价值的主张包含在内的伦理学系统，更总体地说，世界观究竟为何物？接下来，我将概括几种可作为其他物种之内在价值之基础的道德形而上学选项。[22]

拜耶和华者神学

在关于物种保护的功利主义与非功利主义论点之各自优点的著名讨论中，大卫·埃伦费尔德（David Ehrenfeld）将生态系统与物种的"非经济（即内在）价值"与"无可置疑的继续存在之权利"置于宗教语境。[23]
137 埃伦费尔德借用了犹太教-基督教信仰系统（17 世纪始，自然概念正借鉴于此），以之作为支持"物种权利"观念的基础。他主张，我们称之为"诺亚原则（Noah Principle），因为他是第一个将其付诸实践的人"[24]。

乍一看，犹太教-基督教世界观似乎对非人类物种具有内在价值这一主张并不友好。学院派基督教神学，从奥里金（Origen）与奥古斯丁（Augustine）到布尔特曼（Bultmann）和德日进（Teilhard），对人类对个体动物与植物具有直接责任的观念持续地表现出敌意，只是因为动物与植物缺乏伦理共同体成员的必要资格（一种永久的灵魂、神的形象或任何之物）。从历史上看，正统的基督教神学压倒性地属于反对如此观念之列——除具有服务于人类的工具价值或任何其他作用之外，非人类造物（无论个体还是群体），尚无任何价值。[25]

小林恩·怀特（Lynn White，Jr.）在其对犹太教-基督教世界观的杰出批评中，追溯了这种源于《创世记》经文第 1 章第 26～30 节的态度。在此，人类被从其他造物中挑选出来，好像是将其他造物交付于人的手中。[26]确实，怀特有力地指出："基督教乃这个世界上所见之最为人类中心主义的宗教。"[27]

然而，有一种相反的思想有力地且可感知地贯穿于《创世记》文本之中，无论其在此后的神学和大众基督教中被如何轻微地呈现与接受。在传统《圣经》世界观的总体思路中，因为乃上帝所造物之一部分，非人类物种可能具有内在价值，上帝或者通过创造它们，或者通过次级命令（a secondary fiat），已然赋予它们内在价值。[28]

犹太教-基督教传统中的上帝是超越的，而非内在的。因此，如此上帝之假设允许我们想象一种客观确定的内在价值，即无须参照人类的意识，从上帝的角度看，我们可以想象其造物作为一个整体以及其所有部分为"善"（good）。从一种主观的人类视野看，似乎并非所有造物都是善的，例如毒藤、蚊子、响尾蛇就不是善的，但它们都是"上帝的造物"，所以在上帝眼里是善的。

正是基于如此神学-形而上学基础，约翰·密尔才主张"物种权利"。请注意，密尔为一种害虫主张生存之自然权利是如何紧密地与诉诸上帝作为一种更为客观的价值论立场相随的："再三再四，一季接着一季，如此问题被提出：'何为响尾蛇之善？'好像只要不是专为人类利益而设，便没有存在的权利，好像我们的方式便是上帝的方式。"[29]密尔反复地强调这一神学中心立场。他主张所有造物"乃上帝家庭之一部分，无衰、无堕，它们获得温柔和爱的照料，就像天堂中的天使或地球上的圣徒获得的那样"[30]。 *138*

我们如何能将密尔、埃伦费尔德与小林恩·怀特对《圣经》价值论的阐释协调起来？事实上，通过对《创世记》的细读，关于人类的恰当位置及其在与其他造物关系中的作用，我们可以发现两种甚至相反的信息。从现代发现的角度看，这一点并不奇怪。我们所接受的《创世记》由三条源头各异的主要线索（分别用J、E和P代表）编织而成。[31]其中之J，即拜耶和华者（Yahwist）线索，被学术界认为乃其中之最古老者，可追溯至公元前9世纪；而P即神父版本（Priestly narrative），则是最近的，写作于公元前5世纪。[32]

神父版本之创世神话（《创世记》第1章第2～4节），比之于拜耶和华者版本，其对宇宙"进化"的"准科学"描述呈现出一种秩序与理性。当把宇宙还原为其抽象瞬间——一种原初的混一（空虚、水）、对立面之隔离（光明与黑暗、上与下）以及有生物之诞生（植物、动物与人），它在形式上与公元前5世纪希腊爱奥尼亚自然哲学中创造观之总体面貌一致。与其同时代的希腊对手们相同，P版本《创世记》中之自然哲学表现出一种明显的人文主义倾向：人类被以上帝的形象塑造，并被赋予主宰其他造物，使其他造物服从人类的责任。[33]

在拜耶和华者版本之创世神话（《创世记》第2章第4节至第4章第26节）中，更少"科学性"的创世顺序是：人，然后是植物，然后是动物——且人类的作用有很大不同。亚当的责任并非征服、统领其他造物，而是"将那人安置在伊甸园，使他修理看守"（《创世记》第2章第15节）。若他不是伊甸园的"普通成员与居民"（利奥波德的话），那么他也并非其征服者与主人。而是，亚当的身份是所有其他造物之管理者或职员。

因此，J版本《创世记》似乎很清楚地表明：上帝关注作为一个整体的造物（用密尔的话说，是"一个伟大的整体"），同样也关注其中之各个部分。关于智人对其他物种之统治，J 版本显然认为乃智人堕落、受诅状态之象征，而非上帝为其规定之特权。确实，人类对于自我中心或人类中心价值方向之假设，似乎造成了所有造物间令人触目惊心的不平衡与无序状态。有些动物与植物遭到奴役（亦即驯养），那些人类不能从中发现用处者则被宣布为无价值，那些妨碍了人类的意图或让人类生活得不舒服或不安全者，则被宣布为害物或坏蛋，并被列入灭绝名录。

接下来便是关于毁灭性大洪水与诺亚的故事。诺亚乃最早的物种保护者，埃伦费尔德以他的名字命名其"物种权利"原则。

基于埃伦费尔德之诺亚原则的非人类物种之内在价值与 J 版本《创世记》之形而上学的发展，将建立在物种自身而非物种之个体上。当既定形式、物种得以持续时，个体之物在其种类之内来了又去。因此，物种而非个体之毁灭，是人对神圣命令之否定。毕竟，诺亚遵从上帝的命令，并未企图拯救他能够拯救的所有个体，而只是将每个物种之一公一母样本带上方舟，用来保护各物种。根据这种血缘，造物可被完善与纯粹地保留。作为诺亚之现代子孙，依此设想，我们也应当更为关注物种保护，关注物种自身之价值，而非各非人类物种之个体之权利。

整体理性主义

在上一节所概括的有神论伦理形而上学中，上帝乃唯一合法的价值仲裁者。但是，上帝如何确定非人类自然实体的价值，这一点并不清楚。一方面，设想上帝像人一样有某种自利，在与他物的关系中确定价值，或需要或欲求任何东西，或能以任何方式造福或伤害之，这些都是荒唐的。我们必须设想，上帝并不会受到伤害，就像其造物被改变或其造物（物种）之部分被毁灭时，他仍然不可违抗一样。另外，如此设想同样荒唐：上帝是任性的，他简单地、奇怪地赋予天花病毒、舌蝇以及所有其他形式的生命价值，对这些东西，人类发现它们中的大部分会威胁人的生命，令人厌恶，或会给人造成不便。上帝在决定创造什么因而赋予其价值时，一定遵从某些价值原则。

若准此思路走得足够远，便会典型地将称之为"善"（the Good）的价值从上帝那里分离出来。据此视野，上帝自身不再是最初的价值依据，因为上帝现在被认为由某种非人格的价值原则即善决定，至少是被说服。

善被典型地想象为某种"客观"之物，即同时独立于神圣与人类的利益、喜好或欲望。因此，非人类物种之内在价值可以被想象为基于一种关于价值的客观的、非人格的原则，以后者作为最初的价值参照点。

140

有一种哲学传统，可能追溯到柏拉图，它根据一种系统或有组织之整体的形式特征确定价值或善。论及善之特性，柏拉图更多是提出一些设想，而非明确的界定。近来的柏拉图学派倾向于认为：柏拉图用"善"这一概念意指最高等级整体秩序之形式原则，而"秩序"则指形式化的逻辑-数学设计。[34]一间好屋子或一艘好船乃指呈现出良好秩序，即其部分经过度量、成比例，合起来适应于一种理性设计。身体之善（健康）、灵魂之善（美德）、社会之善（公正），以及宇宙整体之善（依字面义，即世界秩序），亦可以类似方式给予界定。[35]

在现代社会之早期，莱布尼茨更清晰（至少是更简明）地界定了他所认为的价值之客观的、非人格的原则。在沉思上帝为何选择这一世界来创造之后，他得出如此结论：现在的这个世界一定是可能有的所有世界中最好的一个。从人类中心主义观点来看，真实世界中所存在的大量恶行、瘟疫、灾难，使此观点难以令人信服。确实，这促使伏尔泰（Voltaire）写作《老实人》（*Candide*）以展示相反论点。但是，伏尔泰的讽刺并未击中要害，因为通过"最好"一语，莱布尼茨意指逻辑-数学方面的优雅，而非人类挫折与痛苦的消失。依莱布尼茨之见，上帝所拥有的可见之善，当他在可能世界中选择时，便是"最多可能的多样性，连同可能具有的最大的秩序。这就是说……最大可能性的完善"[36]。莱布尼茨说："可是，上帝已选择了这个最完善的（世界），即同时也是在那个最简单的假设中、最丰富的现象中的世界。"[37]

同样，在当代关于环境保护的文献中，人们有时会发现，有人将生物多样性和/或复杂性视为自身之善。[38]整体主义理论主张：自然系统的形式特性——秩序、节俭、和谐、复杂性与多样性——乃客观的内在价值。该理论在生态保护中最著名的应用乃利奥波德大地伦理的概括性格言：

"一物趋于保护一个生物共同体之有机性、稳定性与美即为是，趋于相反即为非。"[39]

利奥波德并未特别用心地努力阐释或维护其核心的伦理原则。近来彼得·米勒（Peter Miller）尝试对其观念做一种哲学性拓展。米勒很正确地指出："关于……价值的最现代理论，以及确实有许多经典理论均以心理学（亦即主观）为基础。在选择价值时，它们仅在心理现象上有区别。"[40]米勒致力于将"丰富性"确定为一种不可还原的、客观的内在价值，以超越所有这些主观的、人类中心主义理论的路线。米勒虽然很全面地概括或描述"丰富性"["自然系统的丰富性（构成）其内在与外在的丰富性、有机性，等等"]，但仍未能恰当地解释为何丰富性应当据其自身而被评估，或更具体地说，为何一种多样、复杂和稳定的生物区比一种简单、枯竭或不稳定的生物区内在地更好？显然，可以对"丰富性"的价值做出工具性解释：比之于一个贫乏的世界，一个生物丰富的世界更令人满意与安全；可显然，这些是人类中心主义的关注。

根据上文所提到的莱布尼茨的解释，与米勒的思路不同，一种对秩序与多样性之善的非人类中心主义阐释依赖上帝假说（一些关于上帝的心理学设想），以及充足理由原则。[41]上帝，如莱布尼茨坦然宣称者，具有一位古典或现代早期数学家与自然哲学家的趣味。[42]依其无限理性，比之于一个设计上不优雅的世界，上帝更喜欢一个从逻辑与数学上看很优雅的世界。然而，在此对"丰富性"之善的莱布尼茨式阐释过程中，所宣称的丰富性的客观价值可以被还原为一种主观偏好——上帝的偏好（当然不是我们的偏好）、一种制度性偏好（虽非任意性偏好，但却是一种主观的偏好）。

在任何情形下，拥有最好哲学血统的西方价值论思想都坚持确立一种客观的、非人格的善，都坚持用一种形式优雅的或逻辑-数学的完善（前提、公理或基本法则的最经济性、基本内涵或相应现象的最大变化或多样性，以及连贯性、秩序或"和谐"）来刻画或描绘善。历史地看，宇宙已验证了这些特点，因此，宇宙是客观的、非人格的善，即使从一种主观的、人类中心主义的角度看，这个世界包含了许多可造成人类诸多痛苦的"邪恶"。最近，"生态圈"或全球"生态系统"已被证明具有类似特点，所以被感知为一种"自身之善"（good in itself），即使整体而言它并不能与人类的利益相协调。

地球生态圈确实是一个优雅的系统。能产生所有多样性与复杂性的基本生物"法则"出奇简约。物种之间的关系丰富、错综复杂，有时很令人惊奇，它们似乎可根据少数化学、物理学，可能还有拓扑学的基本进程来理解。

根据理性主义视野，系统自身（作为整体的生态圈和/或其单个的生物群系，及有机生态系统）是有价值的，或至少验证、体现了善。因此，根据这个视野，单个的物种并无内在价值。可是，因为具有内在价值的生态圈并非神秘或超越性整体，而是一个系统整体（亦即，据其各部分所形成的功能有机性而成为整体），所以，其有机性、复杂性、稳定性与多样性，一言之，其固有之善或具内在价值的丰富性，客观地建立在其构成部分的持续性存在之上，即其全部物种之上。因此，从理性主义视野看，物种保护，作为生物多样性保护之要素，应当与有关人类利益的工具价值保护所追求者截然不同。*142*

或至少本应如此。可是，某人若通过将有机丰富性确定为客观之善来维护自己的如此直觉——生物枯竭乃客观之谬，那么就可能被人们有理由地指责为暂时性偏狭与一种精致的人类自大。将我们所处的时代理解为地球 35 亿年（three-and-one-half-billion-year）生命周期中极短暂之瞬间（更不用说地球仅乃诸可能拥有生物区的星球之一），人类毁灭其他物种之趋势就可能被漠不关心地理解为地球进化历程中的一个过渡阶段。爬行类动物时代（the Age of Reptiles）适时地（无论因何种原因）谢幕，随之而来的是哺乳动物时代（the Age of Mammals）。一位整体理性主义者不会为白垩纪后期（the late Cretaceous）的生命大灭绝而遗憾，因为它为我们这个更丰富的哺乳动物种群世界提供了可能。哺乳动物时代同样可能会走向尽头，但是生态学的有机进化"法则"（若有的话）仍将有效。非人类生命甚至会在一场核心大屠杀之后得以持续。随时间的推移，物种形成将会发生，诸物种将会重新扩散，未来生命的"智能"形式甚至可能会对他们的（若非我们的）上帝（或善）表达诚致谢意，因为给他们的世界提供了可能。那个新的（可能是昆虫）时代，将最终同样地具有多样性、有秩序、和谐、稳定，因此，并不比我们包括现在全体物种的生态系统之善逊色。

以整体理性主义者为友，物种保护无须敌人。

意动主义（conativism）

与古代和现代早期伦理思想的客观主义、整体主义方向形成鲜明对照，西方的伦理思想自从启蒙主义起就喜欢独自地自我陶醉。肯尼思·古德帕斯特已指出，现代西方伦理学面临当代环境问题的"无力感"乃由于以下事实：道德哲学的两个主要流派——道义论与功利主义——都将利己主义设定为不言而喻的既定事实，并归纳出一个更大群体的、具内在价值的"他者"。[43]通过确立一个本质性心理特征，哲学家们开始了一般化进程。这一特征使某人在自我眼里内在地具有价值。依康德——道义论学派创始人——之见，此特征便是推理或理性。而依边沁——功利主义学派创始人——之见，此特征当是体验快乐和痛苦的情感或能力。通过于某人自我之外，在某种选定的存在者中发现了同样的特征，利己主义被超越。[44]显然，康德与摩尔（边沁的学生），借鉴了基督教的金规——爱你的邻人，像爱你自己——作为自己道德哲学之完善的概括性陈述。

康德的道德形而上学将内在价值限定于理性存在物。因此，对非人类存在物而言，无论是作为个体还是作为一个物种，康德的道德形而上学都不支持其具有内在价值。确实，康德直接宣称：非人类生物仅具有工具价值。[45]

边沁的价值论比康德的更具包容性，事实上，它是当代动物解放/动物权利运动之形而上学基础。边沁自己承认：情感性动物的快乐和痛苦必须得到与人类得到的关注同样的关注。[46]然而，直到最近，主流的功利主义仍将伦理关注仅限于人类福祉。只要坚持以逻辑一贯的、理智上真诚的方式将功利主义付诸实践，当代的动物解放/动物权利哲学就将从边沁的功利主义中获得许多说服力。

然而，对强调大量物种灭绝这一论题而言，功利主义与动物解放/动物权利运动二者之核心的道德形而上学并不充分。[47]事实上，在某种极端阐释中，它将使事情更糟。首先，动物解放将植物排除在伦理关注之外。将承载拥有权利的人类-动物共同体之责任转移至植物物种。其次，像彼得·辛格（一位优秀的动物解放理论家）所公开承认的那样，动物解放/动物权利并未为关注物种本身提供哲学基础。[48]动物解放关心的是个体动物（家养动物而非野生动物）的心理幸福，其目标是减少个体动物的痛苦。一个物种作为物种不能体验快乐或痛苦，因此，按照边沁的原则，便无法给予其伦理关注。因为野生动物在其自然领地经常遭受重大的痛苦，诸如极端的寒冷、干旱、饥饿、疾病与捕猎，动物解放主义者的减少个体动物痛苦的项目可能会通过对所有情感性非人类动物物种进行一种精心的无痛苦灭绝而获得一种"最终解决"。[49]或者，可能如马克·萨冈夫所评论的，从动物解放的角度看，对野生动物而言，最好的事情莫过于被重新安置在动物园里，在那里，它们将得到关心，可免于由其他因素及其他野生动物所造成的痛苦。[50]

144

虽然边沁的功利主义道德形而上学比康德的更具包容性，但事实证明它不能作为非人类物种之内在价值的基础；可令人吃惊的是，对康德的道义论伦理做某种历史性修改后，在为物种保护建构一种非人类中心主义的辩护时，它可能会做出某种贡献。

始于叔本华的新康德主义唯意志论伦理学传统用意动（生存意志）替代理性，作为自我的本质。[51]当然，意动或生存意志比理性更普遍，至少存在于任何生物之中。[叔本华认为，它也是所有事物——直到基本物质（惯性与重力是这些事物的努力）——之核心，但是属于意动主义或唯意志论传统的新近理论家并未如此慷慨。]将意动作为自我的本质进行概括，它推导如下：所有作为"生存意志"之"显示"的事物，即至少是所有生物，具有内在价值。

在近期的意动主义支持者中，艾伯特·施韦泽的敬畏生命伦理体现了最为清晰的叔本华影响，连同从利己主义到利他主义所概括出来的现代方法之直接呈现。[52]那些将伦理地位（及有时所称的权利）建立在最宽泛的"利益"（interests）规定之上的盎格鲁-美利坚（Anglo-American）道德哲学家们，也是唯意志论的同行者，虽然通常并不如此界定他们。当然，"利益"这一术语含义模糊。抛开其非心理学、非情绪性意义（亦即金融意义）不说，"利益"已被从三种主要的方面界定。某人可能在投入其关注的意义上拥有利益。这可被称为认知意义上的"利益"。若拥有利益意味着投入某人之关注，拥有利益之能力成为内在价值之标准，那么就只有人类以及具有认知能力的高级脊椎动物具有内在价值。[53]拥有利益之能力已被动物解放主义者在感觉（sentiency）、体验快乐与痛苦的能力之意义上做了更广泛的界定。[54]这可被称为享乐主义意义上的"利益"。乔尔·范伯格（Joel Feinberg）已在一种更宽泛的意义上将"利益"界定为一种意动能力：

145

> 仅为一物并无其自身之善，无论对他者如何有价值。我想对此事实的解释当是：仅为一物并无意志性生命，亦无有意识的愿望、欲望与希望，或要求与动力，或无意识的驱动、目的与目标，或潜在的趋向、成长方向与自然的完善。利益必须是某种超出意动的混合物。[55]

尽管范伯格自己没有领会到，在此"利益"观之下，植物（与动物）可能会拥有利益并因而具有内在价值（因为植物也许没有"有意识的愿望、欲望与希望"，但却拥有"趋向、成长方向与自然的完善"），但古德帕斯特却已从范伯格对利益的讨论中明确地得出以下推论：植物也"值得伦理关注"（古德帕斯特的话）。[56]在此基础上，古德帕斯特维护一种将所有生物包括在内的伦理关注之"生命原则"。

叔本华-施韦泽敬畏生命伦理，及范伯格-古德帕斯特生命原则伦理被应用于物种灭绝问题时，避免了某些边沁式动物解放道德形而上学的困扰性特点。显然，植物与动物均被包括在伦理共同体之内。由于作为伦理关注之标准的本质性能力被界定为意动（conativity），而非感知（sentiency）———一种动力、奋斗、驱动、发展性倾向或方向（无论是有意识的还是无意识的），敬畏生命伦理与生命原则伦理并没有动物解放/动物权利享乐主义伦理所具有的过分敏感的（effete）、保护性的（prophylactic）内涵。在我看来，这无论如何意味着主张：只有生物可以实现其自然要求、愿望及发展性和繁殖性成果，或在期望中斗争、战斗与死亡，而不是被喂养、庇护、保护、麻醉，或其他"被拯救"。人们的核心责任是不干扰，即自己活，也让他物活。

然而，比之于个体生物所具有的感知与理性，物种自身并不更具有意动性。因此，从这一点说，物种自身并无内在价值。可是，物种作为物种，可成为一种导向保护个体生物之伦理的偶然受益者。因为比之于当前更流行的伦理，敬畏生命伦理与生命原则伦理确实意味着一种对生物区的更少冷酷、更少无知破坏的路径。

确实，意动基础上的道德形而上学的主要问题之一便是：若严格施行之，它似乎要求一种如此严格的限定，以至于将导致即使不被饿死，也会遭受一种不可容忍的生活束缚（这还是最好的）。叔本华总有一种智力真诚，他准备接受这些实践后果。他最近的支持者认可它们作为一种实践后果，但是又将它们作为一个某种意义上有待克服的问题对待。施韦泽评论说："它保留着一种痛苦的迷惑：在一个由创造性意志，同时也是毁灭性意志统治的世界里，我如何遵循敬畏生命之则而生存？"古德帕斯特也评论说："尊重生命原则所面临的最清楚的、决定性的异议是：人们不能靠它来生活……我们必须吃，通过实验获得知识，保护自己免被捕食（从宏观到微观）……认真地考察他所维护的关注标准，所有这些事物都必须被作为某种伦理错误来看待。"[57]

古德帕斯特通过一种形式区分处理了这一问题，但他的主张很空泛，虽然他自称并非如此。因为我们服从于某种"伦理敏感性之域值"，故理想地言之，我们可以承认所有生物生存的"权利"，但从实践上看，我们也许不能在此意义上生存。这些理念是"规范性的"，而非"可操作的"。[58]因此，我们只是口头承认一种不可践行的理念，而在日常生活中依然一切照常进行。

施韦泽在其敬畏生命伦理理念中暗示了一种可能予以实施的决定性程序："当我伤害了任何一种生命之时，我必须清楚是否必须这样做。即使在显然不重要的情形下，我也应当从不逾越不可避免的界限。"[59]但是，"从不逾越不可避免的界限"这一规则很模糊，也不确定。一个财团为了拓展其"资源"以获得合理的利益，毁坏一个濒危物种的关键领地，这可能被判断为"不可避免的"。一些巨鲸物种的灭绝可能是"不可避免的"。一种基于内在价值的伦理学理论要想立即是"可操作的"（在古德帕斯特的意义上）、实践性的，或有生命力的，就需要有更明确的标准。[60]

146

若我们的社会准备像承认和制度化一种基于公正与人类平等的伦理一样，在与之相同的程度上承认和制度化一种敬畏生命或生命原则伦理，那么非人类生物的生存境遇就会与它们今天的境遇有很大不同，就像当代人类（至少在大多数民主社会）的生存状态已很不相同于其过去在帝国与封建时代所处的被压迫状态一样。根据我的观察，在关注个体植物和动物的内在价值与关注物种保护之间，仍然缺乏一种逻辑联系。确实，一个物种只有在其代表性个体可以成功地生存与繁殖时，才能获得生存。但是，依内在价值之意动理论，个体生物原则上具有同样的价值。但是，比之于个体白尾鹿（一种普通的哺乳动物），物种保护主义者对明亮的个体马先蒿（"只是"一种植物，但却是一种独特遗传物质的珍贵保存者）给予了更高的评价。一个尊重生命的社会可能会极大地降低物种灭绝的速度，但是物种保护将是一种偶然性后果、一种附属效应。然而，这也是流行的现代道德哲学所能做到的最好结果。[61]

生物同情

仍有一种现代道德形而上学被哲学共同体在很大程度上忽视或抛弃，却主要地在有关伦理或类伦理的生物学讨论中存活。休谟基于感情（feeling）或情感（emotion）的伦理思想已成为近来数次努力解释其他物种之内在价值的基础。在休谟看来，某人可能对自身利益有一种强烈的情感依赖，但这种依赖完全是偶然的。确实，某人也可能对他者的利益产生一种强烈的情感依赖。[62]有时，我们把在行为中对这些自利情感与事务的克服赞赏为英雄、高贵或神圣（或谴责为愚勇、傻瓜）。

比之于对伦理的任何其他的哲学分析，休谟对事实与价值的明确区分（他的是/应当二分法），已使他的道德形而上学对那些对道德现象感兴趣的科学家来说更有吸引力、更有用。因为在科学中，自然被想象为一种客观的价值中立系统（说得更准确一点，只要我们的利益得到关注）。从科学的角度看，整个自然，从原子到星系，是一种有秩序的、客观的、价值中立的领域。依其本然，价值乃由观察者的主观情感投射到自然对象或事件。若所有意识被瞬间消灭，那么将没有好与坏、美与丑、正与误，只有冷漠的现象将依然存在。因此，追随休谟（无论是否有意如此），将伦理评价与行为视为主观的、情感性的，已成为关于道德现象的进化论生物学思想之特点。

对动物行为的进化论生物学描述面临的一个更明显的问题是：怎样才能用一种与进化论相协调的方式去描述在人类及其前人类祖先中存在某些类似于道德或伦理之物？人们可能会设想，基于生存斗争，那种敌意、侵略性特性对那些为有限资源而相互竞争的个体而言，将是巨大的优点。*148*因此，这些特性将在后代中得到数量永增的体现。随着时间的推移，我们将会看到更少的"伦理"行为倾向，而不是如文明史似乎要揭示的（虽然犬儒主义可能会对此提出激烈争辩），有更多的"伦理"行为倾向。在后来的任何情形下，所有人类（确实还有所有动物）都应当彻底强势与绝对无情。善意、同情、大方、仁慈、公正与类似情感在萌芽期就应当已被消灭，它们一旦显现，就会被冷酷的、非人格的自然选择原则筛选掉。

查尔斯·达尔文在其《人类的由来与性选择》中处理了此问题。[63]他从考察诸多物种（特别是哺乳动物）的如此事实开始：为了确保成功地繁衍后代，漫长的父母关照是必要的。此种关照乃由成年哺乳动物（对某些物种而言，仅指雌性动物）所体验的对子女的某种强烈情感——父母之爱——所激发。在此能力方面的选择将影响一个物种之心理方面，因为它将强有力地有助于内含适应性（并不必然导致个体生命的延长或繁殖的成功）。

此种情感一旦建立，达尔文主张，"血亲之情"（parental and filial affections）便使设想中最初由父母和子女组成之小社会单元的建立成为可能。在一个类似于家庭集团的竞争性社会单元中，个体成员所拥有的生存优势就很明显，并倾向于保持此父母-子女情感纽带的细微变形，诸如对其他亲戚——同胞兄弟姐妹、叔伯父、叔伯母、堂兄弟姐妹等——的感情。在这些亲戚中，那些拥有最强烈的此种情感之个体将形成最紧密的家庭集团与氏族联盟。现在，这些及类似的"社会情感"或"社会本能"，如同情这种"非常重要的情感"，达尔文推论，"将通过自然选择而得以增强；那些富有同情心的成员最多的共同体将最繁荣，能培育出最多的后代"[64]。

当家庭集团与家庭集团竞争时，滑稽的是，乍看起来似乎将导向更大的不容忍和争斗的原则，反而导向了增加感情、善意与同情，因为现在，为有限资源而起的斗争被理解为一种集体追求的行为，并且"富有同情心的成员最多"的集团可被设想为胜过那些其成员充满争斗与异议的集团。"没有一个部落"，达尔文告诉我们，"能维护在一起，如果谋杀、抢夺、欺诈等公行；因此，同一部落内部的此类罪行'从来都被冠以永久之恶名'；但是，越出此同一部落之限制，便激发不出此种情感"[65]。确实，超越这些限制，侵犯、暴力与杀戮之热情仍有生物学上的重要性，并继续发挥作用。

不仅对集团内部更为密切的同情与情感而言存在选择压力，对更为广泛的社会情感而言也存在选择压力，因为在最为内在和平的、合作性集团之间的竞争中，规模更大者将会胜出。"当人类进入文明，小部落被统一到更大的共同体，最简单的理由将告诉每个个体：他应当拓展其社会本能与同情心至同一民族之所有成员，虽然从个人角度而言，这些人他并不认识（且与他并无遗传学联系）。"[66]

与现代伦理哲学中（边沁的）功利主义与（康德的）道义论学派不同，关于伦理的休谟－达尔文自然史并不将利己理解为唯一真实和有自我解释力的价值。利己与利他同样原始，均可由自然选择获得解释。对正处于繁殖年龄的个体以及繁殖成功这一目的而言，自我肯定与侵犯性乃生存之必要；然而，关照、合作与爱，同样亦为生存所必需。

达尔文对伦理之起源与进化的阐释显然涉及近来关于"群体选择"（group selection）的生物学诅咒（anathema），即自然选择与群体，而非直接携带群体之基因的个体显型（phenotype）相关。[67]社会进化理论家近来为社会伦理现象提供了更为严格的理论阐释。[68]然而，达尔文的经典解释是利奥波德之大地伦理（它包含了对其他物种之生存"生物权利"的呼吁）的理论结构中不可或缺的因素，并且是保罗·埃利希（Paul Ehrlich）和安妮·埃利希（Anne Ehrlich）关于物种生存"权利"之主张的基础。

利奥波德对伦理的生物学描述（伦理是"对生存斗争中行为自由的一种限制"[69]）立即将伦理学置于了达尔文式的语境，显示了伦理现象所体现的进化论悖论。概而言之，他对此悖论之解决是达尔文式的。在利奥波德看来，伦理根源于"相互依赖之个体或群体朝合作之个体或群体进化的倾向"[70]。追随达尔文，利奥波德相信：人类伦理在范围与复杂性方面的增加，他称之为"伦理序列"，已然平行于并促进了人类社会在范围与复杂性方面的增长。利奥波德将大地伦理展望为此种社会−伦理拓展模式之下一"步"。社会进化已然在近期达到一种世界性的人类社会，我们已能对此社会条件做出伦理反应——普遍的"人类权利"理念。利奥波德指出，通过"共同体概念"，生态学揭示了自然环境中人类与非人类有机体的关系。假如"生物共同体"之生态学观念被广泛接受，那么利奥波德便预见了一种"大地伦理"或"生态良知"（ecological conscience）的产生。 *150*

许多生物学家已通过进化论与生态学理论视野观察这个世界。再者，作为科学家，他们融入一种更为总体性的"哥白尼式"世界观。地球被感知为广袤荒芜海洋上的一座极小的、繁华的深蓝色岛屿。生物区可能存在于其他星球，但是比之于地球上确实互为亲属的有机体，那些存在于其他星球上的生物对人类而言确实"陌生""另类"。若达尔文正确：将他物感知为一个家庭和/或共同体成员会在我们身上激发出某种本能性的情感反应，若此"小行星"（地球）上的所有居民均被如此理解，那么对未来文明而言，利奥波德的"大地伦理"之类的东西就可以变成一种可操作的理念。

此观念因素均以简约形式出现于埃利希夫妇对"物种权利"的热烈呼吁中："我们地球飞船（Spaceship Earth）的所有旅伴，很可能也是全宇宙（entire universe）中我们的唯一有生伴侣（living companions），有生存之权。"[71]"地球飞船"和"全宇宙"这些词语激发起哥白尼式视野，而"旅伴"和"有生伴侣"则激发起进化论−生态学世界观。

埃利希夫妇继而为"物种权利"提供了更具拓展性的原理。虽然他们并未提及达尔文之名，但他们对伦理之起源与进化的理解则追随着达尔文的思路。他们对未来伦理将进化至将其他物种包括在内的预期，则重申了利奥波德大地伦理之"伦理序列"的下一步：

追随其他生态学家，我们觉得：将权利概念拓展至其他生命······
是智人文化进化之自然与必然发展······从最初的只关心家庭或有直
接关系之群体，便有一种稳定的扩大圈子的倾向。在此圈子内，人们
期望一种伦理行为。首先是整个部落被包括进来，然后是城市国家，
最近的则是民族。本世纪①，关注已被拓展至包括所有人类的各种群
体······最近一百年，美国与欧洲社会的各阶层正提倡同情与接纳自然
界之其余部分，这种倾向已得到极大关注。[72]

"立足自然史"之伦理形而上学，如休谟、达尔文、利奥波德与埃利
希夫妇所揭示的，在许多关键点上不同于立足哲学的道德形而上学。我已
指出：在生物学传统中，利己并非唯一不可还原的原初价值。友爱（af-
fection）、同情（sympathy）、"伦理情感"（moral sentiments）与"自爱"
（self-love）有相同的根基。再者，心理状态并非内在地具有价值——没有
人特别关注快乐与痛苦、理性与知识、利益或由心理复杂性决定的生物等
级。怎么强调这种差异及后面的差异都不过分。有机体之价值不能据它们
怎样感觉，也不能据它们怎样使人类感觉来评定，虽然其价值最终依赖某
种"有意识的"哺乳动物的情感。虽然现代两大主流——对伦理的哲学阐
释与自然史阐释，能为个体非人类有机体的内在价值提供证明，其中之哲
学阐释只赞同个体之伦理地位，而自然史阐释则可能为整体之伦理地位提
供可能。比如，休谟承认一种自然地存在于人类之中，为"公众性利益"
而存在的独特情感。[73]达尔文承认不只有"同伴"之情，亦有"家庭"
"部落"之情，即总体上为"共同体之善或福祉"而存在之情。[74]利奥波
德说，他的大地伦理将要求智人"尊重（生物）共同体自身"[75]。埃利希
夫妇也谈论物种本身。

因此，我认为，我们最后已建立了一种真实地阐明伦理直觉，并以之
为基础的价值论：非人类物种具有"内在价值"。它们在其自身（in
themselves）也许并无价值，但是确实可以为其自身（for themselves）而
有价值。准此拓展版的休谟式阐释，价值确实是人类的一种赋予，但并不

———————————

① 即 20 世纪。——译者注

必然是人类中心的。我们确实体验到一种强烈的自我导向的情感，并参考人类利益称赞其他事物；但是，我们也能体验到某种独特的非功利情感。比如，为促进我们亲族的福祉，我们能付出巨大代价，甚至牺牲自己。对于与我们没有亲属关系和不认识的人，我们能有一种无功利的同情心和无私的仁慈。依休谟之见，我们归之于全人类的"内在价值"乃此"人性情感"（sentiment of humanity）之投射或客观化。

准此理论，虽然所有价值本身是情感性的，对有内在价值之物的哲学与流行异议，是一种认知性而非情感性差异。内在价值所依赖的人类伦理情感能力极为相同（如性欲一样，因该能力是一种在遗传学上已被固化的心理特征），且大致均衡地被分配于全体人群。然而，这些情感被导向何种对象，则是一种"教养"（nurture）而非"天性"（nature）的问题、一 *152* 种认知呈现的问题。一个人的社会与智识视野是否狭隘，与其是否仅认为部分人类和部分社会具有内在价值相关。因此，将非人类物种理解为具有内在价值，不仅涉及伦理情感，亦与对天性的一种拓展性认知呈现有关。

基于自然选择的伦理情感的休谟-达尔文式的生物-移情道德形而上学提供了一种理论：作为物种的物种可以具有"内在价值"，即它们可以被据其自身进行价值评估。该理论因基于人类（虽然并非人类中心），所以并不强迫我们导向某些分离的、非人格的价值论参照，像整体理性主义者所做的那些，将淹没当下生态系统之价值于无限时空宇宙中。我们的社会情感被拓展至我们的伴侣成员，以及我们所属之社会整体。无奈地见证其文化"灭绝"的部落人群，像许多19世纪美国印第安人不幸地所遭遇的，在获悉其他文化秩序将取其自身而代之时，鲜有欣慰。同样，这是一个我们所属的生物共同体，在生物进化之旅中，这些是我们的伴侣。我们的忠诚所恰当拓展至的就是这些伴侣，而非任何未来之物。

休谟将伦理建立在情绪或情感之上，通常已被哲学界认为不可避免地导致一种不可靠的伦理相对主义。[76]若善与恶、是与非像美与丑一样，乃情人眼中之物，那么便不会有伦理真理。我们将不能再把弑母是好的当作错误拒斥，正如我们不能拒斥毕加索的立体主义是丑的这种意见那样。

休谟的伦理理论确实是一种情感理论，但它并不因此而必然陷入伦理相对主义。通过所谓的"情感认同"（consensus of feeling），休谟为客观的伦理真实提供了一种功能等价物。在某些关键方面，人类心理之轮廓被标准化、固化。与审美判断不同，伦理判断（允许某种边缘性差异）在文化与个体两个层次均很稳定；众所周知，前者则在不同文化间，以及同一文化内部之个体间，存在广泛差异。基督教文化可能对一夫多妻感到震惊，穆斯林文化却认可。然而，所有文化均痛恨谋杀、偷盗、欺骗、背叛及其他恶德。确实，在所给予伦理情感的程度方面，个体间存在差异；然而，就像我们可以在人群中谈论某种身体比例与条件，同时也允许各式变项存在一样，我们也能谈论某种规范的人类情感轮廓而允许其存在诸种差异。有些人个头高，另一些人则矮些，但无论高矮，均属正常。亦有巨人与侏儒。同样，有些人充满伦理情感，另一些人则在此类情感的体验上要弱一些，更多地为自爱所主导。比如，堕落的罪犯便越过了正常的边界。他们乃生物畸形之心理等价物。他们的情感反应并非不真实，而是据人类之情感认同，他们犯了伦理性的若非认识性的"错误"。

对休谟而言，人类伦理情感之"普遍性"是一种特别的事实。通过阐释一种标准化何以实现，达尔文完善了休谟的理论。如正常的人类生物特征之复杂性，正常的人类心理特征，包括伦理情感，亦由自然（还可能是性）选择固定。

其他生物形式之非功利价值最终是情感性的（即建立在情感之上），物种有价值，我们应当拯救它们，只是因为我们对它们有一种情感，这两种说法似乎并不成立。若有其他选项，或者若情感主义意味着相对主义，那么上述说法便不成立。然而，从传统规范科学的总体视野来看，依休谟-达尔文价值论，唯一可靠的价值论是：所有价值均是情感性的。我们归之于个体人类与人性的内在价值，仅仅表达了我们对我们地球村与我们人类共同体成员的情感。因此，我仍相信，从理智上说，休谟-达尔文式的道德形而上学乃最协调、最可靠的价值论；从实践上说，它包括了非人类物种之内在价值的环境伦理的最有说服力的基础。

结　论

在前面的讨论中，我已强调该问题之重要性：为何要努力保护濒危

(threatened and endangered) 物种？我们有很好的"功利性的"或"人类中心主义的"理由去保护所有或几乎所有现存物种。其他物种作为关键服务的提供者、资源与全球（人类）生命支持系统（即"地球飞船"）中的功能性要素，为人类的福祉做出了贡献。人们也经常能为物种保护发现一个独特的非功利的或非人类中心主义的主张，即我们有伦理义务不灭绝物种，或再普通些，其他物种的生存权、共享地球生命的权利一点不比我们小。据说（至少是某些人），关于物种保护的非功利的或非人类中心主义的主张乃最强有力的理由。但是，自相矛盾的是，该主张被阐释得最不成功。因此，我的基本目标便是，拓展与评估这种关于物种保护的非功利的或非人类中心主义的主张可能具有的观念基础，尤其是分析与评估代表物种所主张的权利。

"物种权利"概念并非没有问题。由于其概念性困难，从哲学角度看，最好是彻底放弃它。但是，对于大众对此概念之混乱使用，哲学家们无能为力。据分析，主张"物种权利"，显然乃以现代方式表达哲学家们所称的非人类物种之"内在价值"。因此，"非人类物种是否具有生存权"的问题便转化为"非人类物种是否具有内在价值"的问题。有诸多独特的道德形而上学可对此问题给出肯定的回答：拜耶和华者神学、整体理性主义、意动主义与生物同情。

对于这些独特的伦理理论，我认为，拜耶和华者神学与生物同情理论为其他物种之内在价值提供了最有效的说明。此二者对公众中之不同人群均有广泛魅力，其思路亦相对简单、直接。

意动主义最符合哲学伦理学中之流行偏见，然而由于其难以处理的"原子"或"个体"本体论，对于正在消失的物种，它做到最好也只能提供一种偶然性的伦理关注。整体理性主义具有某些当代流行魅力以及某些当代哲学表达；但是，在古代和现代早期的创造论思想语境下，它似乎更有说服力。作为一种价值理论，它如此一般、抽象与非人格化，推至逻辑极端，它并不能为物种保护提供理由。

唯拜耶和华神学明确地为现存的非人类物种之客观内在价值提供了理由，与它联系在一起的认知复杂性，是犹太教-基督教世界观，它在文化上已被很好地建立起来，且为世人所熟悉。犹太教-基督教世界观之最伟大的文化竞争者乃科学自然主义，生物同情价值论在观念与历史两个方面与之联系在一起。因此，那些由于犹太教-基督教世界观与科学自然主义之间似乎存在的冲突，而未被拜耶和华者神学说服的人，便可能被生物同情理论说服。

这样，若西方世界的两个主要文化信仰系统——犹太教-基督教和科学自然主义，均为其他物种之内在价值提供了基础，为何非人类物种具有内在价值之观念仍如此陌生，为何它仍引起如此多的怀疑、反对与嘲讽？对我们地球上的非人类伴侣而言，不幸的是，犹太教-基督教世界观也包含一种与拜耶和华者神学相矛盾的价值观，即神父神学（P-Theism）。神父神学之道德形而上学允许，若非要求，人类在伦理上具优先地位之阐释。在神父版本的《创世记》中，人类之优越性由此教条支持——上帝据自己之形象创造了人类，在其造物中偏爱人类，让人类正当地"主导"自然（"dominion" over nature）。"主导"可被理解为不同意思，其中之一意味着人类在与自然之关系中的管家作用（steward role），但在更多情形下被理解为意味着统治（mastery）。许多人顽固地坚持其他生命形式仅具有工具价值，这可能被追溯到犹太教-基督教传统中的这一思想观念。另外，科学共同体中反对其他物种具有内在价值的观念，可能是接受犹太教-基督教人类沙文主义之残余的结果，或源于以下错误信仰：因为从科学的角度看，价值并非全然客观的，因此它们必然是自私的，在某种程度上是不现实的，或无意义的。

第九章　内在价值、量子理论与环境伦理学

一

1973 年，理查德·劳特利发表了一篇纲领性论文。在这篇论文中，他戏剧性地描述了未来任何一种环境伦理学都可能面临的核心理论问题，但并未企图解决这个问题。[1]劳特利声称，他所称的"主流西方伦理学传统"，或称之为"规范的西方伦理学"仅为非人类自然实体与作为一个整体的自然提供了工具价值，而非内在价值。通过诉诸其"最后的人"或"最后的人群"之思想实验，劳特利非正式或直觉地揭示出一种普遍的价值论假设——在规范的西方伦理学中，只有人内在地具有价值。在规范伦理理论语境下，由最后的人群或最后的人所实施的肆意毁灭自然环境的行为不能在伦理上被指责，因为据此假说，并无其他人群（在前一种情形下是未来的后代，在后一种情形下是同代人类）会因他们的行为而受到消极影响。因此，据规范的西方伦理学观点，最后的人群或最后的个人将不会犯任何伦理错误，比如系统地灭绝物种。因此，劳特利提出：一种真正的环境伦理将同时是"新的"，并将赋予自然内在价值以作为其价值论之中心或"核心"特征。

最近，汤姆·里甘重申价值论问题在环境伦理学中的核心地位："可被恰当地称之为环境伦理的发展要求我们在自然中假定固有价值。"[2]否则，在里甘看来，一种公认的环境伦理将沦为一种"管理伦理"、一种"环境利用"伦理，而非一种使环境自身受益的伦理。在其讨论中，里甘用可能性最强的术语界定固有价值，并质疑能从哲学上获得一种关于自然

158 之固有价值的"理性连贯"的理论。依里甘之见，固有价值一定是一种内在地具有价值的自然实体之特征，或者一定基于这种实体实有的特性；它必须是客观的，独立于任何评估意识（independent of any valuing consciousness）。因此，里甘坚持，关于自然之固有价值的任何理论实际上都必须被限定于某种版本的自然主义，或其客观主义的选项即非自然主义。

经典的自然主义价值论将某些存在物（通常仅仅是人类）的内在价值奠基于理性、自我意识与伦理自主性之类的特性。更自由或更具包容性的理论则将内在价值与良知或意识、生命或生存意志、组织或近期的"丰富性"联系起来。

然而，任何关于固有或内在价值的自然主义理论都面临 G. E. 摩尔之自然主义谬误的挑战。里甘在批评肯尼思·古德帕斯特关于环境伦理学非人类中心主义价值论的建议时，悄悄地利用了自然主义谬误。古德帕斯特主张，生命内在地具有价值，因此所有活着的伦理存在者都应当被给予伦理关注。[3]但在里甘看来，"将具有内在价值的存在物限定在生物类别似乎是一项任意的决定"[4]。当然，建议将任何一种或一些实际的客观特性作为内在价值之基础，我们可以得出同样的结论。如下说法是随意的：根据康德的理论，只有理性存在物内在地具有价值，因为理性乃客观之善；或根据边沁的理论，只有情感性存在物内在地具有价值，因为快乐乃客观之善；或根据柏拉图与莱布尼茨的理论，仅秩序性存在物内在地具有价值，因为秩序乃客观之善；等等。一个诚实的怀疑论者会问：为何理性、快乐、秩序或任何之物为善，而且/或者为何理性的、情感的或有关组织的等存在物因此应当内在地具有价值？最后，一种自然主义提议所能做的所有事情就是，将一种特性赋予我们的评估性判断官能或评估性敏感性。彼得·米勒最近企图提出一种关于环境伦理学的自然主义价值理论。他的这种企图痛苦地展示了自然主义路径之破产。[5]在米勒看来，"丰富性"（richness）乃使人们、其他有机体、生态系统以及作为一个整体的自然内在地具有价值的特性。米勒全面地、富有激情地概括或描述了"丰富性"，然而，他并未恰当地解释离开某些主观判断或意识偏向之后，为何丰富性本身会成为自然之内在价值的基础。

我想强调的是，对环境伦理学价值论而言，自然主义路径之失败是总体性的。问题并不在于其元伦理学意义上的进化价值论目标，它旨在为非人类自然实体提供内在价值，也不在于像古德帕斯特和米勒这样的自然主义理论家之真诚与勤奋，而在于其总体理论方法本身。规范的自然主义价 *159* 值论只为人类提供内在价值，比之于古德帕斯特或米勒的更具包容性的自然主义价值论，前者可疑之处并不更少。它们只是更为人所熟悉，更为自利（self-serving）。与所有的评估性意识脱离之后，比之于主张生命乃善、生物内在地具有价值，或丰富性乃善、丰富的生态系统内在地具有价值，主张理性乃善、理性存在物内在地具有价值，或快乐乃善、情感性存在物内在地具有价值，似乎并不更少具有幻想性。

　　若内在价值不能从逻辑上等同于某些客观的自然特性或某个自然实体的一组特性，独立于任何相关的对此或此类特性之主观或意识性偏向，拯救内在价值之客观性与独立性的唯一方式便只能是形而上学的：人们可以说，善或内在价值是某些实体的一种原初的、不可还原的、客观的、非自然的特性。对象的自然特性可以经验地，或由基于经验的推理被给予承认或发现。比如，通过直接经验，我们知道一个实体是直角；从其他直接经验（如盖氏计量器报告），我们可以推论它是放射性的。但是，根据界定（此乃承认它是一种非自然特性之证据），内在之善或内在价值的非自然客观特性不能从经验上被理解，或从日常感性经验中推测。因此，它只能通过某些神秘官能被知道或发现。若此伦理直觉能力总体上被同样地分配于每个人，那么，对于抹香鲸的内在价值，就当如对于天空的色彩一样，将毫无争论。因为各种事物之内在价值远非一种确定之物，所以理解此种价值之直觉官能必须被赋予少数有天赋的伦理先知，或者，虽然总体上分配给所有人，但是个体间却存在巨大差异。这样一来，对某人而言显然具有内在价值的事物，对其他人而言则不具有内在价值。无论在哪种情形下，基于理性讨论进行伦理说服之希望均被宣告失败。人们只能说，我（或我所听从的伦理老手）"明白"（see）X 之内在价值，若你不"明白"，那么你乃伦理之盲。因此，我们仅有一些未加论证的顽固意见，这些意见却被从哲学上装扮成一些关于不可还原的、非自然的伦理特性之直觉。

　　面对这些关于价值客观主义的显然是不可克服的逻辑障碍，我已在此前的两篇论文中努力阐发出一种野心较小的，但问题也较小的主观主义路径。它基于利奥波德的大地伦理，且为之所激发，适于解决环境伦理学价值论问题。历史地回溯，通过达尔文（他关于伦理之性质与起源的思想显然影响了利奥波德），再追到休谟（利奥波德对他的伦理分析，也许知道，也许并未做有意识的思考。但此分析确实直接地影响了达尔文），我已追溯了大地伦理的价值论核心。若我的历史性阅读正确，那么当代环境伦理学的精彩范例——利奥波德的大地伦理——便建立在休谟的价值论基础之上。

在休谟看来，伦理价值与审美价值一样，乃情人眼中之物。善与恶，如美与丑，在最后的分析中基于情感或情绪——依其本身，后者投射于对象、人群或行为，并"濡染"它们。"你从未发现它"，休谟如此描述故意谋杀之恶，"直到你在自己的内心进行反思，发现了一种不能认同的情绪，它从你内心升起，且针对此种行为"：

> 这里有一种事实，但它是情感，而非理性的对象。它存在于你自身，而非对象之上。因此，当你宣称任何行为或角色为恶时，你仅意指：依你天性之构，通过对此行为或角色之反思，你有一种责备之情感或情绪。[6]

若环境伦理学之有机性，如劳特利与里甘以各种方式所坚持的，取决于为非人类自然实体与作为一个整体的自然提供内在或固有价值之价值理论的发展，那么一种休谟的赤裸裸、朴实的主观主义（如休谟的主观主义），无论如何诚实、简约、直接，似乎都很难成为一种有希望的出发点。词语"固有的"（inherent）与"内在的"（intrinsic）分别意指"某物的本质特征"或"属于某物的本质属性或构成"[7]。因此，自然固有或内在价值假说之准确意义似乎是作为一种内在特征存在于自然对象之中的价值，即作为事物构成之部分。宣称某物固有地或内在地具有价值，确实似乎是承诺其价值是客观的。因此，若价值如休谟所宣称，乃提及或投射一种产生、依赖评估主体的情感或情绪，根本并不真正地属于有价值之对象，那么简单地说，自然中就并无固有或内在价值，战役在进行之前其理由就丧失了。

但是，如我已痛苦地指出的，在匆忙地拒绝将价值论主观主义作为解决环境伦理学核心理论问题的一种路径时，一种关键的重要区分被忽略了——一种关于自然之内在或固有价值理论的连贯的、有说服力的结构。若有人设想一种休谟式主观主义价值论，通过界定，在自然之内在或固有价值的严格的、客观的意义上，我们便必须抛弃这些术语；然而，在一种重要意义（这与此价值论相一致）上，人类确实为其自身而具有价值，其他自然对象可能为其自身而具有价值，它们同时也因能为其价值评估者提供效用而具有价值。

举个具体例子，考察一个新生儿。让我们假设：基于追求明晰与简约之故，一个新生儿缺乏自我意识，因此，它并不能评估自己，也没有一位超常地评估它的上帝。依休谟的经典主观主义价值论，我们这个例子中的新生儿之价值，便整个地由其父母、其他亲戚、该家庭所养之宠物狗、该家庭成员之朋友，可能还有社会成员中某些不相关、不熟悉者等以非个人的、匿名的方式赋予。

确实，该新生儿的部分价值仅是工具性的。在粗糙的物质或经济层面，它作为社会的一个"人力资源"而具有价值，因为某一天，它将填充一间教室的空位，可能会在军队中服役，或甚至可能发现治疗癌症之方。对其可能从经济上评估其价值的父母而言，比如，在家庭农场中，它将来是个帮手。它也是一个"快乐之源"，即能给它的父母带来有价值的心理-精神性体验。但是，若此例中新生儿之父母像我的父母那样，像我自己作为一位父亲那样，像我所熟悉的大多数父母那样，上面所描述的假设的新生儿的价值便有所遗漏。几乎确定无疑，新生儿的父母，可能还有大部分亲戚、新生儿家庭的朋友，以及可很好相处的陌生人，都因此新生儿自身而赋予它价值。且此价值要高于和超越于其物质-经济性的或心理-精神性的功利。设想价值是主观主义的，那么原则上它缺乏客观分析的内在价值，因为所有价值，依价值论主观主义，都是主观的。但是它"具有"——即被那些因该新生儿自身之原因而评估该新生儿的评估者赋予或投射——某些多于工具价值之物，因为该新生儿乃为其自身而具有价值，就像它能为它的父母提供快乐或其他功利一样。

让我关注固有的与内在的这两个词语之偶有的混淆。从表达效力上说，这两个是相同的概念，已被哲学家们混乱地使用，用以区分某物为自身而有之价值和为他者而有之价值，以及根据某种约定而对这两种价值进行区分。一方面，若其价值是客观的并独立于所有的评估意识，我们就说某物拥有内在价值；另一方面，若（其价值并不独立于所有的评估意识）某物为其自身而具有价值，并不仅仅是因为它是满足评估者的欲望、促进评估者的利益，或产生评估者所喜欢的体验的一种工具，我们就说某物拥有固有价值。准此界定，总体而言，休谟的经典主观主义价值论为工具价值与固有价值，而非内在价值提供了理论基础。[8]

在休谟看来，除集中在自爱（self-love）名义下的几种情感之外，也存在着社会或伦理情感，这种情感将其他存在物而非自我作为直接对象。因此，虽然所有价值都可能源于主观，但依休谟的理解，这并不意味着：（1）只有评估主体和/或（2）只有评估主体的情感有价值。[9]在大部分情形下，评估主体确实为自身赋值，但是，在许多情形下，他们也为其他事物赋予与自身相同的或甚至更高的价值。当评估自身的某些情感比如快乐时，此情感并不指向评估者自身，评估者自身并非评估对象。伦理情感、社会情感、自爱之情都是有指向性的。这些情感从来都不以自身为对象，除非在派生与矛盾性语境下，我们会说某人正陷入爱本身。在通常情形下，爱某物（包括自身）并非去爱爱本身，一种指向性情感（如爱）的法则，在其正常的范例中，要求一个对象而非它本身。

休谟的主观主义价值论完全恰当地适合环境伦理学，因为它非常真实与生动地区分了工具价值和固有价值。达尔文为休谟的主观主义情感价值论提供了一种进化论解释与一种基因确定（genotypic fixity）。利奥波德后来应用了达尔文所发展的休谟价值论，确立了关于自然的固有价值。

在前面来自《人性论》的评论中，休谟主张，你投射于对象的价值并非任意的，而是因"你人性之构造"（the "constitution of your nature"）自发地源于你自身。达尔文合理地提出，人性的情感结构被自然选择标准化。智人是一种很典型的社会物种，这样，在允许与促进社会之规模和复杂性增长的社会环境中，某些社会情感被自然地选择。然而，社会情感虽然为自然选择所固定，但其目的却是开放的。对其对象的文化规定而言，存在巨大的发展空间。因此，对于何为价值，无论是工具价值还是固有价值，均部分地取决于休谟所说的"理性"（reason），但称之为"文化呈现"（cultural representation）也许更好。通过将植物、动物、土壤与水呈现为我们最大范围地拓展了的"生物共同体"之"伴侣成员"，奥尔多·利奥波德有力地推动了我们开放的社会情感与伦理情感。因此，对那些具有很好的生态学知识的人而言，作为假设的拓展性家庭或社会成员，非人类自然实体具有固有价值，作为我们以成员或居民身份所属的大家庭或社会，自然作为一个整体具有地固有价值。 *163*

　　所以，对那些参与到对自然的拓展性进化和生态性呈现中的人而言，蓝鲸、布里杰荒原和其他自然实体在一种很确定的、直接的意义上拥有固有价值，即被为其自身而赋值，相当独立于它们可能引起的对自然审美者之审美经验、自然崇拜者之宗教经验与自然科学家之认知经验的满足。基于对固有价值的如此描述，环境伦理学便不会沦为（如里甘正确地指出的，如果没有对自然之固有价值的某种连续性描述就可能沦为）一种管理伦理、一种关于环境利用之伦理（恰恰是环境伦理之对立物）。环境政策若能基于真正的环境伦理之上，就可被从还原为成本-利益分析中拯救出来。在此分析中，有益的自然审美经验、宗教经验和认知经验被廉价地标价，用以同通常占优势地位的开发、利用环境的物质与经济利益相抗衡。基于对固有价值之如此阐释，劳特利之最后的人群，甚至最后的人，肆意毁坏一个生态系统或一个物种，就确实是在做一件错事。至少，依休谟-达尔文-利奥波德的主观主义价值论，最后的人毁灭一个生态系统或一个物种是错误的，就像最后的人任意地谋杀一个由最后的妇人所生的新生儿是错误的一样。最后的人可能并未根据对象自身来评估我们所讨论的那个已成为孤儿的新生儿、生态系统或物种的价值；但是那最后的妇人曾经确实是如此评价的，我们现在也如此评价她和我们可以想象那个堕落与野蛮的最后的人（就像我们现在可以公正地如此称呼他）之谋杀与故意伤害，并预判这些行为是错的，因为它们毁灭了具有固有价值之物，即毁灭了那些作为母亲与环境保护主义者的我们会为其自身之故（即独立于它们为我们所做的事情）而评估它们的事物。

　　在规范的元伦理学文献中，主观主义思路被理解为必然会堕落成不可容忍的、极端的相对主义。[10]若价值源于主体并被投射于对象，那么同样的对象就可能被不同的主体做出不同的评估。因此，虽然蓄意谋杀可能会使你我震惊和厌恶，我们将它理解为一种邪恶，但一个精神病罪犯可能会为此而兴奋和高兴，可能会以之为善。我们将谋杀责备为恶，并不会比那个罪犯以之为善更真实，因为没有某种事实可以对相互冲突的价值判断进行比较，以决定哪个判断更合理。所以，普遍的价值判断不能从主观主义那里获得支持，强行将"我们的"伦理价值建立在所谓"罪犯们"的价值观之上，显然是任意的，不能得到理性的辩护。

164

我想，由于哲学家们对爱德华·O. 威尔逊所称的"伦理学的生物学化"（biologization of ethics）——该趋向始于达尔文，并被威尔逊和其他社会生物学家给予极大的推动——之几乎是普遍性的关注，这种存在于主观主义与极端伦理相对主义之间的假定性必然联系在规范的元伦理学文献中已然有所松动。[11]对于价值判断，可能没有"对"（truth）与"错"（falsity），因为不存在价值判断可以或不可以与之相符的客观价值或内在价值。但是，在我于其他地方称之为"情感认同"的事物中，确实存在一种功能性等物。[12]人类的情感，如同人类的手指、耳朵与牙齿，虽然在个体间充满变化，并由文化活动所影响，但已为自然选择所定型。当然，天性中存在偶然的情感错乱之心理变种，就像存在身体畸形之生理变种一样。所以，我们可以说，某些人极端弯曲的脊椎是不正常或不正确的。在相同意义上，我们可将极端古怪的价值判断称为不正常甚至不正确的。

虽然由主观主义所呈现的所谓价值判断之任意性已被对标准化（通过对伦理情感和社会本能的自然选择）的有竞争力的生物学阐释所否定，霍姆斯·罗尔斯顿也已系统地指出：对象具有自然地适应于被评估的特征。在一篇发表于 1981 年的论文中，罗尔斯顿似乎有点不情愿地承认，价值"仅存在于人对世界的回应中……仅存在于人群中"[13]。可是，他也很正确地指出，即使"我们可能不愿意说，评估自然是对特性的一种说明性认可……我们在评估自然时也未全然忘记其特性。我们仅靠瞄准某物而将它确定为目标。但是，我们对苹果的兴趣并非如此随意。它部分地依赖在其中被发现之物"[14]。罗尔斯顿进而提出了关于"自然中之价值"（values in nature）的十个范畴，即实际呈现于自然之中的、人们可以恰当地发现并评估的总体特性的种类。在主观方面，依威尔逊等人之见，伦理情感虽然在个体间充满变化，并且确实为文化呈现所影响，但却由自然选择所定型；在客观方面，依罗尔斯顿之见，对象之实际特性可能或不可能适应于评估。这样，自然中之价值虽然是主观的，但却并非极端相对，尽管它当然可能如我们实际上所发现的在文化上是相对的。　　　　*165*

二

　　利奥波德将其大地伦理建立在休谟式的价值论基础之上，从历史上说并非偶然，从哲学上说也不奇怪。利奥波德是一位受过职业训练的森林学家，供职于美国的林业部门。后来，他工作于威斯康星大学，成为一名自学的生态学家，在"游猎管理"〔"game management"，现在有个倾向性较弱的词，叫"野生物生态学"（wildlife ecology）〕方面虽然是新手，但却很专业。他虽然传播了由吉弗德·平肖（Gifford Pinchot）遗留给美国森林学的许多功利主义价值，但从未放弃一种总体的、规范的科学视野或世界观。确实，大地伦理本身全部根植于并逻辑上协调于经典科学自然主义，像利奥波德在其《沙乡年鉴》的前言中所明确地宣称的那样。现在，这种世界观已成为经典科学自然主义的知名教条：自然（最广意义上的世界），从原子到星系，从基础物质到最复杂的生命形式，均免于价值，即价值中立。因此，在大地伦理的阐释中，对利奥波德而言，从科学的角度看，客观主义价值论并非一个值得尊重的选项。

　　构成经典现代科学形而上学基础的一块基石的，便是首先由笛卡尔清楚界定的客体与主体、物（res extensa）与心（res cogitans）的二分。休谟对事实与价值的著名区分，以及休谟对主观主义价值论的拓展，可以从历史的角度被阐释为对笛卡尔更为总体性的形而上学与认识论之区分的应用和发展。从逻辑上说，主客二分是一种更为总体性的观念区分，休谟的事实与价值二分法则是附属性的。确实，只有客观世界与主观世界、物与心二端被明确区分后，价值论主观主义方可获得明晰阐释。如果主体与客体并未被明确地分离和区分，那么如下主张如何才能具有意义：价值不是客观的，它们只是一种投射性热情、情感，或最终源于评估主体的情绪？

　　我感谢彼得·米勒为我指出，既然 20 世纪科学特别是量子理论的进化性发展迫使我们放弃了客体与主体（物与心）之间的简单而明确的区分，那么这种附属性的事实与价值（内在的价值中立对象与有意识的价值评估主体）之间的简单而明确的区分就不再坚强有力。[15]因此，休谟的经典主观主义价值论，虽然通过达尔文在进化论上的阐释和利奥波德在生态学上的补充，为自然提供了固有价值，因而也就为恰当的环境伦理学提供了一种有益的价值论，但不能与当代或量子革命之后的科学世界观相协调。还有，如沃里克·福克斯（Warwick Fox）最近所主张的：生态学与关于量子理论的某些阐释分别为陆地的有机自然和宇宙的微观物理自然提供了"结构性相似"或类似描述。[16]因此，利奥波德之大地伦理的本质性休谟式价值论基础实际上乃更大观念系统中经典机械论的内部理论遗产，这一观念系统继承且确实超越了此机械论。休谟的主观主义价值论虽然与利奥波德的科学自然主义相协调，但却背离了对利奥波德关于现实的生态学的有机视野的更深直觉。

　　因此，一种一致连贯的当代环境伦理要求一种关于自然的既非主观亦非客观的非工具价值理论。它要求一种全新的并非直接或间接地建立在笛卡尔过时的二分法之上的价值论。对以生态学科学为基础的环境伦理价值论而言，量子理论可能会成为一种结构性范例，同时，对经典笛卡尔形而上学范例及其休谟式价值论阐释而言，这也是一个解构之机。准此思路，我们可以追问：如果量子理论否定了主体/客体二分法、事实/价值二分法，那么对自然价值之本体论而言，量子理论更积极的内涵是什么？

　　虽然我到目前为止与米勒一起表明：量子理论否定了现代价值理论明白确认的主体/客体二分法、事实/价值二分法，这一认识是原创性的，在此之前并未被重视。这一认识在此前出现的环境伦理学文献中已被提及。1979 年，唐·马丽埃富有启发性地评论道："纯粹的、无理论的事实概念是一种陈旧观念。在科学或科学哲学中，它不再有益。对世界的事实性与价值性考察被意识组织为一体。"[17]1980 年，理查德·劳特利和瓦尔·劳特利虽然并未提及量子理论，但却企图以国际流行的、富有哲学意味的语义学（semantics）为基础，为环境伦理学阐发一种关于自然中之价值的精致理论。他们主张，我们用"术语 nonjective 指称这种既非客观亦非……主观的描述"，他们承认这一术语"虽不美观，但却容易记住"[18]。1982 年，霍姆斯·罗尔斯顿似乎批判了此前与主观主义并非全心全意的联盟，否定了将主观主义作为唯一科学的、值得尊重的价值论，并试图"维护自然价值所有的客观性"[19]。在其尽力从自然科学中找到自然价值的全部客观性努力中，罗尔斯顿比马丽埃更全面地讨论了革命性科学、量子理论（与相对论）的价值论内涵。依我的判断，罗尔斯顿致力于使一种建设性价值理论与新的形而上学基础相协调，这一基础由量子理论奠定于科学自然主义之上；但是，他在开始这样做的时候又退缩了，并转向了生物科学，将它作为自己事业的观念基础。虽然罗尔斯顿巧妙地应用关于"中观"（middle-level）世界之科学的观念资源为自然价值之客观性所做出的辩护，展现了一种哲学的力量，很值得阅读，但对我而言最根本的仍然是：只要经典的现代科学在主体与客体之间所做的形而上学二分是一种未受挑战的基础性假设，那么现代规范伦理学在价值与事实之间所做的价值论二分就依然无法解决。

167

罗尔斯顿为从一种由量子理论之形而上学内涵支撑的，更全面、有力的价值论中抽离提出的理由是他得出的一个令人吃惊的结论：作为相对论与量子理论的一种结果，"主观主义者已然取得全部胜利"，"主观性已然通吃"[20]。恰当的、通常的结论并非此种——主观主义者已然胜利出场，而当如此：因为主体与客体之区分站不住脚，所以将经验划分到某种或其他范畴便无意义。主观主义者并未获得全部胜利，它们只是被逐出游戏。将经验分解为绝对的主观或客观因素，对未来的哲学家而言，就像现代哲学家将特性划分为本质与偶然范畴那样，是无益的。

当马克斯·普朗克（Max Planck）发现，能量可被量子化，自然中有一种最小能量——普朗克常数 h 时，显然，笛卡尔在心与物、主体与客体之间所做的天真的、自然的区分便宣告终结了。[21] 在现象的中观与宏观层面，即在台球、星球与恒星层面，早期现代物理学的研究大体上局限于此，一种整体上消极的、没有参与性观察者的图景得以维持。当越来越精细的实验技术允许探索更小与更小层面的现象时，这一点变得越来越明显：要做一种观察，能量必须在观察对象与观察者之间被互换。除了其他

168 事物，能量还是信息、信息能量、物理化的知识与意识。这样，心便陷入了物。我们关于自然之知识的物理化至少可能已然复活，它伴随笛卡尔最顽固的尚未解决的形而上学问题——物与心之间的因果关系问题，这一问题得到强有力的更新。只要能量的信息交流被想象为从客体到主体的单向传递，经典规范科学的形而上学假设无论怎么成问题都将可能仅仅是"哲学的"，积极的规范科学仍然可以追求自身的目标，而将此问题留给形而上学家。

　　然而，若观察对象如此之小，小到无法呈现与普朗克常数相同的数量级（在此请记住爱因斯坦的质量与能量等式），那么当与观察主体的感官之拓展、实验设备相关联时，对象就必然可感知地受到影响，而观察主体关于它的知识因此也就必然导致可感知的"不确定"（uncertain）。现在，由于积极的规范科学不允许处理那些原则上不能被经验地观察到的对象之实际存在，所以这种不可避免的不确定便间接地具有本体论的与认识论的内涵。

　　不确定性原则之本体论内涵的最著名呈现，在此前的独立对象一边，关系到轻子（leptons，电子是其中最熟悉的一种）的位置与速度特性。两种特性不能同时被确定地了解，或此两种特性只能被近似地了解。一个电子不能被认为实际上具有一种确定位置和确定速度！因此，在某种程度上说，它的真正特性是由观察者所选择之物，因为观察者可以选择了解它的确定位置或确定速度，或是对这二者均知道一些。因此，其现实性在某种意义上说乃由观察者构成。在此最初意义上，在新物理学中，对象与主体不能如其在旧物理学中那样，被清楚地区分。

　　罗尔斯顿在其于 1982 年发表的一篇关于环境价值理论的文章中提出：洛克——对伟大的牛顿而言，只能算个有个性的下层劳动者——发展出的用以区分可经验到的特性的三分法，已由塞缪尔·亚历山大（Samuel Alexander）于 1931 年修正和拓展，以用来评估特性。[22]依洛克之见，一个对象之第一或整体客观特性乃其质量、位置、速度等。其所谓的第二特性乃其色彩、滋味、气味等，它们的实现依赖第一特性对意识之影响。洛克

169 也引入了第三特性，意指一个对象影响其他对象之因果效果，比如火熔化蜡。当洛克的这第三特性在哲学上被弃置不用时，亚历山大重新用它来指

称对象之价值特性。这样，在亚历山大的系统中，一个对象之运动状态属于第一特性，其滋味属于第二特性，其美则属于第三特性。

实际上，新物理学消解了第一特性与第二特性之区分。位置与速度乃一个电子之潜在特性，它们经常在不同的经验语境下以不同的方式实现自身，就像色彩与滋味乃一个苹果之潜在特性，为了自身之实现，它们正等待一种意识性存在之眼睛与舌头（以及可能与眼睛、舌头共同发挥作用的所有神经性设备）。威尔逊与他的同事已令人信服地指出：我们的价值接受性乃我们适应性脊椎生物学之一部分，与观看和品尝能力相同。罗尔斯顿已有力地指出：一个对象之价值在很大程度上依赖对象之特性，就像它依赖评估主体的心理构成一样。因此，亚历山大的第三特性，正如经典规范科学之第一特性，也依赖第二特性之模式。所有特性（被感知为人们所想象的经典第二特性）并非截然二分，即或存在于对象一边，或存在于主体一边，而是潜在的和两极性的，它们的实现要求主体与客体之间的相互关联。我们可从柏拉图那里借用一个比喻。真正现实之数量、质量与价值性呈现乃如此：它是婚姻的结果，而非天与地或形式与材料的结合。它是两种互补潜在性之成果，同时具有被动与主动意识；它是一种能激发人且自身充满能量的物理空间。质量与运动、色彩与滋味、善与恶、美与丑等，同样是一种潜在性，它们在与我们或其他类似构成机体的关系中实现自身。

现在让我直接回到该讨论开始时的问题，即环境伦理学最关键与最顽固的问题——自然内在价值问题。立足正在显现的当代革命性的科学世界观，我们肯定不会说：自然价值是一种内在价值，即具有本体客观性，且独立于意识。但是，这并未承认任何后果，因为严格说来自然中没有任何特性是内在的，即本体论上是客观的，且独立于意识。现在，我们可从量子理论借用术语。我们可能更乐于承认：价值是潜在的。潜在价值（virtual value）乃一个本体性范畴，包括了所有价值。在其视野内，包括了从此前所界定的工具价值到固有价值之全部价值谱系。换言之，自然提供了一系列潜在价值。有些事物潜在地具有工具价值，即因 *170* 其效用，如作为经济、物质资源，或心理-精神性资源而具有价值；有些对象（有时，并非总是相同的对象）具有固有价值，即为其自身的原因，本身潜在地具有价值。

对固有价值之如此阐释与对价值论主观主义之阐释之间的区别，实践分歧小于理论差异。从实践上讲，准此二阐释，自然均为其自身而具有价值。依价值论主观主义，固有价值是一种源于意识的、被客观地投射于价值中立之自然的意识性影响。依我所提出的量子理论价值论，固有价值是一种基于与意识相互作用而实现的自然之真实价值。量子理论价值论之优势在于如此事实：它促成对价值的如此理解，从本体上将价值与其他特性，包括在文化上值得尊敬的数量特性，置于同等地位。因此，用罗尔斯顿的话说："有同样多或少的理由认为，物理学与价值理论同样客观。"[23]换言之，物理学与伦理学都是对自然的描述。

三

前面对作为价值本体论的量子理论内涵之阐释旨在尽可能保守、无争议地陈述之。它仅依赖最突出、已然很好建立起的新物理学的核心特征——普朗克常数与海森堡的不确定性原则。它并未假定对新物理学的任何推测性阐释，除非有人期望坚持认为：当我们将潜在与实在这对本质上是亚里士多德的本体论概念应用于量子理论关于自然特性的哥本哈根阐释时，它们自身便构成一种对量子理论的推测性阐释。[24]

还有另一条路径通达环境伦理学，它假设一种关于量子理论的更具推测性的阐释，且确实超越了标准的、极小主义的哥本哈根阐释。对环境伦理学价值论而言，这一选择性路径虽然更具推测性（因此更充满争论），但却更能与生态学对中观有机自然的描述相协调。

在其对新物理学形而上学内涵之杰出且通俗的阐释中，弗里特乔夫·卡普拉写道：

在原子物理学中，对观察过程的认真分析已然显示：作为孤立实体的亚原子粒子并无意义，它只能被理解为一次实验准备与随之而来的测量之间所发生的相互关系。因此，量子理论透露出宇宙内之基本一致性（a basic oneness in the universe）。它表明，我们不能将世界解析为独立存在的最小实体。当我们进入物质，自然并不向我们呈现任何独立的"基本建设构件"，而体现为一个整体之各部分间复杂的关系网。这个关系网总是以一种本质性方式包括了观察者。在观察过程之链条中，人类观察者构成最后一链。任何原子对象之特性都只能根据对象与观察者之间的关系进行理解。这意味着，对自然进行客观描述的经典理念不再有效。笛卡尔在我与世界、观察者与被观察者之间所做的区分在涉及原子物质时便不再可能。在原子物理学中，当我们谈论自然时，不可能不同时谈论我们自己。[25]

关于量子理论对笛卡尔主/客二分法（休谟的事实/价值二分法从逻辑与事实两方面说均乃其副产品）的意义，卡普拉在对此做了很多工作。相比之下，我所做的工作在雄辩与权威性上均稍逊一筹。但是，他走得更远："宇宙的基本一致性"也暗示着它"以一种本质性方式包括了观察者（'我'）"。基于量子理论所蕴含的统一性、整体主义及自我与世界之有机性，福克斯主张，生态学与量子理论在不同层次上各自提出了关于现实的相似结构。

与卡普拉上面所称引的关于量子理论的形而上学内涵之概括相比，保罗·谢泼德以同样杰出、雄辩与权威的方式总结了生态学的形而上学内涵：

> 生态学思维……要求一种跨边界视野。生态学地看，皮肤的表皮就像一个池塘的表面或森林之地表，一个硬壳不能如此精细地相互渗透。它将自我呈现为一种高贵、拓展，而不是一种威胁……因为自然的美与复杂性与我们自己相续……一个自我是一个组织中心，它持续地吸收与影响其周边之物。其皮肤与行为乃联系而非排斥世界之柔软地带。[26]

谢泼德对"生态思维"的评论所清楚地传达的一般形而上学观念，与卡普拉关于原子物理学的思想相同：自然是统一的，我们——从前的单子式个体——事实上与自然相续。

卡普拉与谢泼德所分别描述的量子理论整体主义世界观与生态学整体主义世界观，其核心作用均涉及关于真实的内在关系。这两种世界观存在着一种结构相似性。卡普拉宣称，自然是"一个整体之各部分间复杂的关系网"（强调乃本书作者所加），谢泼德随之表示，"事物之间的关系就如事物一样真实"[27]。真实的关系乃将被联系者——有机与微观自然中的个别事物或实体——结合为一个统一整体的黏合剂。再者，在上述两种科学中，关系，无论从现实上说还是从本体论意义上说，均先于被联系者。在自然的有机与微观物理层面，事物（分别指有机体与亚原子粒子）因与他物之关系而成为自身：在量子理论中，即指与其他物理状态相关，与实验过程相关；在生态学中，乃指与其生境之物理、化学和气候条件相关。为了使人理解，谢泼德将此优先、真实、关系原则不仅应用于人类身体（就像在量子理论中一样），而且应用于人类心理。他说："一个原始人的心理乃自然复杂性之拓展……动植物的多样性与神经细胞的多样性此二者是相互的有机性拓展。"[28]自然是一个统一体、一个整体，而自我，即"我"（无论从精神上理解还是从生理上理解），不仅与自然相续，而且由它构造。自然与我在观念上地、形而上学地结为一个整体。

因此，谢泼德认可阿兰·沃茨关于自我与世界之关系的令人记忆深刻的生态学概括："世界乃汝体。"[29]传统的自我与世界之分，沃茨指出，不能与当代科学（包括物理学与生态学）的反思性内涵相一致。

如上述对生态学与量子理论更为推测性类似或结构相似之形而上学阐释合理，它们便直接地影响了环境伦理学之核心的价值论问题。肯尼思·古德帕斯特已有力地指出，在现代规范伦理学中，价值论利己主义不再被认为需要证明。[30]出于某种原因，自我之内在价值已获得认可。相反，如何从理论上阐释"他者"之内在价值，已被认为是个问题。我已在最近的讨论中指出，古德帕斯特将休谟（他将利他情感视为与自爱之情同样古老）的思想包括进现代伦理学主流是错误的[31]；但我承认古德帕斯特的如下主张是正确的，即在源于康德与边沁（不包括休谟）的现代两大主流传统中，利己主义被视为原始的伦理关注在他（古德帕斯特）所描述的总体化过程中获得了实现。劳特利已指出，"有些价值至少必须是内在的……有些价值是不可还原的"。这显然基于工具价值之物（手段）的存在从逻辑上使内在价值之物（目的）成为必需。[32]劳特利并不必然同意，在每个系统中，自我内在地具有价值；但是，自我内在地具有价值的主张，已经经常被当作意识的一个优先的直接起点，似乎已然经常受到威胁，就像我头痛这个主张一样。不少现代与当代伦理理论家已然将自利等同于理性，这就意味着，理性的行为就是以自利的方式行为。[33]其隐含的结论便是：利他行为在某种意义上说是非理性的，或至少其理性是成问题的，需要做出证明。

现在，若我们（a）与谢泼德和卡普拉一起假设，自然是一个与自我相续的统一体；（b）与许多现代伦理理论家一起假设，利己主义在价值论上是先验的，利己行为似乎同时也是理性行为，那么，环境伦理学的核心价值论问题、自然的内在价值问题也许就可被直接地、简单地予以解决。若量子理论与生态学同时以相似的结构意味着在自然的物理与有机领域自我和自然有连续性，若自我内在地具有价值，那么自然就内在地具有价值。若对我而言，以利己的方式行动是理性的，而我与自然同一，那么对我而言，以最有利于自然的方式行动也是理性的。

再次从量子理论中借用术语，让我们将此环境伦理之有机的自我－世界价值原则称为价值互补原则。该伦理源于对量子理论与生态学进行了相互强化的整体主义形而上学阐释。现在清楚了，一个人在反思生物群系的毁灭，以及成千上万种物种灭绝所可能带来的相应损失时，明显感受到的暗淡前景曾经是个人性的，但是现在却超越了传统意义上私人性关注的限制。当我反思自然环境日益受损时，我个人感受到一种很真实的自身价值损失。但是，对我而言，这种明显的价值缩减不能被合法地还原为对我个人审美、认识或宗教经验的剥夺，或威胁了我个人的物质利益。对我而言，环境恶化给我造成的伤害超过了传统的、严格意义上的自我所受的次要的、间接的伤害。这一自我包括了皮肤与所有功能性器官。相反，对我而言，环境破坏针对的是一个拓展了的自我，放大的了身体与心灵、与它是相续的"我"（在传统的狭窄与严格意义上），造成了基本的、直接的伤害。利奥波德像许多其他人一样，以独特的格言风格捕捉到这一生态学观念："生态教育的惩罚之一便是，让一个人孤独地生活在一个充满创伤的世界。"[34]

经将环境价值还原为欲望、利益或环境保护主义者偏好的贫乏后果之打击，环境保护主义者已正确地坚持非人类自然实体与作为整体之自然的内在价值，却无望地设想，此客观内在价值能够令人信服地独立于自我而获得确立。价值互补原则在自我与世界之间设置本质统一，将自然的成问题的内在价值建立在与自我内在价值的价值论优先关系中。因为自然乃自我之全面拓展与扩散，相应地，自我又在此四维时空统一体的交集、生命网之"结点"（knot）或世界轨道中凝聚与聚焦于自然。在自我具有工具价值的意义上，自然内在地具有价值。

第四编
美洲印第安人之环境伦理学

第十章　传统美洲印第安人与西方欧洲人
　　　对自然之态度：一种概观

一

在这一章，我将（以最宽泛的轮廓）勾勒两种极不相同之智慧传统中关于自然的图画：一端是我们所熟悉的在全球占主导的西方欧洲文明，另一端是目前尚处于困境中的美洲印第安文明。我主张：典型的印第安世界观已包括，并支持一种环境伦理；而典型的欧洲人的世界观则鼓励人们与自然环境疏远，并与之形成一种开发利用性实践关系。因此，我提出一种浪漫的观念：至少在自然观方面，北美印第安人的"野蛮"比欧洲人的"文明"更高贵。

在进入这一讨论时，我并非没有意识到一开始就呈现出的困难与局限。第一项困难是，没有一种可被称为美洲印第安信仰系统的东西。北美大陆土著居民所生活的环境彼此各不相同，且以各不相同的方式已在文化上适应了自身的环境。每个部落都有一个神话圈、一套仪式。从这些材料中，人们可能会为每个部落抽象出一种独特的自然观。可是，承认美洲印第安文化的多样性与变化性，并不妨碍我们从中发现一个可互补的整体。虽然存在着巨大的内部差异，但仍有一些可从文化上将美洲印第安人融合为一体的共同特征。约瑟夫·埃普斯·布朗（Joseph Epes Brown）主张：

　　　在人们所持有的有关他们与自然环境之关系性质的信仰和态度中发现了互相联系的纽带。所有美洲印第安人都拥有一种已被称为自然形而上学的东西，对他们周遭自然世界中的大量形式和力量，他们都表现了敬畏。其习俗和仪式的丰富性与复杂性已然通过参照或应用自然形式得到表达。[1]

立足自称的反浪漫视野，卡尔文·马丁（Calvin Martin）最近确认了布朗的推测：

> 我们正在处理的是两个议题：印第安人土地利用的意识形态与此意识形态之实际结果。实际上，意识形态存在着丰富的多样性，反映了不同的文化与生态语境。因此，确认一种单一、庞大的意识形态就很勉强，好像所有的土著美洲人传统上都由一种普遍精神所激发。然而，仍然有某些元素被大部分（若非全部）意识形态所共享。最明显的是对其他生命形式之利益的真诚尊重。[2]

困扰关于美洲印第安人自然观之讨论的第二项困难是：我们无力准确地重构印第安人与欧洲人发生联系（因而受其影响）之前新世界人民的抽象文化。没有关于前联系时期印第安人思想的文献记录。美国印第安人的形而上学根植于口头传统。在不被干涉的情况下，一种口头文化可能很顽强、持久。但若受到强大压力，它就可能很脆弱，易于完全灭绝。因此，由当代美洲印第安人所进行的关于传统美洲印第安人哲学之当代描述，易于被指责为不真实，因为数代人之后，美洲印第安文化——保留在其成员鲜活记忆中的文化——已被移入的欧洲文明普遍、有力地歪曲了。

因此，我们可能应当依靠欧洲人关于美洲印第安人之信仰的最早书面观察。然而，16—18世纪欧洲人所描述的北美"野蛮人"，确实被种族中心主义（ethnocentrism）歪曲了。对20世纪已具全球性视野的学生们而言，这种描述是如此的极端糟糕，与其说它呈现事实，不如说它是一种娱乐。最早遇到美洲印第安文化的欧洲人的局部观察提供的是一种关于隐含的欧洲形而上学的训诫性记录。因为印第安人并不信奉基督教，这些欧洲人就设想：印第安人一定是成心做撒旦的奴仆；他们所谈论的神灵，以及其萨满们努力所引导的神力一定属于来自地狱的恶魔。关于赫朗（Huron）部落所过的亡灵节（the Feast of the Dead），别里别欧夫（Brebeuf）在1636年写道："除了被诅咒者之中的骚乱，没有什么词可以更好地刻画了。"[3]他不经意的描述提供了关于这种仪式之物质要求与工艺的信息丰富的细节；但他顽固地坚持自己的信仰体系，所以不可能以同情之心进入林朗信仰系统。

因此，重构传统印第安人对自然的态度在某种程度上乃推想之事。另外，我们也一定不能将它作为彻底无望之举而放弃探求。与欧洲人发生联系后的美洲印第安人确实讲述过他们的传统及观念遗产。在此类最佳怀旧性回忆录中，有奈哈德（Neihardt）的经典《黑鹿所述》（*Black Elk Speaks*）。在重构美洲印第安人对自然的态度方面，此乃最重要、最真实的可信文献之一。拓荒者、传教士、毛皮贸易商对林地印第安人态度的描述亦属有益（尽管带有种族主义印迹），因为我们可能校正其偏见、优越感所造成的歪曲。应用上述两种来源——最早接触印第安人的欧洲人的记录，以及由对本民族传统有感情的印第安人所记录的关于印第安人部落信仰的回忆，再加上学科性与方法性现代人种学（ethnographic）报告，我们可以比较可靠地重构传统印第安人对自然的态度。

二

在欧洲人一边，初看上去，一种类似的多元主义显得妨碍任何概括。比如，瑞典人与西班牙人，或斯拉夫人与盖尔人，在土地、语言和生活风格方面是多么不同。或许，与印第安人相比，欧洲人在人种上似乎有更大的多样性民族混居。然而，欧洲人享有一种共同的理智历史（intellectual history）。在此方面，无论好坏，印第安人都没有。再者，几个世纪以来，在每个文明化的欧洲国家，学者们共同使用一种学术语言，仅此一项便形成一种巨大的统一性力量。确实，欧洲的理智历史已然充满辩证因素与争论，但是意见之钟摆却在充分界定的限定内摆动，某些被普遍接受的假设被广泛传播。

欧洲风格的思想为古希腊经典所铸就。我就从它们开始。我将现代科学，即现代欧洲自然哲学，视为某些发源于公元前5、4世纪希腊概念的延续与推演。希腊自然观念以丰富与多变而知名。但是，只有其中某些观 *180* 念（因历史原因不能在此讨论中阐释），激发与影响了现代自然哲学。它们在现代西方世界观中被制度化，因此我要特别关注这些概念。

令人吃惊的是，神话时代的希腊宇宙观与美洲印第安人的某些核心宇宙观具有相似之处。在赫西俄德（Hesiod）的《神谱》（*Thogony*）中，天与地（乌拉诺斯与盖亚）被分别描述为第一代神，以及所有自然事物之直接或间接的男性与女性亲代（父亲与母亲）。居住在米利都（Miletus）城市中的某些爱奥尼亚希腊人显然对传统的希腊神话不满意，而着手进行他们自己的推测。他们说，每一物均是水或气，事物变化是因为冷热、燥湿间之斗争。隐含的问题——那个万物由此而来又复归于此的本性是什么——被证明是令人兴奋和富有成果的。在 150 多年的持续争论之后，以爱奥尼亚人所特有的简约与力量，留基伯与德谟克里特将这一思想推至物质原子理论的光辉顶点。他们将原子想象为一种不可毁灭、内部没有变化的粒子。"小到不可感知"，这样的粒子有无限多，它们具有物质性，即它们是坚固的或"完满的"，且拥有形状与相对尺寸。由知觉感受到的事物的其他所有性质，依德谟克里特之见，仅通过"惯例"（convention）而非"性质"（nature）而存在。用后来的哲学术语说，事物之特性，诸如滋味、气味、色彩与声音，被认为是第二特性，乃第一特性施之于感知受体后之主观效果。原子概念之互补乃虚空（void）概念——自由的、均一的、等方性的空间。原子偶然地在此空间运动。宏观的对象乃原子之聚集，它们作为整体精确地等于部分之和。这些过程的产生与消亡被想象为原子性部分之聚集与消散。原子主义者主张将自然的所有现象还原为此简约的二分法："完满"与"空虚"、"有"与"无"、"原子"与"空间"。

托马斯·库恩（Thomas Kuhn）简要地评论道："17 世纪早期，原子主义有一种巨大复兴……作为指导科学想象的'新哲学'之基础原则，原子主义与哥白尼主义有力地融为一体。"[4]牢固的牛顿世界观将原子主义者的自由空间概念作为基石之一，这种空间就是由运动粒子或如早期现代人所称之"微粒"所占据的稀薄空间。此乃牛顿最伟大成就之一：为假定的物质粒子的规则运动提供了定量模型。这些著名的"运动定律"（laws of motion）使不仅从物质上而且从力学上呈现现象得以可能。

自然之秩序只能被一种定量描述、理性说明（此概念之最字面意义）成功地揭示，这一思想就是一种发源于公元前 6 世纪希腊毕达哥拉斯的理想。毕达哥拉斯的洞察具有如此巨大的科学潜力，致使柏拉图将它称为普罗米修斯从诸神那里盗取的打开宇宙秘密的一把真正钥匙。这一思想又为其后的毕达哥拉斯学派和柏拉图在其《蒂迈欧篇》（*Timaeus*）中培育与发展。该著作在文艺复兴时期享有极广泛的声誉。现代自然哲学可能被过度简化，但却并非被不正确地描绘为两种因素之综合：一者为毕达哥拉斯直觉，认为世界秩序之结构取决于比率（ratio），即量的比例；一者为德谟克里特关于空虚空间（如此有利于几何学分析）与物质粒子的本体论。如库恩所指出的，牛顿自然哲学在知识上的优雅与预测能力导致这种世界观在新的欧洲科学共同体中正被体制化。其实际与潜在地应用于实践事务、工程与焊接问题，亦使所有参与启蒙的欧洲人高兴地、毫无保留地将其尊奉为一种关于自然运行的流行图景。

保罗·桑特迈尔（Paul Santmire）将现代欧洲人对自然的态度概括为一种在 19 世纪美洲的土壤亦有根基之物：

> 自然像一个机器，或在更流行的版本中，自然就是一个机器。自然由一些坚硬、不可分割的粒子构成，它们无色、无气、无味……自然中的美与价值乃情人眼中之物。自然是死的广延之物，由心灵所感知。后者从一种客观的疏离位置观察自然。自然基本上是自足、自闭之复合体，包含了单纯的作用于无色、无味、无气之坚硬死物的物质力量构成。此乃在 19 世纪受教育的（美洲白人）圈内被广泛接受的那种机械的自然观。[5]

桑特迈尔的评论使我们关注欧洲世界观的另一特征，这对我们的全面讨论特别有趣。若人们毫无疑问地把河流、山峰、树木甚至动物勾画为惰性的、物质的、机械的"对象"，那么这种勾画的界限就被划在了人类心灵之处。德谟克里特与后来的霍布斯致力于一种彻底的、自洽的唯物主义，但是这种物质侵入人类心灵的观点并未流行，物质可以侵入任何事物，但不能侵入人类自我。

灵魂不仅与身体相分离、相区别，且本质上异于（即完全不同、与之对立）后者，这种灵魂观念也是由毕达哥拉斯首次引入西方思想的。毕达哥拉斯将灵魂想象为一种堕落的神性，因某种尚不清楚的原罪，作为报应而被囚禁于物质世界。对毕达哥拉斯主义者而言，生活的目的就是使灵魂从物质世界之死亡中获得解放，使灵魂与其恰当（神圣）的伴侣重新统

182

一。毕达哥拉斯主义者通过以下方式实现此目标：禁欲主义、仪式净化与智力操练，特别是在数学中操练。这使受到毕达哥拉斯很大影响的柏拉图在其《斐多篇》（*Phaedo*）中半开玩笑地说，哲学乃死亡研究，一种将灵魂从身体中解放出来的练习。毕达哥拉斯主义者和柏拉图确实改变了生与死的观念。比如在《克拉底鲁篇》（*Cratylus*）中，柏拉图宣称：身体（soma）一语源于坟墓（sêma），身体因此便是灵魂的坟墓及被囚禁之地。

将灵魂理解为不朽的、与另一个敌对的物质世界本质上相异的毕达哥拉斯-柏拉图式的灵魂观念，已深刻地影响了欧洲人对自然的态度。它不仅由笛卡尔在 17 世纪以一种特殊的极端方式复兴，而且在更早的保罗时期的基督教中得以流行。本质性自我（作为人的一部分，人通过它感知与思考，美德或恶德亦居于其中）并不属于这个世界，它与神（们）而不是自然有更多共同之处。若自然界乃灵魂考验之地、诱惑之乡，若身体乃灵魂之狱、灵魂之墓，那么自然就必然被贬为所有悲惨与堕落之源、恐惧与强迫之域："一片为杀手与复仇者所居的悲惨之地，其他命运——萎缩病、腐败与消散——云集之所，越过厄运之草原，在黑暗中游荡。"[6]

若此，现代经典的欧洲自然哲学到底传达了对自然的什么样的态度？概言之，自然是一种惰性的、物质的与机械的连续体，它可以用纯数学的单调公式描述。在与自然的关系中，人类个体是孤独的流浪者，游荡于一个奇怪与充满敌意的世界，不仅外在于自己的物质环境，而且外在于自己的身体。对于此后两者，人们被鼓励对之恐惧，且努力征服之。在此笛卡尔式图景之外，《创世记》直接言及了犹太主题［人对自然的统治、征服与驯服自然、神的形象等等，小林恩·怀特、伊恩·麦克哈格（Ian McHarg）与其他人已对此做了很全面的批评］，我们具有的各种要素的极不稳定的混合，注定爆发一场对自然的全面战争，这场战争在 20 世纪已接近取胜，战利品当然属于胜利者。

这种世界观本可能被始于柏拉图、在亚里士多德那里取得成果的希腊生物学理论改进，但不幸的是，它也被证明是原子主义的，并在生态学方面毫无所知。柏拉图通过其理念论描述了个体类型，即种类的存在。依柏拉图之见，每一个体或样本"分享"某种本质或形式，从所分享的形式中获得自己的独有特征。理念论所传达的自然之印象是：各式种类由形式主导的静态逻辑－数学秩序所决定，然后，个体有机体（每个均有预定本质）被松散地置入物质舞台，用尽一切地、笨拙地相互作用。因此，自然被想象为一间放满了家具的屋子，仅是各种类型个体的集合、聚积。它们偶然地相互关联，聚合为一种外在形态。关于世界的这一图景是一种最精致也最危险的原子主义。它将一种高度有机的功能系统分解为分裂的、不连贯的、在功能上不相关的粒子。独断地讲，通过此模式（相对于"物质"原子主义，我们可以称之为"观念"原子主义）接触世界，在毫不关注破坏景观之功能有机性与有机统一性的情况下重新组合景观的各部分是非常可能的。从理论上说，某些物种可能为他者所替代（比如，在草原生物群系中，谷物为野花所替代），或被整体移除（比如捕食者的灭绝），这对其整体功能不会产生任何影响。

当然，亚里士多德从柏拉图哲学的异世性立场，既从其灵魂论，亦从其理念论上退回来。再者，亚里士多德是一位敏感的经验主义生物学家，对于将生物学推进为科学做出了巨大贡献，就像毕达哥拉斯对数学与和谐论所做出的贡献那样。亚里士多德对其后的生物学思想影响巨大。今天的生物学仍然留有他天才的个人印记，特别是他关于有机物之分类体系——将有机界分为种、属、科、目、纲、门与界，后被林奈修改与改进。依亚里士多德（准其永久声誉）之见，宇宙的这一层次秩序并不真实或现实，只有个体有机体完全存在。可是，亚里士多德的分类体系（与进化论和生态学理论无关）若可能的话，会导致一种有生自然观。这是一种比柏拉图 *184* 的思想在生态学上更盲目的观念。在亚里士多德的生物学理论中，事物之间的关系仍是偶然与非本质的。一个事物之本质取决于其在分类学（taxonomy）框架中之逻辑关系，而不是像在生态学理论中，取决于在其环境（营养生境、热力学与化学需求，等等）中与他者所产生的运行关系。如利奥波德对此很直率地所表达者："一个层次（生物金字塔中的层次）的物种并不与其源头或面貌相似，而与其所食者相似。"[7] 进化论与生态学理论从形而上学上指出，事物之本质、物种之特性，乃其与他物关系之功能。用一种亚里士多德式话语表达非亚里士多德式思想：关系"先于"相关之事物，系统整体"先于"其组成部分。未经进化论与生态学理论转化的关于生物世界的分类观，像柏拉图的形式理论一样，具有生态学误释特征（misrepresentative feature）：自然被视为个体的聚积，可以被分为不同的、相互间没有功能性关系的种类。实践性效果相同：生物罩（biotic mantle）可以用一种笨拙的方式处理、重置，以适应一个人的幻想，而无功能损害之虞。亚里士多德分类学所呈现的自然，比柏拉图的真实世界对西方精神有更大的危害，因为后者可以被一种富有魅力的、高贵的哲学浪漫消解（就像它们经常所遭遇的那样）为抽象的奥林匹亚诸神，而形而上学分类则未受挑战地进入到"实验"与"科学"阶段。

我们也不应当忘记亚里士多德的另一遗产——自然等级（nature hierarchy）。准此观念，世界按照从"低级"形式到"高级"形式的顺序排列。亚里士多德的目的论要求低级形式为高级形式而存在。因为人类被置于金字塔之顶端，所以任何其他之物都为人类而存在。这一观念的实践倾向太明显了，无须进一步阐释。

三

最近，约翰·法尔·拉姆·迪尔（John Fire Lame Deer），一位反思性的苏克斯印第安人，在其自传性、哲学性叙事著作《跛鹿：逐梦者》（*Lame Deer: Seeker of Visions*）中直接到位地评论：虽然那些白人（即欧洲文化传统中之成员）将地球、岩石与风想象为死物，但它们"极有活力"[8]。在上一节，我努力解释在什么意义上，自然作为广延之物在欧洲自然思想主流中被想象为死的。说岩石与河流是死的可能是一种误导，因为今日之死者曾经是活的。在通常的欧洲人事物观中，此类对象其实被认为是惰性的。可是，当拉姆·迪尔说它们"极有活力"时，他到底是何意？

他没有像有人可能期望的那样，随意地解释这一极具启发性的说法，而是提供了许多关于他所称不同自然实体之"力量"的例证。依拉姆·迪尔之见，"每个人需要一块石头……你求助于石头以帮助找回丢弃或迷失之物。石头可以对敌人发出警告，预警即将来临之厄运"[9]。蝴蝶、山狗、蚱蜢、鹰、猫头鹰、鹿，特别是麋鹿与熊，都能讲话，拥有并传递力量。"你必须聆听所有这些生物，用心聆听，它们有秘密要讲。"[10]

对拉姆·迪尔而言，自然实体（包括石头，对大多数欧洲人而言，石头仅乃"物质对象"，是无生命的最佳例子）之"活性"（aliveness）似乎意味着它们与人类共享人类所拥有的意识。确实，传统的欧洲观念也承认动物与植物（若非石头与河流）是"活的"，但是它们缺乏一种在模式和程度上可与人类意识相比的意识。在笛卡尔主义者中，如我此前所提及的，甚至动物的行为也被认为总体而言是机械的，在每个方面它们都与一个机器的行为类似。一种更为自由且具启蒙色彩的观点承认，动物具有一种模糊的意识，但在大多数情形下据"本能"而行。"本能"是一个缺乏清晰界定的概念，像经院哲学家之臭名昭著的神秘特征（"催眠之德"等）那样模糊。当然，植物被认为是虽是活物，但总体而言不能感知。在任何情形下，我们都听说，只有人类具有自我意识，即是能意识到自己是有意识的，因此能将自己与所有他物区分开！

每个哲学专业的大二学生已懂得或应懂得，唯我论（solipsism）是一种坚固的哲学立场，并由此推论，对其他心灵——人类与非人类——之每一种概括均是一种臆测。印第安态度（正如拉姆·迪尔所展示的）显然基于如此思想：既然人类具有物理之体，以及与之相联系的意识（被概念化地具体化或实体化为"精神"），那么所有其他有体之物（动物、植物，甚至还有石头）也在此方面与人类相似。确实，这一杰出的推测性假设令我吃惊。比之于我对一个动物或植物意识之感知，我并不能更直接地感知其他人类成员之意识。我假定另一个人类成员具有意识，因为他或她（在其他方面）从感知上与我很相像，并且我是有意识的。对那些尚未无可救药地被基督教与整体上的西方思想之形而上学隔离政策所损害的人来说，人类与其他生命形式在解剖学、生理学和行为上极为相似。有机形式在多样性上本来就是相互联系的；反过来，有机世界又与作为整体的自然相关联。从根本上说，像我们自己一样，所有之物都可能被毫无疑问地想象为"活的"，即具有意识、感知或者拥有精神。

拉姆·迪尔提供了一个简要的但却最具显示性与启发性的形而上学解释：

> 无物如此微小、无谓，韦坎坦卡（Wakan Tanka）却赋予它一种

神灵。塔坎（Tunkan）是一种你们可能称之为石神之物，但它也是大灵（the Great Spirit）之一部分。诸灵乃个别之物，可它们均统一于韦坎坦卡。很难理解三位一体这样的事物。你不能解释它，除非追溯到那"圈内之圈"观念，神灵自己分身于石头、树木，甚至小昆虫，通过其恒在而使它们均有灵力（wakan）。反过来，所有这些构成宇宙之众物均将流回其本原，统一为一位祖父之灵（Grandfather Spirit）。[11]

确实，此拉科塔万物有神论（Lakota panentheism）展现了一种二元论世界观；但是必须强调：与毕达哥拉斯－柏拉图－笛卡尔传统不同，它不是一种对立的二元论，这种对立的二元论用对立的术语来构思身与灵，并使二者在伦理争斗中相互对抗。再者，且对我此后的评论最重要者，普遍存在于自然界中的神灵，一种存于万物之神灵乃大灵之部分，它们有益于将人与自然之关系感知为一种统一的、亲密的关系。

作为对此泛心论（pan-psychism）的补充，可考察苏克斯宇宙进化论（Siouan cosmogony）之基础。黑鹿（Black Elk）有力地质问："难道天空不是父亲，大地不是母亲，所有有足、翅与根之有生物不是天地的孩子吗？"[12]因此，黑鹿祈祷："请给我力量以行走于柔软的大地，它是所有人的亲戚。"[13]简言之，他用"绿色之物"、"天上的翅膀"以及"四足之物"与"两足之物"来谈论大自然王国。[14]不仅万物皆有灵，而且在最后的分析中，万物均作为一个统一家庭之成员而相互联系。它们出自同一位父亲（天空，即大灵）与同一位母亲（大地）。

比之于大多数其他美洲印第安人的形而上学视野，苏克斯部落人们的形而上学视野更广为人知。然而，其大灵观念、大地母亲观念，以及万物间类家庭之相关性观念，似乎已成为美洲印第安人的一些普遍性观念，同样也包括他们对所有自然物的精神性维度或态度。N. 斯科特·蒙马迪（N. Scott Momaday）评论说："'大地是我们的母亲，天空是我们的父亲'。此自然观处于土著美洲印第安人世界观之核心，我们所有人对此观念都很熟悉。我们可能并不完全理解此观念之伦理学与哲学意义。"[15]鲁思·昂德希尔（Ruth Underhill）写道："对以前的印第安人而言，这个世界并不由无生物质构成……它是活的，其中之每一物都能帮助或伤害人类。"[16]

关于奥吉布瓦印第安人（Ojibwa Indians），他们讲阿尔冈卡语（Algonkian language），在初次与外界联系时期，他们与苏克斯印第安人处于敌对状态。戴蒙德·詹尼斯（Diamond Jenness）报告：

> 这样，帕里岛的奥吉布瓦人对其自身存在的解释，就与他们对其周边任何其他事物存在的阐释完全相同。不仅是人，而且是动物、树木，甚至岩石与河流均由三者构成——拥有身体、灵魂与影子。它们像人类一样，均具有生命，即使它们已被赋予不同的能力与属性。请看那些最类似于人类的动物。它们像我们一样可以看与听，显然，它们对于自然所见之物有所推理。树木一定具有一种在某些方面与我们相似的生命，虽然它们缺乏移动能力……河水流淌着，它也一定具有生命，一定拥有灵魂与影子。然后让我们观察某些矿物如何使相邻的岩石解体，并变得松散与脆弱。显然，岩石也拥有能力，而能力意味着生命，生命涉及灵魂与影子。那么，所有事物均具有灵魂与影子。且所有事物都会死亡。但是，它们的灵魂可以转世，且凡死物均可返回于生命。[17]

欧文·哈洛韦尔（Irving Hallowell）已注意到奥吉布瓦人泛灵论之特别重要的后果。他写道："不仅是动物特性，而且甚至是'人'的特性，可能被投射于那些对我们而言显然属于一种物理无机范畴的对象。"[18]人这一概念之核心乃进入社会关系之可能性。非人类之人可以被谈论，可以被赋予荣耀或给予伤害，可以变成联盟或对手，与人类群体相比并不缺少什么。

在大湖地区，17世纪法国皮毛贸易商和传教士对与他们共同生活的野蛮人对梦境的热衷有独特印象。依基尼茨（Kinietz）之见，兰古恩纽（Ragueneau）在1648年谈论赫朗人时首次主张：梦乃"灵魂之语"[19]。这种表达不准确，但我想，它确实触及了此现象之核心。通过梦境，最激烈的是通过想象，一个人可以与人类和非人类之灵魂直接联系。如其实然，揭开身体之外衣。用类似于兰古恩纽的话说，哈洛韦尔评论道："正是在梦境里，个体与阿提索卡纳卡（atiso kanak）——强大的非人类之'人'（person）——直接交流。"[20]基于印第安人之有生或泛灵论世界观，对梦境之精准敏感性与实用性反应便可以得到很好的理解。

梦境经验与清醒经验明确可分，然而梦境中所展示的行为戏场和情景则与日常世界相关，它们通常与日常世界相同。比之于心理化的当代西方观念——梦被想象为只在"心灵"中存在的某种东西（像想象后之物），美洲印第安人则以梦境体验现实，经常将梦境体验为一种与清醒时同样现实的东西，依其本然，通过另一种感性形式，梦境成为意识之别样形态。

当一个人躺着进入梦乡，经验着人群与其他动物、地方等，我们自然会设想其灵魂暂时离开了其身体，游荡并遇上了其他灵魂。或者如哈洛韦尔所言，"当一个人进入睡眠，梦见其奥特堪特堪克温（otcatcakwin，关键部分，灵魂）——此乃其自我之核心——时，它可能已离开其身体米尤（miyo）。在其他人看来，一个人的身体很易安置，并在空间里被观察，但其自我之关键部分也许在另一个地方"[21]。做梦确实乃美洲印第安人巫术（在奥吉布瓦人中则是"熊步"）艺术的一个要素。若梦境中的意识状态可以被获取、控制，梦境之现象内容被有意指导，那么巫师便可去他想去之地，偷窥敌人，或者可能以某种恶意的方式影响他们。这说明，梦应当比日常清醒经验的"真实"度更高，因为在梦的经验里，他所遇到的人及其他人乃在其灵魂、其本质性自我中呈现。请注意，这与欧洲的如下假设完全相反——梦是一种"错误"或幻觉，总体而言是私人性的或主观的。比如，在《第二沉思》（*the Second Meditation*）中，笛卡尔举了一个最荒唐的例子。他说："像我说'我现在醒着，知道某些真相；可我不能很清楚地知道它。这样，我坐在那里进入梦乡。于是，我的梦可能会给我关于那个真相更真实与更清晰的画面'。"严格说来，此正乃印第安人所为。下面一段来自哈洛韦尔的讨论，也许可说明这一点。一个男孩提出：在一场雷雨中，他看见了雷鸟。他年长同伴们都不相信，因为那里的人们从未听说过能在此情形即清醒状态下看见雷鸟。可是，经过征询一个梦到过雷鸟的人，男孩的描述被此人"证实"之后，人们相信了该男孩。[22]

奥吉布瓦人、苏克斯人，以及若我们可以安然地总结说，绝大多数美洲印第安人，生活在一个不仅由人类群体，且与所有自然现象相联系的群体和精神组成的世界中。对如此世界中某人的实践处理来说，不仅与最近的人类群体（直接的部落邻居）保持良好的社会关系，而且与环绕于此的直接环境中非人类群体保持良好的社会关系，对某人、其家庭以及部落之福祉都是必要的。比如，哈洛韦尔报告，在奥吉布瓦人中，"在春天时节，熊被从洞穴中逐出时，它们会被打扮一番，请求它们出来，以便杀死它们，并向它们致歉"[23]。

在用一种最终将它同生态态度与保护价值和原则进行比较之眼光来概括美洲印第安人对自然之态度时，我努力将讨论限定在足可进行概括的基础性与普遍性观念之内。简言之，我主张，典型的传统美洲印第安人的态度是，将环境的所有特性理解为精神性的。这些实体拥有意识、理性与意志。在强度与完善性上，它们所拥有的并不比人类所拥有的差。因此，大地、天空、风、石、流水、树木、昆虫、鸟类与所有其他动物，均具有独特之精神，故而与其他人类群体一样具有全面之人格。在梦境与想象中，事物之灵魂直接相遇，能与做梦者或想象者结为强有力的联盟。因此，我们可以说，印第安人的社会圈（其共同体）包括了其伴侣宗族成员、部落成员，以及当地的所有非人类自然实体。

现在，在所有文化中得到一种最有意义的观念性联系：一方面是关于个人的观念，另一方面则是某种行为限制。对个人而言，无论是出于完全的伦理考虑还是基于纯审慎的原因，以一种小心与周到的方式行动都是必要的。比如，在哈洛韦尔看来，在奥吉布瓦人中，"人们对以下二者做出了伦理区分：获得一种谋生基本必需物方面所要求的，或维护自身、反对侵害的行为，与不必要的残忍行为。伦理价值意味着维护相互责任原则之持久性，这种责任内在于所有'人们的'相互作用，贯穿于整个奥吉布瓦世界"[24]。

美洲印第安人文化所隐含的所有形而上学，在一种更广的社会与物理环境中确定了人类的位置。人们不仅属于一个人类共同体，而且属于由整个自然所构成之共同体。存在于此更广之社会，就像存在于一个家庭与一个部落中那样，将人们置于有互惠责任与相互义务的环境中，这种责任与义务是理所当然的，是毫无疑义的。再者，一个人在沉思或宏观反思瞬间呈现的基本宇宙观，将他或她自己置于如此世界：所有部分通过亲缘联系

190

而被统于一体。所有生命无论基础的、绿色的、有鳍的、长翅的或有足的，均乃一共同父母之子。一种血液贯注于所有生命，一种精灵已将自己分身，随一种意识而留驻于所有事物，精灵与意识本质同一。围绕着我们的世界，虽然巨大，且绝对的多样化与复杂，但却通过亲缘、相互与互惠性之链而结合在一起。它是这样一个世界：个人有在家感，所有事物均有关联，都能体验到舒适与安全，正如一个孩子在一个大家庭中所体验到的。如布朗所言：

> 但在生命的极早阶段，这个孩子开始意识到：智慧无物不在、无处不在，有许多事物需要了解。世上并无空虚之物，甚至在天空亦无空虚之所。每一处均有生命，可见的与不可见的。每个对象为我们的生命带来大益。即使并无同类相伴，人亦从不孤独。世界充满生命与智慧。对拉科塔（Lakota）人——立熊（Luther Standing Bear）而言，并无绝对之孤独。[25]

四

现在回到本讨论开始所提出的主张，即就其实践后果而言，比之于西方欧洲传统中的主流自然观，美洲印第安人的自然观，整体说来是一种人与环境之共同合作共生关系下的更富成果之物。

关于前者，伊恩·麦克哈格写道："无须费力就可以动员起对物理世界之败坏的清扫，而这种败坏是西方人创造的，并且可以轻易确定此错误之源头就在于价值体系。"[26] 依麦克哈格之见，此罪恶即"犹太教-基督教-人文主义观，此观念对自然与人所知如此之少，培育与保持了无知的人类中心主义"[27]。

受欢迎的生态学家与环境保护主义者［最知名的可能有雷切尔·卡森（Rachel Carson）与巴里·康芒纳（Barry Commoner），再加上麦克哈格和小林恩·怀特］已用最大的热情与关注提及一连串环境病症，谈论"绿色碳氢化合物"、"含磷洗洁剂"、"核熔补"与"称心的推土机"，好像是细述地狱之广，谴责诱人王子。基于我们频繁地提醒全球生物圈所面临压力之症候，以及他们经常使用的富有启示性之令言，我从目前的论点中略去此独特步骤，也许可以得到谅解。让我们确认，现代技术文明（源于欧洲），在处理自然界时既不受限制也不特别精细。

比之于其他环境改良之提倡，利奥波德的观点更幽默。他如此概括现代西方面对自然之方式：“大致而言，我们现在的问题是一种态度和工具问题。我们正在用一种蒸汽铁铲重筑中古西班牙摩尔人（Moor）诸王的豪华宫殿，我们为自己的筹码而自豪。我们不应当放弃自己的铁铲，它毕竟有许多优点。但是，为了成功地应用它，我们需要更温和与更客观的标准。”[28] 只要人们关注环境危机之历史根源，我便在此主张：那源于犹太教－基督教传统的、很恶劣的态度，在重筑过程中发挥的作用并不是与源于古希腊且在现代科学思想中得到巩固的西方自然哲学所发挥的作用一样强大。至少后者已像前者那样，成为文化环境之典范，蒸汽铁铲本身便是该文化环境中的一种工艺品。二者合起来，相互融会，创造了一种精神。依此精神，不受限制的环境开发与退化几乎可以被预测到。

显然（特别是对哲学家和观念史学家而言），通过确定目标（比如征服地球、拥有统治权），通过对世界之观念性呈现，以及通过提供工具（比如力学与其他应用科学），态度与价值确实直接地“决定”行为。但是，关于此猜测，怀疑论已然启程。段义孚（Yi-Fu Tuan）在其《环境态度与行为间之矛盾：来自欧洲与中国的范例》（“Discrepancies between Environmental Attitude and Behavior: Examples from Europe and China”）一文中说：

> 我们也许相信：一种将自然从属于人类的世界观将导致人对自然的剥削；而一种将人仅理解为自然之成员的世界观带来一种关于其权利与能力的温和观念，因而导致建立起一种人与自然环境的和谐关系。但这正确吗？[29]

段义孚认为并非如此。然而，他所称引的来自中国经验之例是模糊的。关于欧洲经验，他举出的例子是，希腊人和罗马人强加于地中海环境的大规模改变并造成了严重的生态学后果。当然，他们是名义上的异教徒。他用以下评论结束他关于这一部分的讨论：“与异教徒世界自然的巨大改变背

192

景相反，在基督教时代早期数世纪的所作所为要相对温和。"[30]但是我相信，我在本章第二节的讨论已解释了希腊与罗马文明对环境的影响。该影响与总论题一致：世界观本质上影响行为！在未与西方文明相遇的中国人中，段义孚所举事实意味着：在传统的道家、佛教自然态度与中国人的环境行为之间，一致与矛盾同样多。

对于我们正在讨论的问题，一种简单的决定论模式无济于事。文化态度与价值真的影响一种文化中的群体行为吗？一方面，我们关于自然特性的所有观念与呈现，依其本性，只是一种娱乐，是心灵的某些附属现象，而我们的行为发自本能或基因设定，以某种盲目的方式进行，这是难以置信的。毕竟，我们的自然图景界定了我们的行为舞台。它同时界定了环绕人类努力的可能性质与边界。另一方面，历史事实与日常生活经验并不支持任何既定观念和价值体系与人类行为之间的简单因果联系。我的观点是：消费与修改自然环境乃人类之基本天性。对自然秩序，以及人类与此秩序恰当关系之呈现，对于人类操作与开发自然之倾向，可能同时具有调节、限制效果，或者它们具有一种加剧的、恶化的效果。它们对于人类的内在动力具有赋形和引导的作用。因此，它们为不同的文化提供了个性化的做事风格。再者，对我而言，在由犹太教－基督教和希腊－罗马式自然与人之形象所塑造的居支配地位的欧洲精神例子中，效果显然是促进人类消费与修改环境的内在倾向。一种"起飞"（take-off）或（将比喻混合起来）"量子跃迁"（quantum leap）发生了。西方欧洲文明无论好坏，都被推进到工业、技术阶段，生态与环境困难则成比例地增加。其决定性的因素、必要条件，可能已成为欧洲世界观之细节。

若中国人关于自然与人的传统观念乃段义孚所概括的"安静的"（quiescent）和"适应性的"（adaptive），那么美洲印第安人的世界观就可以被概括为"生态的"，斯图尔特·尤德尔之《安静的危机》（*The Quiet Crisis*）中已有此概括。在其《最早的美洲人，最早的生态学家》（"First Americans, First Ecologists"）一文中，尤德尔感伤地想起了梭罗（Thoreau），并归因于其幽灵般的见解——"印第安人乃这个国家之先驱生态学家"[31]。不加证明地声称美洲印第安人是生态学家，至少是极为大胆的。生态学乃生物学之一部分，就像有机化学乃化学之一部分那样。它是对机体同其不同范围、居所条件之语境性、功能性关系的方法论与定量研究。当然，尤德尔并非声称印第安人是科学家，人们可能倾向于说美洲印第安人本能地在精神上获得一种本质性的生态观、视野或习惯，这大致上意味着，印第安人将自然视为一系列相互依赖的功能性要素被系统地整合成的一个有机整体。它将提倡一种全球性或整体性视野，也将暗示一种对于影响有生物生命圈的复杂因素的精准敏感性。

一方面，将一种高度抽象的观念性框架归于美洲印第安人；另一方面，将一种对细节的非功利的、系统性的、学科性的和精心的考察归于美洲印第安人，是对美洲印第安人思想的过度浪漫阐释。我所称引的许多材料确实意味着：林地与草地印第安人乃其自然环境之细心学生。关于动物及其踪迹的知识，特别是那些关于动物之实用价值的知识，以及关于植物的知识，特别是关于具有食用与药用价值之植物的知识，是传统印第安文化中很知名的、得到很多尊重的维度。仅美洲印第安药典一项便确实证明了印第安人在植物方面的聪明。然而，我的印象是：印第安人对自然的典型呈现比之于机械观与功能论，更具有灵论与象征性色彩。管理狩猎与渔猎之"法则"似乎更落在对所猎物种施以正确的礼节方面，而非落在自觉地、最大限度地保持蛋白质"资源"的生产方面。药用植物因其魔术、象征与再现属性而被追求的情形，与其因化学效果而被追求的情形一样多。当然，在狩猎与渔猎情形下，正确的方式是行为上的限制。他们遵循可观察到的他们对待熊、海狸等对象的正确社会方式，这些限制的结果是有限地开发资源，以及随之而来的可持续产出。

换言之，对我而言，说印第安人是天生的（或自然的，或先验的，或原始的）生态学家，就像黑鹿说印第安人医生（如黑鹿）是天生的一样令人惊奇。比之于欧洲医学，印第安医学并非处于更早的发展阶段，好像沿着相同的路径发展，而落后了一些距离。它在整体上就走的是一条不同的道路。如黑鹿所解释的："它源于对力量之来源的理解，（治疗）仪式中的力量便是处于理解中的东西，除非以一种与世界的神圣力量之生存与运动的方式相匹配的方式生存，否则，没有什么可以很好地生存。"[32] 在黑鹿的视野中，所应用的力量是仪式性与象征性的。

概而言之，美洲印第安人的总体世界观（至少是我已提请关注的那个核心部分），倾向于一种可导致环境保护的日复一日、年复一年的生存惯性。资源保护可能已然成为（也可能并非）一种有意识设置的目标，既非个人理想也非部落政策。滑稽的是，精心保护确实显然不能与印第安人认为属于自然和自然物的精神性、人格性相协调。因为这些事物在占主导地位的平肖传统中的保护主义者看来，只是商品，易于稀缺，因此需要被审慎地"开发"和"管理"。我认为，美洲印第安人对自然的态度，在现代科学的意义上，既非生态学的，亦非环境保护主义的，也不是道德或伦理的。动物、植物与矿物被作为人来对待，被想象为自然社会秩序中的平等成员。

　　我的谨慎主张是：美洲印第安人既非传统意义上的精心的环境保护主义者，亦非传统意义上的生态学家，但体现了一种对于自然与诸自然实体的不同的伦理态度。这种主张基于以下基本点。从整体上说，美洲印第安人将自然视为有灵之物。因此，自然之物像人一样，能感觉、感知、思考与反应。人类乃一种社会秩序（亦即，人这个概念之操作性内含，便是社会互动能力）之成员。社会互动由（有文化差异的）行为限制、行为规则规定。简言之，我们称之为好的方式、道德与伦理。因此，用奥尔多·利奥波德的转折性术语讲，美洲印第安人过着一种与"大地伦理"一致的生活。此观点亦为斯科特·蒙马迪所持有："土著印第安人很老的世界观相信，土地是有生命的，人们对待它有精神性维度，人类准此维度而正确地生活。这就可从逻辑上得出：在此方面，有一种伦理律令。"[33]

　　指出浪费的例子——高高悬崖下的平原上腐烂的野牛，在毛皮贸易中陷入困境的海狸。这些情景被设想为是对所有关于美洲印第安人尊重自然之浪漫主义想象的致命一击。这就很像是由于有人举出欧洲历史上谋杀与战争之例，因而得出以下结论：欧洲人整体上无任何形式的人道主义伦理。[34]所缺少的是对伦理在人类事务中功能的有益理解。如哲学家所指出的，伦理承担的是一种关于行为的规范关系。它并不描述人们实际上如何行为，而是提出一套人们应当如何行为之方案。因此，对于是否按照一种既定的伦理行为，人们是自由的。某些情况下某些人不按此行事的事实，并不能证明伦理在整体上并非有影响的和有效的行为限制。我们所熟悉的基督教伦理已在欧洲文明范围内发挥了决定性影响。无论对于个人还是对于社会整体，它都激发了高贵的甚至是英雄性的行为。基督教伦理有记录的影响并未被个体性的巨大罪恶所抵消。西班牙宗教法庭、纳粹德国的种族屠杀等可耻的国家性堕落插曲，也未能否定如此判断：人道主义伦理确实影响了欧洲文明成员的行为，本质性地塑造了该文明的特征。由此类推，前哥伦布时期美洲大陆所发生的偶然性自然破坏，甚至是处于巨大的欧洲文化之压力的时期（如毛皮贸易时期）的物种灭绝，这些事件本身并不能否定如此立场：美洲印第安人不仅据部落伦理而生存，而且依大地伦理而生活。此二者的整体与有益效果便是，在印第安人与其环境之间建立一种比其欧洲后继者所享受之和谐更大的和谐。

五

如果不是最近被两位作者——卡尔文·马丁与汤姆·里甘特地否定的话，该结论可能并不要求进一步的解释或捍卫。所以，我决定在此简要的、引起争议的结语中捍卫它，以反对他们的评论。马丁写道：

> 当技术为精神-社会性责任与理解所激励时，对印第安人而言，土地利用并不足以成为一种伦理事务……此处无任何东西倡议伦理；确实，没有任何东西提倡这种从"人与人"到"人与大地"的专横的、有优越感的伦理拓展，像利奥波德之大地伦理所暗示的那样。当印第安人将其他动物物种当作"人"（people）时，这只意味着与人（man）不同的另一种人，它们并非奇怪之物。自然乃此种"人们"之共同体。对于这些"人们"，人类有很多的真心尊重，也与它们保持一种契约性关系，以维护相互利益、满足相互需求。简言之，人与自然为契约，而非伦理联系所关联。这是一种基于相互尊重而产生的契约。此乃传统印第安人与大地之关系的本质。[35]

196

如我们所见，马丁全然否定我们在前面讨论中所得出的主要结论：就其整体与共有特征而言，美洲印第安人的世界观与一种环境精神相融合，或培育了一种对属于大地共同体之土地、植物和动物的伦理态度。然而，当我们仔细分析，并进一步将它与他此前所说的某些东西比较时，其立场又很令人困惑。比如，传统印第安人世界观中一个可共享的方面是"对其他生命形式之福祉的一种真正尊重"；土著人群"感受到一种真正的亲缘关系，经常对野生动物与植物生命表达出热爱"；以及野生生命"得到敬畏与关心，不仅出于害怕它们可能得不到所爱之物，虽然在某种意义上他们对此也有所担心，而且出于他们觉得它们内在地值得被如此尊重"[36]。

有人也许会质疑：比之于尊重、亲密、关爱、在意与尊敬感，通过道德（morality）或伦理（ethics）这一概念，我们到底要表达哪些更多的东西？冒着被人以为陈腐之风险，我主张：此处所涉及的仅语义差异而已。我将印第安人对野生动植物、山水、天地之态度称为"道德"或"伦理"态度，而马丁显然希望将"道德"与"伦理"这些术语留作他用（虽然他未言明留作何用）。他确实说："只有当双方打破规矩时才会涉及伦理。"[37]可他没有解释这种模糊的评论，或者他在此使用"伦理"一词的准确意义是什么。我想，我对伦理态度之内涵的理解更接近于休谟，而马丁对此的理解可能更接近于康德。据休谟的观点，我乐于将人类基于尊重、亲密、关注、关爱与同情的涉及自然的行为称为"伦理的"或"道德的"。康德则认为，所有那些"仅据爱好"（亦即情绪或情感）而起的行为，无论多无私，均缺乏真正的伦理价值。对康德而言，一生中行为若被视为伦理的，必须仅基于对某种抽象原则的非情感性义务，某种由纯粹理性所颁布的绝对律令，未被任何经验性内涵所浸染。这可能提高了隐藏在马丁异议背后的康德对伦理行为的标准，但只有通过某些对伦理的特殊的、很高的技术性界定，如康德的界定，马丁的讨论方可被从其显然不协调、明显自相矛盾的主张中拯救出来。

上述论题若未解决，也至少已经很清楚。让我们考察马丁的另一项异议，即更有针对性的主张：传统美洲印第安人对自然的整体态度与利奥波德之大地伦理并不相同。在此情形下，马丁此前在自己著作中专业地整理与呈现的例证，显然与他的这种否定性意见相矛盾。我不知道如何通过无论是语义区别还是任何其他的阐释性让步，将他的讨论从自相矛盾中拯救出来。

为呈现他对于印第安人对自然之态度的印象，与利奥波德之大地伦理所提倡的对自然之态度的印象的相同性，让我们考察马丁全面描述中的如下例子：

> 传统奥吉布瓦人所想象的自然，是一种社会之聚集：每一种动物、鱼类与植物物种在其社会中发挥作用，该社会在所有方面与人类社会相类……[38]

> 当我们进一步拓展此观念时，我们开始意识到，理解印第安人在自然中之作用的关键，存在于相互责任这一概念中：人与自然都必须遵循一种相互间的规定性行为……[39]

> 依克里（Cree）部落人的意识形态……狩猎基于一种人与动物间的社会关系。通过一整套狩猎仪式，人们以象征性手段表达他们从属于动物，从而强调对动物的尊重……[40]

要想发现利奥波德之大地伦理的原则与美洲印第安人态度如何相似，我们只需对利奥波德之大地伦理的基础做更仔细的考察。首先，大地伦理之首要特征是将自然呈现为各种群体之集合，且将人与非人类存在物之关系从本质上理解为社会性的："大地伦理只是将共同体的边界拓展至包括土壤、水、植物与动物，或合言之：大地。"[41]其次，与伦理和伦理态度相关的，乃社会成员身份："迄今为止，所有伦理学都基于一个简单前提：个体是由相互依赖之各部分组成的共同体之成员。"[42]最后，对于伦理与道德观念，利奥波德持休谟而非康德立场。他写道："对我而言，没有对大地的爱、尊重与欣赏，以及对其价值的高度关注，却存在一种与大地的伦理关系，这是不可想象的。对于价值一词，我当然意指比纯经济价值更广泛的东西，我是在哲学意义上使用它的。"[43]如我们所见，如马丁自己如此巧妙、令人信服地所重构的（虽然后来他无理地否认了），传统印第安人对自然的态度在其可共享与整体设想方面，与利奥波德之大地伦理的本质观念是如此相似，几乎完全相同。

马丁并未解释他为何发现利奥波德之大地伦理"武断""傲慢"。我不应当猜测他有这些看法的理由。我从利奥波德之大地伦理中发现了与武断、傲慢相反的东西。作为比较，有一种很不同的"环境伦理"，即所谓的动物解放或动物权利伦理，它基于一种很随意的条件——"感受力"，所有人类都很典型地体现出对此的伦理关注；基于它们显示出同样的特性，而将此伦理地位拓展至高级一点的"低级动物"。[44] 这种人文道德在我看来似乎是武断与傲慢的。在利奥波德之大地伦理中，至善居于生物共同体之内，伦理价值或伦理地位被拓展至植物、动物、人群，甚至还有土壤与水流，因为它们是比人类社会更大的社会的成员。[45] 如利奥波德更直率地所言："大地伦理改变了智人的角色，将他从大地共同体的征服者改变为此共同体的普通成员与居民。"[46] 因此，在利奥波德大地伦理的大胆一击中，人类在自然序列中的特权地位便消失了。如此主张何以是武断或傲慢的？

卡尔文·马丁在对新浪漫主义环境保护主义者关于印第安人的观念做最后断语时，提出了另一种无法令人信服的怀疑性评论。他说：

> 即使我们原谅其在某些片断中的模糊之过，而利用其对自然之原始情感（再次，这些难道不是一种伦理态度之灵魂？），那些印第安人依然是不恰当的导师……当我们用它来阐释自然时，印第安人的自然观从根本上说是一种不同的宇宙视野——这是一种西方人不可能适应的视野。因此，印第安人关于自然的传统观念中并没有这些焦虑的环境保护主义者所期望的拯救概念。[47]

这一主张虽然简约且少有论证，但却影响广泛。比如，一个著名期刊的一位评论者致力于研究美洲印第安人，他虽然对马丁的种族-历史学方法，及其对印第安人与动物间之战争充满争议的假设持全面的批评态度，但却毫无疑义或批评地假设："其结尾有效地批判了关于'生态'印第安人的当代观念。"[48]

在对传统西方欧洲人对自然的态度与传统美洲印第安人对自然的态度做了如此鲜明的对比之后，在此特定之点上我可能完全赞同马丁，特别是赞同他提出的回到文化根源或基础的主张。确实，依马丁之见，确切地因为西方文化基于犹太教-基督教传统，所以"即使他（印第安人）能够率领我们，我们也不会追随他"[49]。

对此论题之全面讨论超过了本章的范围，可是，观照了马丁的悲观结论后，我将冒险提出一种更为乐观的主张。可能确实如此：在西方科学的自我形态中，特别是生态学与生命科学，也包括物理学与宇宙学，正致力于发展一种新的西方世界观，在某些方面（但只是在某些方面），它突出地与美洲印第安文化多少有些相似。20 世纪，科学已从其传统的机械与唯物主义偏见中撤退，正是在此方面，20 世纪科学已成为"革命性的"。通行的西方文化依然落在后面。在大多数领域，欧洲人与欧洲化的美洲人，名义上保持一种基督教的和保守的唯物主义与机械主义立场，但新的生物中心主义与有机世界观（根植于一种整体的宇宙学，辅之以场论本体论）已开始出现。再者，有诸多理由期望，最终它将以一种全新的流行文化的形式全面开花。当下对环境污染、濒危物种、大众化的生态学的兴趣，以及美洲印第安人的环境态度与价值，均乃此种正在涌现之意识的先兆。

通过前面的评论，我并未故意贬低卡尔文·马丁在其《游戏守护者》（*Keepers of the Game*）主体部分中所取得的主要成就，对于重建传统美洲印第安人世界观之基本轮廓，在近期的学术努力中，这本著作做出了不可磨灭的贡献。汤姆·里甘在一次以马丁工作为基础的讨论中，致力于阐释真正的哲学问题。马丁对此可能已感觉到，然未能连贯地讨论，也未能有效地解决。依里甘之见，"总有一种……可能性，是对守护者（在林地印第安人之形而上学中，乃狩猎动物的精魂守护者）的害怕，而非自然之内在价值欣赏，指导着这些人的行为"[50]。因此，里甘相信，此种考虑构成了"土著人群（对自然）尊重行为之不可根除的神秘层面"[51]。

面对里甘的考察，我们现在可以澄清马丁不愿意称美洲印第安人对自然之态度为"伦理的"或"道德的"之真实基础。印第安人之自我利益本身可能已规定了其对自然之顺从。因为，若此规定尚未出现，如他们所信仰，无处不在地从精神上包围着他们的自然将不再提供给养，或更糟，将积极地报复他们，印第安人将遭受可怕的痛苦。现在，无论根据哪种阐释（包括休谟的和康德的），任何仅基于自利的行为模式显然不能恰当地被描述为一种道德或伦理。因此，对所有他们吹捧的自然之精灵化，以及在狩猎与采集植物时的敬畏和限制而言，再次称引马丁的话，可能"此处无任何东西倡议伦理"。

里甘很公平地指出："美洲印第安人之行为的神秘性便是人类行为的神秘性，是一个古老的谜：作为人类，我们是否有能力对我们相信为其自身而有价值者切实地表达无功利之尊敬，或者是否在所有仪式、惯例以及对我们关注对象的口头赞颂之下，用康德的令人印象深刻的词语说，存在着'可尊敬的自我'（the dear self），我们意志之真实的、普遍的统治。"[52] 此考察清清楚楚地主张：将人类针对任何东西的任何行为描述为"伦理的"或"道德的"是天真的、草率的。从个人而言，我认为，里甘还有马丁（若此实际上是后者持保留态度之基础）正在全面地怀疑人性。当休谟说尊重人类行为之动机时，我更倾向于认同休谟的意见：

> 我们可能公正地认为我们的自私是最值得关注之物。我意识到总体而言，我们对此人性之表现已然太过。某些哲学家对人类形式这一独特方面十分高兴，但此描述在自然界如此广泛，以至可以用来解释我们在神话与浪漫故事中的怪物。基于如此认识，即人们对自我之外的其他任何东西不感兴趣，我将会认为：极少有人爱他人胜过爱自己，极少有人拥有胜过自私的其他情感。[53]

我认为，人类并非不能基于爱、同情、关心、尊重、伴侣情感、尊敬等而行动，就像基于纯粹的自利而行动一样。因此，我想，人类并非不能做出伦理或道德行为。

大多数民间伦理（与正式的哲学理论不同）同时考虑与执行我们的道德情感和自利情感。以我们熟悉的基督教伦理为例，我们被鼓励像爱自己那样爱上帝和我们的邻居。那些道德情感胜过自利情感的人可能确实对他人做出了令人尊敬的行为，最主要地是因为他们爱上帝，以及至少是相互同情（若不是爱）。另外，还可诉诸可尊敬的自我。若你不服从上帝的命令，至少行动起来不像是尊重他人，那么上帝将惩罚你。

201　　　在此方面，对我而言似乎如此：印第安人大地伦理确实与西方人文主义者的伦理相类。我并未在此讨论中主张，在印第安人更利他，欧洲人与欧洲化的美洲人更自私的意义上，传统美洲印第安人比西方人在道德上做得更好；而是主张，这两种宽泛的文化传统提供了很不相同的自然观，因此，也提供了其所属成员道德情感之很不相同的激发或刺激要素。我们可以肯定：在这两种文化内部的人群中，自利情感与利他情感是混合在一起的。其比率在不同文化间与在不同个人间一样，不会变化很大。在任何一种文化中，有些人可能近于缺乏仁爱之情，而另一些人则充满此情，他们宁愿为同伴而牺牲自我。因此，印第安人的大地伦理，与西方文化中的人道主义宗教民间伦理一样，诉诸我们高贵的情感与自利之爱。

在传统的美洲印第安文化中，动物与植物通常被描绘成一个大家庭或大社会中的伴侣成员，它们是值得尊重甚至关爱的"人们"（persons）。但是，若有些个人（在任一人类群体中总是有的）不具备爱他人之情，有些人狭隘自私，那么诉诸害怕惩罚之情就起作用了，如其本然，这会作为类似行为的补充性动机，其他人则会出于道德情感而有同样的表现。高贵、慷慨的美洲印第安人将为大量肆意地，仅为游乐而不必要地屠杀与狩猎动物而感到困惑和受辱，因为动物乃一拓展的家庭或社会中的伴侣成员，且它们本身如此慷慨、充满合作精神。另外，高贵性稍逊的印第安人可能因为害怕报复而被诱导地服从一种类似的限制。对我而言，在任何意义上，这种报复因素并不意味着：因此，印第安人的世界观并不包括大地伦理（马丁的主张）；或者甚至，因此，平均而论，在传统印第安人关于自然行为的明确限制中，有一种"不可根除的神秘层面"（里甘的主张）。这种神秘导致我们不能断定，其与自然之限制性关系真正是伦理的还是仅仅出于自利。这种限制无疑包含了伦理与自私的方面，此两极行为间之平衡在个体间存在变化。对特定个人而言，可能也会因时而变。我们的观点是：无论时间怎么变化，或个人会怎样回避、忽视、违反它，或就此而言，有人会因害怕受到惩罚而不情愿地尊重它，美洲印第安文化都为其成员提供了一种环境伦理理想。

第十一章　美洲印第安人之大地智慧?：澄清论题

引　言

　　在生态学之普及和"环境危机"的公共意识的刺激下，传统美洲印第安文化成为一种丧失了但却未被遗忘的人与自然和谐之象征。此最近之印第安奥秘融合了乡愁与乐观主义。它煽情地表达了一种对充满生物丰富性和多样性大陆之掠夺的遗憾与愤怒，也表达了当代欧洲化的美洲人社会希望效仿由传统土著美洲人所代表的一种恰当的人与自然关系之典范。

　　然而，将如此分散和来源不明的事物准确地确认为当代群体意识中的印象，并提供历史方面的证明，这是困难的。密切考察后发现，一种假定的美洲印第安"大地或环境智慧"——作为一个类属的概念——实际上由几种差异明显的类型构成。这样说吧，由于文献记录大致从 1492 年开始，在此之前的情况没有直接的文献记载，所以以在美洲印第安人群中普遍流行着一种或另一种环境智慧的主张很难考察与证明。一方面是第一批欧洲人登陆时北美明显的生物资源，另一方面是零星的浪费以及大型哺乳动物大量灭绝的考古学证据，提供了关于传统美洲印第安人之环境行为的隐然暗示。认知性文化与文化行为间的联系复杂而细微。文化理念指导与激发个人和群体之行为，但并不能决定行为。相反，违反文化规范的行为情节并不必然使这些理念无效或遭到驳斥。为了更直接地检验存在于传统印第安人群中的环境信仰、态度与价值，需要某种方法或考察。

　　现在，这种系统与经验研究可能比任何时候都更为需要。当代流行的神话学之辩证法乃如此：针对传统美洲印第安人之本土环境保护主义者形象的反抗性拒斥理所当然地迟早要发生。这种拒斥将很快发生，如鲁道夫·凯泽（Rudolf Kaiser）对美洲印第安人大地智慧最杰出例子之虚假起源的报道——1854—1855 年《艾略特港条约》（Port Elliot Treaty）谈判期间的著名的西雅图首领演说（the oration of Chief Seattle）——成为这个国家广为人知的东西。[1] 这些事件发生期间，西雅图（Seattle）几乎确实用其土著语言发表了一次演说，该演说由亨利·A. 斯密斯（Henry A. Smith）（一位医学博士）在演讲现场改造为英语，我们无法知道改造的准确性如何。[2] 但是，近来被如此广泛称引的西雅图首领［对富兰克林·皮尔斯（Franklin Pierce）总统］所做的演讲（有时被称为信件）之版本，甚至不是那个经斯密斯演绎而不知其真实性的版本。"我已在草原上发现上千头正在腐烂的水牛，它们被路过火车上的白人开枪射杀后遗弃。我是个野蛮人，不明白那冒着烟的铁马怎么会比那些我们只是为了生存才杀死的水牛更重要……若我们将土地卖给你们，就请像我们爱护它那样爱护它，像我们关心它那样关心它……你们怎能买卖天空、大地的温暖？……这种想法对我们而言非常奇怪。"[3] 这些熟悉的词语，几乎是美洲印第安人关于环境的家喻户晓的言说。但是它们，连同那些被归于西雅图的其他生态与环境信仰，实际上由一位名叫台德·帕里（Ted Parry）的人所写，出自一部名为《家》（Home）的电影剧本，由南部浸信大会（Southern Baptist Convention）制作于 1971—1972 年。这些话被插入威廉姆·阿罗斯密斯（William Arrowsmith）对亨利·A. 斯密斯在 19 世纪对西雅图演说翻译之改编中——无论其原本的内容是什么。

但这只是将传统美洲印第安人之大地智慧偶然地改造为当代文化之可耻的、特殊的一例。对它的批评同样不负责任。比如，丹尼尔·A. 格斯里（Daniel A. Guthrie）在一篇发表于《生命科学》（Bio Science）的粗劣文章中，除了其他同等不相关语境，引用了今天印第安人保留地的环境与生态条件以说明：欧洲移民到来前美洲印第安人（这些人在他眼里是"野蛮人"），与其来自欧洲的后继者一样，在环境与生态上麻木不仁。[4]

格斯里还主张——通常被认为对关于美洲印第安人大地智慧之"浪漫"观念而言是致命的——印第安人对北美环境之影响限于技术，而非观念。证据呢？首先，欧洲人到来前的大陆人口稀疏，意味着美洲印第安人　　*205*

的生存方式如此脆弱，使印第安人的数量远低于这片大陆的承载能力，即使对狩猎者-采集者来说也是如此。其次，是如此历史事实：当更好的技术——钢圈、刀子、斧头、来复枪、链锯、雪地汽车等——得以应用，印第安人便毫不犹豫地应用它们，全面地利用了这些技术之优势。对于后面的"证据"，我将在随后的讨论中处理它们。我随后将提出，适应一项技术，隐含地说，就是适应一种包含该技术的世界观。在此，我可能反其道而行之地补充：印第安人对西方技术的采用与欧洲人和源自欧洲的美洲人对其传统信仰系统之巨大的、侵略性的瓦解相伴而行。若白人已登陆北美，带来成批的斧头、刀子、铁壶等，然后转身离开这片大陆，这些所谓的开发环境的更高效工具是否会被这些接收者拥有和滥用，或甚至是否被用过，还是个悬而未决的问题。

传统技术的开发潜力是一个不同类型的经验问题，对此，极少有确切资料——无论是哪一种。关于信念，有的仍然是西方沙文主义式观念，可追溯至托马斯·霍布斯与约翰·洛克：未开化人群之生存技术只能为他们提供最简单的维持生命之手段。用霍布斯的话说，其最好情况也是一种"贫穷、肮脏、粗野与短暂（若非'孤独'）的生命"。而洛克只是从逻辑上宣称，并无事实做支撑：一位"（美洲）印第安国王的广阔、丰饶国土，那里有食物、居所与衣物，可他也比英格兰的一位普通劳动者的生活更糟"[5]。卡尔文·马丁在其《游戏守护者》中考察了关于该论题〔从经亨利·多宾（Henry Dobyns）修改的关于前哥伦布时期美洲人口评估（它描述了欧洲疾病对美洲原住民人口所造成的锐减），到经马绍尔·萨林（Marshall Sahlin）修改的关于狩猎者-采集者富足的图景的每一件事情〕的大量文献，并得出了如下结论："基于对使用传统工具之现代狩猎者-采集者的研究，我们留下的印象是，比之于从前，这些人确实具有对其动物与植物资源施加更大压力的技术能力……（这样，从对现代狩猎者-采集者之观察推断其过去之情形，比之于其已然所为），在史前时代应用传统工具的印第安人很有能力对其游猎资源造成更大的破坏……那么，需求而非技术是压倒性因素，而需求又由巨大的、原始的生命欲望决定，并被文化关注所理解与规范。"[6]

威廉姆·克罗农（William Cronon）在最近以地理学为焦点（且较少

争议）的研究中确认了马丁的结论："在岸边有鱼与贝壳，在盐沼里有候　*206*
鸟，在森林与低地灌木丛中有鹿与水獭，在被清出来的高地田野有玉米与
豆子。到处都是野生植物。人们对这些植物的应用真是太广，难以说清。
对新英格兰印第安人而言，生态多样性，无论出于自然还是出于人为，都
意味着丰饶、稳定，能有规律地提供他们所赖以生存之物品……印第安人
若对自己以相对较少的劳动获得果实的生活表示满意，便与现代人类学家
们所描述的这个世界上的许多种族相同。"[7]

　　美洲印第安人缺乏大规模破坏环境之技术，因此无须环境伦理，该主
张经常被提及——丹尼尔·格斯里再次提供了一个佳例。下面这种主张是
以同样的口气提出的：在对待环境上，比之于其来自欧洲的后继者，印第
安人做得并不是更好，因为其遥远的祖先（！）已然牵涉到更新世晚期的
另一次神秘的大型哺乳动物大灭绝。保罗·S. 马丁（Paul S. Martin）主
张：这些灭绝不仅与来自西伯利亚的大型游猎者的到来有关，而且是由这
些美洲的最初发现者直接造成的。[8]马丁的论文已引起争论。假设他正确，
人们也不能同时持有以下这两种观点：前哥伦布时期美洲印第安人的技术
如此低效，以至于他们无力造成明显的环境破坏；一种更为原始的古印第
安人的技术乃如此高效，以至于比之于后来由现代欧洲人所带来的该大陆
之大发现，他们需要为更多的北美物种灭绝负责。

　　保罗·S. 马丁的观点中隐含着一种历史辩证法，使他的过度捕杀假
说恰好是以下观点的历史基础，而非反驳：最后的美洲印第安人最终进化
出一种大地智慧。"除了更小的、孤立的、隐藏的物种，所有的物种（比
如大多数鹿科）都灭绝了。情形似乎如此：一种更正常的捕食者-被捕食
者关系将被建立起来。主要的文化变化将开始。直到被捕食者种群灭绝，
狩猎者被迫认识更多植物，他们需要重新适应美洲的独特生物群系……"[9]

　　主要的文化变化，以及重新适应美洲的独特生物群系的部分过程，也
许就是进化出一种大地智慧。为何"主要的文化变化"应该被限于物质文
化？毕竟，认识更多的植物既是一种重要的行为成就，也是一种同等重要
的观念成就。学会尊重大地——无论它被怎样认知性地定义——可能伴随
着认识更多的植物。自然选择也许喜爱西伯利亚移民之剩余人群的土著美　*207*
洲后代，他们已发展出一种意识形态，它帮助这些人避免了过度开发模

式，即那种到头来最终毁了其祖先的生活方式的模式。

整体而言，在任何情形下，反对美洲印第安人大地智慧的主张都与一种特定的认知文化材料相去甚远，它实际上是一种先验观念。甚至所争论的究竟为何物也并不清楚。在下面的讨论中，我首先对所讨论之问题做观念上的澄清，其次提出解决此问题之方法，再次将此方法应用于一种特定文化语境，最后做一些结论性评论。

一种美洲印第安人大地智慧类型学

迄今为止，关于美洲印第安人之大地智慧，现有文献已将它总结为四种独特类型：功利保护、宗教敬畏、生态意识与环境伦理。

1930 年代，威廉姆·C. 麦克里欧德（William C. McCleod）与弗兰克·G. 斯佩克（Frank G. Speck）试图告诉有文化的公众：在传统的美洲印第安人群中，保护原则得以实施。[10]据我所知，关于美洲印第安人之环境智慧，他们提出的主张最早，也最有教益。通过"保护"（conservation）一词，麦克里欧德与斯佩克有力地暗示：功利保护，如人们在 1930 年代所理解和实行以及此前由吉弗德·平肖所界定的那样，是一种对自然资源的理性、谨慎开发，以便从它们那里得到最大限度的可持续产出。确实，斯佩克明确地应用了美洲印第安人的环境保护证据，以便得出一种更具一般性的结论：当时认为美洲印第安人长期处于意识上欠理性水平的普遍性种族主义典型看法是错误的。另言之，斯佩克断言：原住民的环境保护、对资源的理性利用证明了一点——传统美洲印第安人也是理性的。

斯佩克和麦克里欧德将其结论建立在此人种学考察（ethnographic）的基础上：后欧洲移民时代，美洲印第安人生活在一个与移自欧洲的美洲文明相对孤立的环境中，他们所实践的显然是一种传统的生活方式。斯佩克和麦克里欧德都严重地依赖家庭狩猎领地上的当代制度，家庭狩猎领土每年被分为四块不同的小领地——以此保证游猎动物种群之恢复，这被作为北方林地的原住狩猎-采集人群施行环境保护的无可争辩的证据。此项

制度确实提倡对游猎资源进行仔细的、量化的与实验性的调查，以及制定对它们进行系统性开发的计划——这些都是功利保护原则的基础性要素。

　　然而，麦克里欧德清楚地意识到：关于家庭狩猎领地系统，可能存在某些问题——它可能是对欧洲毛皮贸易的一种反应，因此也就附属于欧洲经济概念——自然资源、私有财产、供应、需求等。或者甚至，保护是由白人特意地教给印第安人的；但是他仍坚持，"关于其起源，似乎没有任何疑问"[11]。当然，接下来的研究倾向于相反的意见——家庭狩猎领地及相应的观念认识，是一种后欧洲移民时代之发展。[12]

　　麦克里欧德和斯佩克收集到的关于保护的独特认知（与行为相对）证据，实际上指向第二种完全不同的环境智慧——他们将之界定为对自然与非人类自然实体的"宗教"敬畏。斯佩克重申了许多关于阿尔冈卡狩猎者-采集者之仪式、传说、风俗实践方面的例子，并以下著名的评论概括其考察："与这些人在一起，这种行为并非亵渎。狩猎并不是一场对动物发起的战争，不是为食物与利益而起的一场屠杀，而是一种神圣的职业。"[13]麦克里欧德以一种较少戏剧性的语气指出："精神动机在保护生产方面也许有很大作用。对原始人而言，所有事物均有灵魂，有生的与（对我们而言）无生的……（因此，）他们显然已从精神角度将其粗疏的保护理性化了。"[14]

　　麦克里欧德似乎比斯佩克更清楚地意识到："自然资源"之"保护"也许更可能是万物有灵论（animism）与宗教崇拜之副产品，而非一种有意识的期望目标。依斯佩克和麦克里欧德之见，对植物和动物的浪费与/或无节制的收获对它们的灵魂或灵魂守护者是一种冒犯。因此，斯佩克所描述的森林狩猎者-采集者并无明确的目的要保护资源，他们的意图是不要冒犯自然神灵，但可能已偶然达到同样的效果。

　　确实，情形似乎如此：构成精致功利保护概念的复杂性从认知上不能与所谓的对环境之宗教敬畏相协调。斯佩克将后者的态度简要地概括如下：

　　　　狩猎者之德性建立在以下行为之上：尊敬必须杀死的动物之灵魂，以规定的方式处理其遗骸，特别是尽可能多地利用其遗骸。这些惯例构成了宗教遵从。在恰当条件下被宰杀和获得其所应得之对待的动物可以重生。动物们则向"好"狩猎者在其梦中暗示自己的行踪，以一种自我牺牲的自由精神使自己服从于狩猎者的武器。[15]

将动物与植物群体视为非人格的物质资源，考察这些资源之分配、增长、补充、喂养习惯与季节等，用一种尽可能谨慎的方式即冷酷地计算出这些"资源"的最大值，或甚至是这些"资源"的可持续性产出之最大化，这些似乎代表了一种对自然物之精神的危险的不敬态度。再者，从逻辑而非喜好的角度讲，相信如果恰当地处理其遗骸，那么水獭、驼鹿与其他被杀死的动物就会重生，将严重挫败那些计算，后者乃关于保护的认知系统中之本质因素。

斯佩克归之于他所研究之美洲印第安人的第三种大地智慧（比之于功利保护，从意识形态上讲，它与对非人类自然实体之宗教敬畏更协调），是一种不同类型的智慧，因为它可能存在于信仰与实践的宗教框架之外。他说："根据金规原则对待动物与植物的观念，对东西印第安人来说，是一种如此典型的宰杀与采集方式，他们确实使用他们在狩猎、捕鱼和采集上的特权，可是他们以对待人类的同样思想与关注对待动物与植物。"[16]斯佩克在此为林地狩猎者-采集者总结出一种对非人类自然实体的伦理态度，以与宗教敬畏态度相区别。对某种事物的伦理态度可不依赖对它们的崇拜、尊敬或敬畏。我们并不崇拜、尊敬或敬畏其他人，虽然我们可能尊重他们。如现代世俗伦理学所示，伦理态度可与信仰的宗教或超自然系统相分离。欧文·哈洛韦尔对奥吉布瓦人和阿尔冈卡人所做之广泛的、十分同情的反思性工作提供了丰富的例证：奥吉布瓦人把动物、植物以及各种各样其他自然事物与现象当作人们，他们可以与这些事物一起进入一个复杂的社会交际网。社会关系依其本性乃伦理由之而产生，且首先付诸实施的母体（因为它们与美洲印第安人之大地智慧相关，我将在本章之下一节的考察与分析中做更为全面的评论）。

大地智慧之第四种独特类型——近来人们普遍地将它归于前哥伦布时期的美洲印第安人——是生态学。依斯图尔特·尤德尔（他亦将环境伦理归于美洲印第安人）、弗雷德·费尔蒂希（Fred Fertig）、J. 唐纳德·休斯（J. Donald Hughes）、特伦斯·格里德（Terrence Grieder）、G. 雷赫尔-多尔曼托夫（G. Reichel-Dolmatoff）、威廉姆·A. 里奇（William A.

Ritchie）和托马斯·W. 奥弗霍尔特（仅略提及），美洲印第安人的"生态意识"（ecological awareness）制约着其对环境的潜在掠夺。[17]

当然，"生态"（ecology）一词在变得越来越大众化的时候，也变得越来越模糊。现在，它经常在最宽泛的意义上被用来指称大致与"自然环境"相同的东西——如此句："开矿对生态有害"。相应地，任何人若强烈地提倡环境保护，就可能被称为"生态学家"，不管他或她在生物学训练，或甚至在生物学知识上多么有限。狭义地讲，生态学乃生物学之分支学科。一位生态学家是那个领域内具有高等学历的人（或至少在职业性的、可尊敬的业余研究方面有深厚积累）。因此，说美洲印第安人是土著的、本能的、自然的、原初的生态学家，可能在最宽泛的意义上意味着，他们在环境保护方面是强有力的提倡者，或最严格地说，在生物学的这一分支学科，他们拥有高端知识。前一种概念是一种历史-政治意义上的时代错误，后一种概念则是荒谬的。

更宽泛地阐释，那些主张美洲印第安人拥有一种生态意识者也许是意指：美洲印第安人对于生存于其中的生物区环境具有全面的、系统的知识，尤其是具有关于其环境构成要素间动态的相互作用、依赖性和关系的知识。这种精细的知识与那些和自然形成亲密、直接、依赖性关系的人所已然积累的知识并非完全不同。人种学研究的大量事例支持这些知识实际上存在于保留传统生活方式的当代美洲印第安人之中。[18]

不幸的是，并非所有的当代生态学家都是环境保护主义者。就像现代生态学也可以被应用于服务严格的经济学目的，土著的生态学亦可如此。一种生态学意识存在于美洲印第安人之中，并不能从中推出他们具有尊重生态系统的态度和价值。

发现美洲印第安人大地智慧之方法

这四种假定的普遍存在于传统美洲印第安人之中的环境智慧之基本类型——（功利）保护、宗教敬畏、环境伦理与生态意识——经常在同一位作者的同一次讨论中就混杂在一起。比如，J. 唐纳德·休斯在其《森林印第安人：神圣的职业》（"Forest Indians:The Holy Occupation"）一
211

文中，混乱地将所有这四种环境智慧（以及女权主义）尽归于东北方之狩猎者-采集者。

证实如此观念——某种大地智慧存在于传统美洲印第安人之中——的方式同样充满变化，且缺少批评。更大众化的讨论很少关注文化特殊性，基本上依赖也许可被称为证明书（testimonial）的证据或支持。前面提到的（杜撰的）西雅图首领、约瑟夫首领（Chief Joseph）、奈哈特的黑鹿、布朗的黑鹿、立熊、拉姆·迪尔、瓦因·德洛拉（Vine Deloria），与许多其他近来的印第安人发言人，被不加区分地称引，作为传统美洲印第安人在（功利）保护、生态学、环境宗教，或大地伦理方面的证据。虽然我个人并非不为这些证明所动，但同情较少的批评家却可能以不同的理由拒绝它们。它们中的大多数是相对新近（19世纪中期或更晚）时期的，它们可能是独特的（而非对共享性文化价值的真正反思），并且可能是怀旧的（这种怀旧很容易理解，很有理由，但仅此而已）。一个人被迫放弃自己祖先的土地，自然会对殖民掠夺者感到愤怒，对自己正当的自然遗产感到感伤。人们从这些折中性文集——如 T. C. 麦克卢汉（T. C. McLuhan）的《触摸地球》（*Touch the Earth*），或彼得·纳博柯夫（Peter Nabokov）的《土著美洲人的证明》（*Native American Testimony*）——所提供之证明中发现的对环境的温柔情绪，只能是一种个人性反应与文化性再思，是对文化压力与个人性剥夺的自然反应。[19]

对传统美洲印第安人之大地智慧的第二种质疑基于关于什么东西可被称为描述性人种学（descriptive ethnography）的结论。立足一种批评性视野，比之证明书技术，此方法在知识和可信度方面构成一种量子跃迁。

描述性人种学对狩猎-采集文化之当代遗存的环境行为提供了第一手说明，记录了狩猎者-采集者在仪式、歌唱、故事、神话、传说中不经意地与象征性地表达的相关信仰、态度和价值。此方法的两个杰出案例是阿德里安·坦纳（Adrian Tanner）的《将动物带回家》（*Bringing Home Animals*）与理查德·纳尔逊（Richard Nelson）的《向大乌鸦祈祷》（*Make Prayers to the Raven*）。[20] 这些描述通常在文化上是独特的〔如坦纳关于米斯塔西尼（Mistassini）的克里人——印第安人之亚种——的工作］，且具有学科批评性。

当代人种学家（他们的工作要求他们处于一种偏远的、不友好的环境中，其中的艰苦显而易见）艰苦的研究、自我奉献和同情心，使我这样的 *212* 书斋学者对他们充满无限的尊敬和欣赏。然而，这些当代描述在多大程度上不仅超越当代文化边界，而且越过几个世纪，能进入前哥伦布时期与印第安人先辈相同的文化，并对它做出概括，这仍是个问题。全球化技术文明与作为这种文明之基础的意识形态（可能少数亚马孙人是例外）的影响是不可回避的，也是内在的。无论从认识论来看还是从价值论来看，技术从来都不是中性的。它们根植于一种产生性与持续性的观念系统。购买枪支、摩托与方格纹夹克，无论怎样无意识，都是购买一种待培植的世界观。科优康（Koyukon）人和米斯塔西尼地区的克里人在游猎时使用枪支与钢圈，穿店里买的衣服，在某种程度上说是受到了基督教、现代科学、西方医药、金钱与唯物主义的影响。

另外，比之于那些从源头上不能被确认为西方的文化因素，若非与之同一，至少一定是过去原住民文化的一种遗产，还可做哪些假设？一种强烈的质疑可能依然会被提出：那种对非人类自然实体明显的敬畏或伦理态度（无论是明确表达的还是暗示的）乃西方影响之结果，这种影响不会比家庭狩猎领地中施行的有意识保护原则与实践所产生的影响小。如我此前所指出的，保护由复杂的、与西方世界观基础性认知因素深入纠缠的观念系统构成。另外，敬畏或伦理态度可被阐释为对典型的西方式对自然冷漠、粗野态度的一种辩证反应。作为一种底线，人种学家的兴趣，他或她的研究日程，他或她对自己提出的问题或向其受访者提出的问题，可能微妙地塑造了他或她的研究结论。注意到这一点甚有兴味：当代人种学家也经常致力于成为环境保护主义者。一位批评家也许会提出：记录了人种学环境态度与价值之存在的、与研究者之环境态度和价值相符的研究结论，在很大程度上可能是一种自然的人类偏见与选择性之产物，但却在同等程度上被当作客观的、中立的与平衡的报道。

为了消除此种描述性人种学方法对于证明如此假说——在传统美洲印第安人中存在某种环境智慧——的某些不确定性，卡尔文·马丁在其《游戏守护者》中使用了一种他称之为人种史学的方法。[21] 他提出，用历

213 史文献（生活于土著人之中，已适应了土著文化的拓荒者、商人、传教士、欧洲俘虏们所写的信件、报告、编年史、记录等）补充人种学报告，以尽可能地接近文献视野。这些文献刻画了印第安人最先同欧洲人接触时的，或接触不久时的物质与认知文化，此后的世代印第安人则面临着日益增加的欧洲文化影响。这些早期文献经常之偶然的、非系统的、民族中心主义的、曲解的特质可与更为系统的、客观的但却总是相对更近代的人种学描述进行比较、核对。理想地说，它们可以相互校正、补充、丰富与揭示。在我看来，马丁对此方法做了高效且有说服力的应用，以此重构了欧洲人到来前夕，普遍流行于东部次北极地区狩猎者-采集者群体的一种关于大地智慧的"大地伦理"类型图景。（不幸的是，马丁取消了他自己对土著美洲印第安人之大地伦理的建设性概括。因为他提出了关于美洲印第安人与动物间战争的奇怪的、纯属猜测的假说，同时也随意地、自相矛盾地质疑美洲印第安人之大地智慧的"神话"，当代环境保护主义者往往犯此错误。）

最后，托马斯·W. 奥弗霍尔特和我在我们的《以羽为衣及其他故事：奥吉布瓦世界观导论》中应用了一种首先由欧文·哈洛韦尔提倡的方法，它与哲学分析和文学批评相似。[22]立足当代环境保护主义，一种设想的传统美洲印第安人之大地智慧在任何有趣的意义上，将并非一种例外的印第安人圣人或哲学家的个人智慧，而是一个共同体的群体环境精神。这样一种背景性的也可能是一种文化的世界观之隐含方面产生了，如认知文化之所有其他方面一样，需要一种背景性与公共性途径——一种文化的语言。

虽然语言在日常生活中被例行公事地用以传达个人意义与信息，但它同时也成为一种公共的文化意义系统的存储库和一种共有的叙述性遗产。因此，对一种文化的公共媒介（语言本身）与叙述性遗产（神话、传统、故事的总体性积累）的系统研究，将为重现其共有信仰、态度与价值（包括有关环境的信仰、态度与价值），提供一种可靠的、客观的方法。虽然这必定仍然是一种假设，但此方法应该能为我们提供一种超越文献视野的图景——就一种文化的语言与其叙述性遗产之持存而言。故事依其本性，

214 具有生命，它们在经历激烈的文化语境变化时只会发生偶然的变化而获得

持存。想一想欧洲化美国人的口头神话传说。它们讲的大多是居于城堡的王子与公主、披着闪光铠甲的骑士、魔剑、巫婆、魔术师与巨人。它们让人回到另一个物理与心理世界。它们依然活在我们今天这个充满了摩天大楼、飞机、电脑与技术专制的世界里，在重述中相对不变地活着。

与弗兰克·斯佩克不同，欧文·哈洛韦尔并未显示出对环境论题或美洲印第安人之环境态度与价值感兴趣。因此，他对奥吉布瓦语言的语义学分析不能被当作有意或无意地偏向于美洲印第安人之某种大地智慧而受到指责。奥弗霍尔特与我对哈洛韦尔的以下工作做了重审——对奥吉布瓦语义范畴的语义学分析，并将它们应用于奥吉布瓦人之大地智慧问题。依哈洛韦尔之见，生物与无生物之间正式的奥吉布瓦语义学区分（类似于罗曼语系下的性别之分）并不符合科学教育下的西方人直觉。[23] 比如，某些石头（燧石）、某种贝壳［比如草药治疗仪式（midewiwin）中所用的海螺壳］、雷电、各种风等，与植物、动物和人类在奥吉布瓦语中属于有生一类。再者，依哈洛韦尔的研究，与在英语及其他现代西方语言中的情形不同，在奥吉布瓦的语义学区分中，人（person）这一范畴与人类（human being）这一范畴并不属于同一类别。[24] 动物、植物、石头、雷电、水、山等，在奥吉布瓦语言对经验的组织中，可以是人们（persons）。

现在，如哈洛韦尔所指出的，像在英语中一样，在奥吉布瓦语中，在人们与社会相互关系之复杂网络中存在一种密切关系。因为比之于当代西方世界，在传统的奥吉布瓦世界，自然是一种更为广泛的有生界与人群社会，依哈洛韦尔，"奥吉布瓦人所生活的这个'人群关系的世界'是一个生命的社会关系超越了人际关系的世界"[25]。由奥吉布瓦神话圈细致地阐释和描述的关于自然的人际与社会组织，以及人与自然的相互关系，在语义学区分中被结构性地呈现出来。通过威廉姆·琼斯（William Jones）著名的故事集——《奥吉布瓦文本》（*Ojibwa Texts*），奥弗霍尔特与我发现：奥吉布瓦人持续地将自然界呈现为一种不同于人类的组织，一种各类社会聚积的世界。[26] 植物与动物物种乃另一种部落或民族。人类与其他物种的经济交往并未被呈现为对非人格的物质资源的开发，而是一种互惠性的礼物赠予与交换。在此关系中，人类与非人类伙伴都在交换利益。游猎动物向人类交出了皮肉，而人类反过来为这些动物提供烟草与其他它们所需要的栽培物种和人工制品。被宰杀的动物转生（在转生这个术语最字面的意义上）了——重新具有肉与皮毛，由此获得生命，享受人类所赠予的利益。

奥吉布瓦人的法则（the nomoi），即管理人与自然之关系的规则或习惯，本质上是一种社会-伦理类型的法则。动物灵魂并不会在任何宗教意义上获得崇拜，而是像人类社会中有很好地位的成员，它们被尊重。它们的个人兴趣与情感得到关注。任何社会伦理中的规则或惯例都规范化并阐明尊重他人这种情感性的伦理姿态，并提供行为指导。

最有趣的是，我们在奥吉布瓦环境伦理与奥尔多·利奥波德之大地伦理间发现了一种抽象的一致，而后者在当代环境伦理思想中是一种最为杰出与最有吸引力的环境伦理学版本。[27]利奥波德之大地伦理以之为基础的首要观念，是一种生物共同体的生态学概念：

> 迄今为止，所有伦理学都基于一个简单前提：个体是由相互依赖之各部分组成的共同体之成员……大地伦理只是将共同体的边界拓展至包括土壤、水、植物与动物，或合言之：大地。[28]

奥吉布瓦人与当代利奥波德这样的生态学家对自然之个体-社会秩序的细致呈现当然有广泛的差异。前者是神话性与神人同形同性的，后者则是科学的与自觉类比的。然而，当二者分别将神话与科学的细节弃置勿论时，一种同样的抽象结构——一种本质性的社会结构——构成了奥吉布瓦图腾自然共同体与生物学家自然经济的核心观念模式。因此，奥吉布瓦之大地伦理与奥尔多·利奥波德之大地伦理在形式上同一。

结　论

基于这些反思可以得出什么结论？传统美洲印第安人具有一种环境智慧吗？若具有，是什么类型的智慧？面对如此遥远的、我们无法亲自检验的过去，我们如何确切地肯定或否认他们具有？

216　　先看最后一个问题：当代描述性人种学（ethnography）、人种史学（ethnohistory）与人种语言/叙事（ethnolinguistic/narrative）分析都是有益的方法，可被共同引入以解决一种传统美洲印第安人之大地伦理问题。比如，在我所最熟悉的传统中，斯佩克的和最近坦纳的阿尔冈卡人人种学、马丁的东部次北极地区人种史学、哈洛韦尔对奥吉布瓦人进行的分析性人种形而上学研究、琼斯的奥吉布瓦文本研究，在基础性细节方面都认同奥吉布瓦人（以及更总体而言，阿尔冈卡人的世界）有一种认知性组织。非人类自然实体是一种人一样的存在，它们被社会性地安排进家庭、宗族与民族，与传统的阿尔冈卡人并无不同。因此，人类与这些非人族的关系是社会结构性的。它们谦逊、谨慎、互依、互惠、恭敬、老练——这些都是保持物种间的社会结构以及可以说力量的种族间平衡所必须坚持的行为形式。从社会生物学的角度看，乃此伦理之总和与本质——一种美洲印第安人之大地或环境伦理。

超越我已提及的奥吉布瓦与阿尔冈卡文化材料，并不能保证概括出一种先验性之物。来自其他美洲印第安人文化的一种类似的人种学文集与早期历史文献，以及语义学分析与神话分析，几乎肯定会揭示出一种关于现象经验的极不相同的认知性框架，并相应地揭示出对待自然的同等程度之不同的态度和价值。何为传统帕帕哥人（Papago）、商首人（Shoshone）、霍比人（Hopi）或彻昂基人（Cherokee）的大地智慧？若有的话，若做具体的、系统的努力，那么关于美洲印第安人之大地智慧类型的人种学地图就可能被逐步勾勒出来，并伴随着北美生物地理学地图，会以纳尔逊所提议的方式发展出一种北美生态心灵学。[29]

简单地推测其他草原文化，若拉科塔世界观与《黑鹿所述》所描述的每一印第安部落的世界观相似，经得住批评性审查，那么苏克斯人所描述的自然就更像是一个广泛拓展的家庭，而非社群之聚合。这样一种世界观似乎被吉姆斯·R. 沃克（James R. Walker）在 1890 年代收集的拉科塔神话材料证实。[30]一种环境智慧确实立即被从这样一种呈现中推导出来，然而它不能被很准确地描述为一种伦理。对我而言，一个人的家庭责任似乎超越了伦理。至少对我而言，伦理学提出了一种对亲密的家庭关系而言并不恰当的行为礼仪。可是，不管黑鹿所表达的那些温柔的环境情感被如何称谓，对我来说，其中似乎都有一种重要的环境意识与环境内涵。　　　　*217*

作为一位哲学家，职业关注不限于观念分析与澄清，也关注一贯性。

我倾向于认为：观念上不一致的环境态度不能可靠地归之于单个人。特别是如我此前所评论的，由于在对待自然的问题上，谨慎的功利保护与一种宗教的或伦理的智性方向存在观念上的不协调，所以自然的智性方向，我猜想它不可能是一种显示出对自然具有宗教和伦理倾向的原生性文化。可是，在理查德·纳尔逊的激发下所获得的反思已让我们相信：这种判断是错的。在一封给我的信中，纳尔逊写道：

> 关注生态进程的经验知识，以及基于此知识的持续性生产实践与精心的资源保护，我关于科优康人［和库金人（Kutchin），程度稍逊］的经验使我相信：他们具有发展良好的、基于经验的生态知识系统，他们在与欧洲人发生联系之前即已保护自己的环境。这确实是我的印象：像科优康人那样走进自己的环境时，科学、经验视野与万物有灵、象征性视野同样重要。这不仅包括寻找与获得食物的实践、技术过程，而且包括更长时段的维护食物资源的过程。对科优康人与库金人来说，保护这些资源确实是一种自觉目标。[31]

纳尔逊在此有效地主张：传统科优康人与库金人具有生态学知识，是精心的环境保护主义者，也是万物有灵论伦理学家。可是，这种不同信仰如何共存于一种世界观之内？

对我已适应的西方世界观略加反思即知：虽然哲学家显然对一致性有巨大热情，但这种观念上的不协调可能是人类之常态。基督教在不同程度上与现代科学共存。来自欧洲的美洲人在一个经验的、技术的、物质的与机械的世界里发挥功能。同时，许多人相信上帝、天堂、地狱、奇迹、恶魔附身、祈祷者的力量、死后的生命，以及基督教的其他一般原则。

因此，为何我不应当设想：传统的科优康人或奥吉布瓦人曾经将他们的环境呈现为有生的、人性的和社会性的，并且将之呈现为必须被计算性地持有与谨慎地保护的非人格资源的一种系统性集合库？一个典型的现代欧洲裔美洲人会相信：一位富人进入天堂的机会比骆驼穿过针眼的机会还少，但他或她仍然会花费一生的精力去追求万能的金钱。至少，在科优康人与奥吉布瓦人中，保护的行为意义与大地伦理相一致，无论其认知基础相差多远。它们都服务于抑制对自然的毫无顾忌的毁坏和过度开发。它们在行为上互补，若不是在观念上一致。另外，西方宗教信仰与西方科学-技术唯物主义在实践内涵上经常自相矛盾，其认知基础也互不协调，但这并不能阻挡欧洲裔美洲人赞同此二者。

将上述数种大地智慧归于传统美洲印第安文化时，我最怀疑的乃其宗教敬畏类型，至少在将它应用于奥吉布瓦人与其他类似印第安人的世界观时是如此。但是，我希望立即强调：我的关注更多是术语性的，而非实质性的。说美洲印第安人对自然有一种精神性呈现，这是一种误导，因为术语"精神的"（spiritual）之通常含义意指另一个世界，指向心灵的来世方向。相信动物、植物、风、雷电、岩石、山峰、太阳与月亮等有意识，是可交流的人们（就像我们自己一样），将这些意识（包括我们自己的）形象或具体化为灵魂、精神或神灵（manitous）之出场，这与日常西方意义上的"意识"这一概念所指的关于生命之精神维度并不相同。西方宗教思想已是压倒性地二元性的。立足传统西方宗教思想的角度，精神与肉体不仅在本体论意义上不同，而且在伦理上对立。因此，术语"精神的"通常意味着对"肉体的""粗俗的"生理世界的一种反自然的伦理对抗——就像它被经常地从一种传统的"精神性"角度所批判的那样。我想，基于"宗教的"这一术语之日常含义，将与自然精灵交流的方式——梦境、想象、预言与庆祝——概括为"宗教仪式"同样是一种误导。斯佩克以其所有的修辞表现力与风格魅力宣称：对阿尔冈卡狩猎者-采集者而言，狩猎是一种"神圣的职业"。这种宣称可谓不得要领。从他提供的材料来看，它似乎已然成为一种有魔法的和伦理的职业。另外，如《黑鹿所述》与《圣管》（The Sacred Pipe）所描绘，从拉科塔人组织经验的角度来看，自然中的人类生命被概括为宗教的或神圣的可能会更准确，因为比之于阿尔冈卡人，拉科塔人的祈祷和充满崇拜的仪式似乎更出色地刻画出人与自然之关系的理想状态。

最后，我们可能会问：一种传统美洲印第安人之大地智慧能指导美国与其他现代国家走出现代的环境困境吗？我想它肯定能。若理查德·纳尔逊的如下设想正确，即某些传统美洲印第安群体的保护实践与一种大地伦理相辅，并且在他们自己与自然之间保持了长期的平衡，那么，用他的话说："若他们能做到，我们也能如此。"[32]我想我们应该有信心：他们的范例代表了希望，也代表了一种角色模式，虽然卡尔文·马丁提出了相反的观点，但我们可以为此竞争。若奥弗霍尔特与我的以下设想正确，即某些美洲印第安人群体将他们与自然的关系描述为本质上是社会性的，因此显示其本质上是伦理的，那么其丰富的叙述性遗产就能提供现成的神话与寓言，这些是在抽象地理解奥尔多·利奥波德之大地伦理那样的生物社会性环境伦理学时所漏掉的东西。

　　一种传统的美洲印第安人之大地或环境智慧并非一种新浪漫主义发明，我们才开始发掘它在某些文化和某些生物区中的真实内涵。更为细致、系统与更具批评性的研究无疑将会很有收获，且最终可能为当代社会提供最大可能的实践性益处。

第五编
环境教育、自然美学与外星生命

第十二章　作为教育者的奥尔多·利奥波德论教育，及其当代环境教育语境下之大地伦理

在美国环保史上，奥尔多·利奥波德确实是一位分水岭式的人物，其 薄薄的优美文集《沙乡年鉴》可与亨利·大卫·梭罗、乔治·珀金斯·马什（George Perkins Marsh）和约翰·密尔的作品相媲美，确实代表了在那伟大书写传统中基础科学与哲学观念的最新发展。罗德里克·纳什（Roderick Nash）在其《荒野与美国精神》（*Wilderness and American Mind*）中正确地赞颂：奥尔多·利奥波德在西方知识史上首次有力地提倡拓展人类对非人类自然界的伦理责任。[1]此种激烈建议可以在约翰·密尔的某些文章中隐约见到，然密尔从未像利奥波德那样，在一种观念系统的支持下，对此建议做出全面阐释，或全面地为之奠基。

再者，奥尔多·利奥波德对环境思想与价值之贡献，不仅在本国得到认可，而且获得国际性承认。比如，在今天，系统性的环境哲学在澳大利亚比在美国得到更有力的追求。在澳大利亚哲学家中，奥尔多·利奥波德的大地伦理同时作为对当代环境伦理学的基础性贡献以及他们自身工作的持续典范而被接受。[2]

虽然一种伦理可被单个创造性人物所阐释与令人信服地提倡，但除非它整体上被开始向大众传播，除非它变成一种被有力地建立的文化制度，否则，它仍将微弱寡效。奥尔多·利奥波德自己的文字表达模式，一种简约却深刻、具体却在思想与情感的领域仍能臻至最高抽象和精微之风格，在其初期已将大地伦理导向一种广泛的文化传播。但是，若利奥波德的梦想——全国性甚至最后是全球性的生态良知——要想实现，仍需更广泛的努力。此任务首先是一种环境教育，它直接落在教育者肩上。

因此，此处评论的总体主题将是教育与大地伦理。本讨论分三个部

分，讲三个论题：第一个论题是利奥波德对生态教育之反思，如《沙乡年鉴》所揭示的那样。奥尔多·利奥波德是个教育者，一位游猎管理专业的教授，游猎管理是由他在威斯康星大学创立的学科，他给学生们留下了深刻印象。第二个论题是奥尔多·利奥波德在教育上的实践方法。为了学会他作为一个教师的风格与方法，我咨询了他从前的许多学生（有男有女）。这些学生已在野生物生物学方面取得杰出成就。[3] 结论部分（第三个论题），反思一种在当代环境教育语境下引入大地伦理、拓展生态良知的整体教育策略。我所推荐的方法由大地伦理之观念基础所包含。

奥尔多·利奥波德论教育

奥尔多·利奥波德对教育有许多话要说，其中之大部分表达得很温和，但却明显是批评性的。确实，近来拓展版的《沙乡年鉴》中的一篇完整文章——《自然史》（"Natural History"）——便是讨论艺术之最新进展、过去与未来的短篇学术论文。[4] 在此文中，他更具体地、系统地拓展了某些主题，这些主题在《沙乡年鉴》的其他文章中只是被偶尔提及。

特别是在生物学教育中，利奥波德注意到：实验生物学已取代了自然史之位置。实验生物学涉及此类事情，诸如"记住猫骨头上隆起部位的名字"[5]。它在室内开展，与死的动物打交道。而自然史则处理活的动物，尤为重要的是，还有其活的环境。利奥波德感觉到：基于课堂的有限课程与教学计划，为生物学专业的学生提供一种野外导向的课程会更好，这意味着更多的自然史内容，更少的实验技术。

利奥波德在此讨论中指出：在室内与室外、死的动物与活的动物之二元对立中，潜存着一种更为深刻的理论紧张。他评论说：自然史遭受着某种生物教育史早期即已奠基的损失，因为它那时的大部分内容只是"标记物种，收集动物的捕食习性，但却不做阐释"[6]。然而，"现代自然史只偶尔处理植物与动物特性，只偶尔涉及其习惯与行为。原则上，它聚焦于其相互关系，它们与自身所赖以生长的土壤和水之间的关系，它们与人类的关系。人类歌唱'我的故乡'，但却对其内在工作机理知之甚少，或懵然无知"[7]。换言之，在自然史内部，存在着分类学与生态学的理论冲突。

225

生态学以分类学为基础，然而，在生物学理论中，生态学是一种更高级的发展。

分类学是一种根据精细的概念系统标识与划分植物和动物的艺术。该系统由种、属、科、目、纲等构成，它源于亚里士多德（西方生物学奠基人）的形式研究。该系统成为生物科学的骨干。当然相对而言，生态学是一位后来者。分类学能很好地处理死的标本，但是这并非其作为一门被想象为处理活的自然之科学的最严重的缺点。而是，因为一种动物或植物的分类特性将该动物或植物定位于一种高度形式化、很大程度上是抽象的组织系统内，若过度关注此系统，将会妨碍人们对存在于动物与植物生态关系中那个真实的、具体的系统的认识。换言之，一种植物或动物的分类学生境（taxonomical niche）将它自己与其他系统发生学（phylogenetically）相似物种联系起来，而它的生态学生境（ecological niche）可能将它置于一种很不同的关系模式中。如利奥波德所评论的，出于生态学理解之目的，"一个（营养）层上的物种在其起源与形态上并不相同，但在其食物上却有相似"[8]。以下事实是清晰之例：从系统发生学与分类学的角度看，少数以浮游生物为生的鲨鱼物种当然与其他鲨鱼有关联；但从生态学的角度看，它与有须鲸更为类似。换言之，滤食（filter-feeding）鲨鱼与须鲸亚目（mysticeti）一样，在"自然经济"中从事一种相同的"行当"。数世纪以来，专注于分类学划分在生物学理念的发展中也许必要，但滑稽的是，它使生物学家与生物学无视生态关系，将有生世界描述为一幅由逻辑决定的、许多物种松散地散落在景观上的图景。它们随意关联，毫无章法。

上述考察对当代环境教育有直接与具体的启示。以常见的"自然行走"（nature walk）课程为例。从实践上说，所有那些指导我的，无非是对物种的无限划分。它通常使我们陷入如此境地："有一种靛青颊白鸟，这边有一棵红橡树，那边有一棵白橡树，左边是紫露草，右边是蝴蝶草。在你头上的枝头有一只燕雀类捕虫鸣鸟，在高空中则是一只鹰！它是红尾巴，还是尖胫骨？"如此等等。可是，所有这些物种如何联系到我所站立的沙土，如何接近水源，此地每年的平均气温与降雨量、风的速度与方向如何，冬天霜冻与雪的厚度如何，以及其他上百项关于此处景观的影响数

226

据如何，才是我感到好奇之物。可是，与我一同散步的人却对此没有思考。他们仅仅是被博物学家们所炫耀的记忆术弄得眼花缭乱或对之感到厌倦。知道我们非人类邻居们的名字与家谱是一项基础性成就，对此我一点也不打算贬低。可是，这应当是博物学家们的起点，而非目的。如何创造一种真正具有生态学意义的"生态行走"（ecology walk）课程，我尚不能回答。但它应当是一个在户外环境教育中被置于高度优先考虑的问题。

奥尔多·利奥波德教育哲学中另一个反复出现的主题被概括如下："教育恐怕就是学会通过无视另一个东西而理解一个东西。"[9]比如，他写道："我曾经认识一位佩戴着全美大学联谊会（Phi Beta Kappa）标志的女士。她告诉我她从未见过或听到过鹅，它们其实一年中两次在她建造得很好的屋顶上宣示季节更替。教育是否成为用以换取对更小价值之物之认识的过程？在此过程中鹅很快就成了一堆羽毛。"[10]这里又出现了室内/户外二元对立，只是表现方式不同。

现代美国教育的成就，如全美大学联谊会所标识的，几乎只由文字来衡量。换言之，求知总体上等于学习书本知识，因此这就导致：我们知道得越多，对于书本之外的东西便认识得越少。因为费时于阅读就是我们费时于以眼扫描一行字，而我们的其他感官都处于空闲状态。奥尔多·利奥波德勇敢地、精准地质疑：这种已普遍施行的教育设想，其收益是否物有所值？

为了反驳此设想，或者更是为了使之偏向有益于环境教育，利奥波德经常用阅读这一概念作为比喻。正如阅读一本书是一个阐释符号、在想象中再创造一个世界的过程，对那些可以读懂自然的符号、拥有一种积极理智的人而言，自然是一本开放的、总在呈现的书。教育为何不应该包括学习阅读大地，就像学习阅读书籍一样？这里有一些例子。"拥有一棵经年的刺果橡树，拥有的不仅仅是一棵树。他拥有了一座历史图书馆，且在进化之剧场保留了一个座位。对有辨识能力的眼睛而言，其农场充满了草原战争的徽章和符号。"[11]注意到一位墓地除草者对草原植物的粗心毁灭，利奥波德评论道："若我告诉隔壁教堂的一位祈祷者：路政人员以除草的名义，在其墓地烧了史书。他会吃惊，不能理解。这些杂草怎么会是一本书？"[12]但是，对那些在此宽泛意义上有文化的人而言，对那些会阅读的人而言，大地、串叶松香草、阔叶野草和须芒草是可读文字，能告诉我们关于历史与植物学方面的知识。他再次写道："每个农场都是一本动物生态学课本，林中人就是这本书的译者。"[13]

将书本学习与一种更广意义上的认识相对，不应当被限定于只是在此二者中必择其一。实际上利奥波德确实如此谈论森林知识："这种技术很稀有，好像经常与书本学习相反。"[14]但日常意义上的有文化极端重要：确实，书本学习可能是学会阅读大地的基础。在他那个时代，丹尼尔·布恩（Daniel Boone）是一位出类拔萃的森林人，可是"丹尼尔只看到事物之表面，植物与动物共同体令人难以置信的复杂性（被称为美国的有机体在其青春时代全面绽放所展示的内在之美），对丹尼尔·布恩而言，是不可见的，也是难以理解的"[15]。那是因为"丹尼尔·布恩的反应不仅依赖他所看到的特性，而且依赖他用以视物的精神之眼（mental eye）的特性。生态科学已为精神之眼带来变化"[16]。但是，在历史上科学乃文字的一种产品，并在传播与发展中依赖文字。

在提倡现在所称之跨学科教育方面，利奥波德似乎也领先于他的时代。我相信，此乃其思考中的生态习惯之自然结果。生态学强调存在于植物与动物之间，以及其环境的物理因素与化学因素之间的关系。因此，像奥尔多·利奥波德这样的生态生物学家对于总体性关系与联系更为敏感，给予关注实属自然。立足高等教育，这将表现为强调各学科之间的关系与联系，而不是其独立与自治。这便是我已提及的教育之生态学方法（虽然为了做到这一点，我已受到生态学同事的指责，说我以庸俗化的方式败坏了生态学学科的好名声）。

在任何情形下，奥尔多·利奥波德都以他特有的智慧，温和地讽刺了我将之称为"学术领域律令"（academic territorial imperative）的东西（冒着得罪我的个别生态学同行的更大风险）。在《伽维兰之歌》（"Song of the Gavilan"）一文中，利奥波德拓展与应用了一个简明的熟悉比喻——自然之"交响"（the "harmony" of nature）："其乐谱铭刻于千山，其音符记录在活的与死的植物和动物身上，其节律正在拓展，短则分秒，长则数世纪。"[17]接着，他做出了以下评论：

228 　　有人负责检查植物、动物和土壤的结构，它们是乐团所用之乐器，这些人被称为教授。其中的每个人都选了一件乐器，终其一生独处一隅，拨弄琴弦，敲击琴板。这种离团的过程被称为研究，而离团之地被称为大学。

　　一位教授可能会拨弄他自己乐器的琴弦，但从不触碰其他人的乐器。若他也聆听音乐，他一定从未向其同行或学生承认这一点。因为所有人被限制在一种铁一般的禁忌之内。此禁忌宣称：乐器之结构乃科学之领域，而对交响之发现则乃诗人之责。[18]

在此，利奥波德清楚地批评其同行，因为他们未能将科学教育理解为一种整体性与建设性之物，而将它处理成一种无尽的分析、一些不连续的片段。他进一步建议：与人文科学、诗歌、音乐、文学、艺术和哲学相脱离的科学，是贫瘠的，甚至是毁灭性的。一位好科学家必须理解自然的整体画面，他的专业适应于此画面。再拓展一步，一位好科学家必须对科学研究与发现之广泛的情感、价值、哲学、内涵敏感。《大地伦理》始于荷马之《奥德赛》（*Odyssey*）中的一幕，也包括了亚里士多德之《尼各马可伦理学》（*Nichomachean Ethics*）中的一个片段。这对我而言总是很有意义。显然，利奥波德是一个具有广泛文化修养的人。

首先，关于摧毁不同学科之间的人为壁垒，利奥波德在其《大地伦理》中评论道：

　　生态理解的一个必要条件乃对生态学之理解，它并未与"教育"共同发展。实际上，许多高等教育似乎有意回避生态学概念。一种生态学理解并不必然源于贴着生态学标签的课程，就像那些贴着地质学、植物学、农艺学、历史学或经济学标签的课程一样。[19]

其次，关于生态学理解与人文科学的统一性，他评论道：

　　我们的认知重心、忠诚、热情与信仰中若无内在变化，伦理学就不会有重大改观。环境保护尚未接触到行为之基础，其证据在于如此事实：哲学与宗教尚未听说这一点。[20]

至少，这种环境现在已有所改变。1967年，小林恩·怀特充满争议的论文《我们生态危机的历史根源》（"The Historical Roots of Our Eco-logical Crisis"）发表于《科学》，从此之后，宗教学领域就听到了环境保护的声音。在此文中，他将人类的傲慢、自以为重要，以及"生态危机"之后果追溯到犹太教–基督教传统的基本信条。[21]他进一步激发了一场激烈的宗教与神学争论，该争论已极大地拓展了环境关注。在20世纪最后十年，环境伦理学已在学院派哲学中获得认可，成为一门基础良好的分支学科。

概言之，奥尔多·利奥波德提倡更多的田野与户外教育，更少的消极与安静的室内研究。他强调：研究活的环境中活的植物与动物，与研究在消毒与人工实验室环境中死的植物和动物同样重要。他毕竟相信：生物学教育应当是生态学的，即它应当努力向学生输入一种对植物和动物中所存在的真实的、活的关系的理解，而不是这些植物和动物在分类学范畴之抽象概念系统中的归类。他主张：阅读大地的能力与阅读书本的能力同等重要。过多阅读书本比不阅读可能还要糟糕。他最后强调：科学与诗歌在人类的精神中并非互相矛盾。如任何《沙乡年鉴》的读者所知的，利奥波德于此二端均有收获。他知道，人类的心灵与精神乃一体，生态科学产生的潜力对哲学与宗教具有广泛意义。他坚持认为，高等教育必须承认这种整体性、勇敢地跨越学科边界、拓展诸学科之间的联系，即使在此过程中有些圣牛（sacred cows）可能会成为祭品。

作为教育者的奥尔多·利奥波德

在其最近的著作《只是为了鸡》（*Strictly for the Chickens*）中，弗兰西斯·哈默斯特朗姆（Frances Hamerstrom）写道："在他的很多学生中，奥尔多·利奥波德被仅仅称为'教授'，好像在威斯康星大学校园没有其他教授……在那个时候，并非每个人都知道奥尔多·利奥波德是个了不起的人，可他的学生知道。"[22]

奥尔多·利奥波德给西方世界贡献的文字、环境意识（与良知）表明，奥尔多·利奥波德是一个了不起的人；学生们对他的尊重与崇拜，以及学生们的成就则表明，他是一位伟大的教授。

230   到底是什么特质使这位伟大的教授成为一个能对学生产生如此深远影响的人？为了弄清这一点，我开始访问他的一些学生，还有他的一个孩子。必须承认，我期望从他们那些听到一些一般被用以概括一位令人难忘的老师的形容词——充满活力、令人兴奋、有吸引力，等等。罗伯特·麦凯布（Robert McCabe）1939 年进入利奥波德的课堂，作为其助教，一直到 1948 年利奥波德逝世，最后成为利奥波德所创立的系的系主任。他令人印象深刻地否认利奥波德是个特别有活力的讲师，这并不是说利奥波德呆板或无趣。依罗伯特·麦凯布的描述，利奥波德总是很有趣，但却回避那些舞台表演术，内容较少的讲师们有时为了引起学生的兴趣会使用它。罗伯特·麦凯布说，利奥波德从不使用讲台，他坐在课桌上，抽着他的大烟管儿，用一种平易、有趣的风格表达自己的观点。

奥尔多·利奥波德将每个学生当成独立个体。他在课堂上号召学生们回答问题。这些课堂问题与其测验问题从不强调机械记忆，但确实要求对信息做深思熟虑的整合。总之，他虽然探查、询问他的学生们，但总是对学生们温和、友好。可是，依罗伯特·麦凯布的说法，在利奥波德那里取得好分数可不容易。利奥波德的测验从来不会是对/错或多项选择题。它们由论文问题构成。在学生们答卷的边上，他会以注释的方式对其评分做全面说明。

这位教授会对其研究生进行一对一的选择。他似乎寻找那些具有很强的野外倾向，在田野研究技术方向有学术前景的学生。他并不要求学生总在他身边。确实，他拓展出一种令人温暖的、个人化的、可持久的师生关系。至少与其中的有些学生保有如此关系。他的女儿尼娜（Nina）告诉我：他实际上将自己的研究生视为家庭成员。可是，作为一个研究生，你不能去这位教授的办公室里侃大山。他认为自己很忙，他确实也很忙。弗里德里克·哈默斯特朗姆（Frederick Hamerstrom）记得，当你去他的办公室时，他会全身心地关注你。罗伯特·麦凯布补充说，可是从不允许你浪费他的时间。他温和而严肃，就如他客气而有原则。

尼娜·利奥波德·布拉德利向我描述了她父亲健在时的一个典型工作日。他起得早，早晨 6 点赶到办公室，有时会更早些。他说 8 点前他的工作效率最高。他的一天由这些工作填满：会晤、准备讲稿、上课、日常写作，以及大学教授的一些日常工作。下午 5 点他回家吃晚饭。他不会将工作带回家，而是参与到家庭晚餐时那充满智慧与启发的谈话中。他问孩子们这一天做了什么，耐心地倾听他们的想法与描述。他与妻子埃丝特拉（Estella）经常在晚上大声朗读，或是听古典音乐。他们习惯早睡。 *231*

　　周一晚上是讨论课。依惯例，讨论课后有苹果供大家享用。弗兰西斯·哈默斯特朗姆记得：课堂讨论有尖锐的批评性。利奥波德教授的问题总是探索性的，可他从不苛刻、恶意或专横。他也从不主导或过度引导讨论。他的目的是从讨论课参与者的讨论中得出更多东西，尽可能地强化学生们的思考与分析能力，鼓励所有课堂参与者都要有一种批评性态度。

　　他的谈话显然具有同样的语言力量，此力量在其文字中表现得极为丰富。他语汇丰富，句子明晰，含义准确。他努力避免书面语汇。根据弗兰西斯·哈默斯特朗姆的说法，利奥波德要求学生同样努力清楚地直接表达自己的观点，并且深度地关注语言。他鼓励他们参与电台讨论，去公园俱乐部演讲等，以促进公众对于野生生物与环境保护的意识。田野工作乃此运动之一部分，对他而言，交流同样至关重要。

　　弗里德里克·哈默斯特朗姆回忆说，奥尔多·利奥波德轻视他所称的"大学英语"——夸张、模糊、笨拙的散文，经常批评许多专业人士的狭隘，轻蔑地将这些人称为"首代科学家"。他们被如此狭隘地专业化，因而缺少广泛的兴趣与全面的文化背景。利奥波德则体现了极为广泛的兴趣。他是一位有魅力、兴味盎然、令人感兴趣的健谈者。

　　即使对那些头脑清楚、善于反思的学生来说，准确地描述是什么造就了像利奥波德这样的伟大教师，也很困难。我猜想，像人类社会中的许多事情那样，有些东西难以言说，有点儿像魔法，是一些特性不同寻常的、偶然的融合，是一些难以界定之物。然而，有些特点则为我的受访者所重申。

　　对一位好教师的第一项要求是知道一些值得向他人传播的东西。在他那个领域，利奥波德的知识与天赋是令人吃惊的。这些东西在现在已成为传奇。罗伯特·麦凯布有一次说，利奥波德无须利用此前关于某一森林地区的调查材料，只要从这片森林里抓一把土，用手指过滤一下，嗅一嗅，即可准确地预测可能在这片土地上发现什么植物和动物。弗兰西斯·哈默

232 斯特朗姆在其书中记录了一个同样令人印象深刻的插曲。在帮助哈默斯特朗姆挖掘一个厕所（对普通民众来说，这是一项肮脏、单调、粗笨的任务）时，利奥波德利用这次机会，当每一层土被挖出来时，即兴地推测这些土层的来历，从最初的到后来的，从相对近来的木料灰土一直追溯到一万年前冰河时期的冰层。这仅仅是其"阅读大地"之离奇能力的两个事例。[23]

第二项要求是对学生的真正兴趣。学生们对冷漠能立即感受到。无力与学生建立个人性关系，不能真正地与学生打成一片，总是会严重地妨碍技术与信息的传授。大家公认利奥波德对学生大方、友好、客气、温暖与细心。

[第三项要求是自律。]① 如尼娜·布拉德利所述，作为教师，她父亲严格自律。他敏感地意识到个人发现的兴奋，并不剥夺身边人自主学习的乐趣。换言之，他的教学方法本质上是苏格拉底式的。苏格拉底，若我们信任柏拉图对他的描述，虽然总是美德之典范，通常有好脾气，但也会好斗、暴躁，有时会没完没了地吹毛求疵。我当然并不是说，利奥波德在这些特点上像苏格拉底。但是，苏格拉底践行了一种基础性的教育真理：最好的教师通过一种刺激与鼓励性学习环境，为学生提供人格与职业优秀的标准。一位好教师更像是化学反应中的催化剂。一方面是信息、技术与理论，另一方面是学生，好教师将此二端融为一体，使反应得以发生。

查理斯·布拉德利（Charles Bradley）此前曾将利奥波德与苏格拉底相比。他在一篇简要的回忆性文章中写道："我记得那问题对我所造成的温和压力，而且意识到它给我的心灵所造成压力的程度。它逼我清晰，逼我准确，逼我提高理解的深度。逼我达到理解力之尽头，那是我在讨论中所达到的极限。"[24]苏格拉底可能走得更远，让对话者感到窘迫。利奥波德则慈爱得多："他在发现学生们勉力维护之迹象时，就会转变话题。"[25]利奥波德教学技能的苏格拉底式核心，似乎可由罗伯特·麦凯布与哈默斯特朗姆证明。麦凯布指出，事实上，当学生们依惯例到利奥波德办公室报告自己的田野调查时，利奥波德会出其不意地向他们提问，并深化这些问

---

① 此处中括号中的文字是译者为中文对照而添加的。——译者注

题，利奥波德因此而知名。确实，据麦凯布回忆，有一个我记不起名字的学生就长期对与利奥波德的定期谈话感到恐惧（这种恐惧会随着谈话时间的到来而变得很剧烈）。

这位"现代苏格拉底"（出自布拉德利先生富有洞见的概括）的一些 *233* 极有启发性的真实问题出现于《自然史》一文中：

> 为了更清晰地呈现作为公民建构途径的生物学教育之不均衡与贫乏，让我们带一位聪明学生到田野，问他一些问题。我敢肯定，他知道植物怎样生长、猫如何聚集。可是，让我们测试他如何理解大地万物之聚集。

> 我们正驱车在北密苏里（Missouri）的乡间道路上行进。这里有一个农场。观察院子里的树木与田野里的土壤，然后告诉我们：原住民是从草原还是从林地中开辟出这个农场的？在感恩节他们吃的是草原鸡还是野火鸡？这里最初长的是什么植物，现在却见不到了？它们为何消失了？为了创造这片土壤的谷物生长能力，草原植物必须做些什么？这里的土壤现在为何遭受侵蚀，而以前没有？

> 又，假设我们正在欧扎克斯（Ozarks）旅游。这里是一片弃野，生长于此的豚草稀疏、低矮。这是否告诉我们一些为何对于这片土地的抵押被取消方面的信息？多长时间以前？这里曾是寻找鹌鹑的好地方吗？这种矮小的豚草与那边墓地背后的人类故事是否有任何联系？若分水岭这边的所有豚草都很低矮，这是否告诉我们一些河流中洪水的未来走向，鲈鱼与鲑鱼的未来前景？

> 许多学生会认为这些问题很蠢，但并非如此。任何一位具有观察力的业余博物学家都有能力对这些现象进行智力推测，而且这样做极有乐趣。[26]

很容易明白：一个被死记硬背的学习引入自满和智力迟钝、习惯安全可靠地学习的学生，可能会害怕与利奥波德教授一块儿去田野。另外，对一个智力活跃、真正有好奇心的学生而言，亦可想象同样的经验可以为他提供的那份激动与至乐。这些问题与其他类似问题都涉及想象。可见之物的趣味不仅在于其自身，而且在于其暗示的未见之物。它们将过去、未来，还有当下隐藏在视线之外的事物联系起来。原来看上去宁静、平凡的景观被这些问题激活，带来了关于这片景观的戏剧、遗产与预言。可能正是在这个方向上，存在着解决此前问题的方案：在户外教育中，我们如何将消极的分类学意义上的自然行走转化为一种想象活跃的、参与性的生态行走？这里有一种方案不仅可应用于指名式教育（the point and name school）①，而且可应用于使用蒙眼、绳索与机关的体验式教育（the Climatization school）。② 后者可以刺激感官与娱乐，可它很难或不能激发心灵、促进乡间文化以及阅读大地的技能。

234

当代环境教育语境下的大地伦理

奥尔多·利奥波德的教学与研究领域是游猎管理或野生物生态学。（该领域成熟以后，其名字会变化。）他乃奠基者，他写了那本同时以想象与文字取胜的书。可是，若此乃其唯一且最大之成就，他就只会被他的家庭成员与学生们温情地记忆，并作为这个特殊且有点神秘的领域的开创者而得到后来教授们的尊敬。为奥尔多·利奥波德带来死后国际性声誉的是其哲学成就，特别是其大地伦理。

大地伦理仅为我们这个时代所需。确实，从长远来看，我们文明的生产能力，甚至我们这个物种在此星球上的未来命运，可能极大地依赖我们现在的全球文化对此伦理之吸收能力。利奥波德甚至在20世纪40年代即已很好地意识到此必要性。他写道："大地无法在机械化人类的影响下幸存。"[27]

那么，环境教育如何能有益于大地伦理之传播与宣扬？这是一项至关重要的任务，它自然、直接地依赖教育者，而非任何其他组织或职业。

我想，每个人的经验将很好地说明：一般来说，伦理教育要获得成功与持久，必须是间接地进行的。换言之，一个人通过爬上一个肥皂盒或发

---

① 指环境教育者在带领学生进行户外考察时，指导学生关注各类自然对象，指其物而告其学名。——译者注

② 指在户外环境教育中，通过上述手段教会学生接触、辨识自然环境中的各类对象，以培育学生凭触觉了解自然对象之能力。——译者注

布宣言不会走得很远，即使有来自天堂的信息，再加上摩西十诫或修正版的金规。确实，新教的方法更可能产生相反的效果。对于自以为是的说教，人们更为通常的反应是挑战它。奥尔多·利奥波德敏锐地意识到人类心理的这一特点，因此，他语调急切（却不刺耳）地将大地伦理展示为文化进化之自然过程："伦理在此第三种因素——人类环境中之（大地）——上之拓展，若我正确地理解了其证据，是一种进化之可能性与生态之必要性。"[28]

在什么意义与程度上，大地伦理之出现是一种文化进化的可能性，可以从大地伦理的理论基础中推导出来？通过勾勒这一推论，我们也能发现宣扬大地伦理之最有效方式。

就范围而言，大地伦理是生物学的（即其范围包括了土壤、水、植物与动物），其理论基础是生物学。这就为它带来一种（不论它的其他优长）形式魅力、一种认知和谐。 *235*

总体而言，伦理从何而来？毕竟，回答这一问题对个人而言很难。对个人而言，情况似乎是：没有这些东西，我们会更好。因为用利奥波德的话说，伦理是"对生存斗争中行为自由的一种限制"[29]。像对大多数其他谜团一样，原始人用一种很平常的回答解开了这一秘密：伦理像人类生活中其他厚重的善恶一样，源于诸神或神（因其神学特殊性而异）。比如，在我们自己的犹太教-基督教传统中，关于伦理的起源，我们有一种生动的、戏剧性的形象：摩西来到西奈山，直接从耶和华那里得到十诫。

一个人为何要接受对其行为自由的伦理限制？关于伦理之起源的神赋解释爽快地回答了这个问题。一个人若不遵循诸神（或神）强加给他的限制，那么诸神（或神）将严厉地惩罚他。比之于冒险让诸神（或神）发泄其可怕的愤怒，迎合诸神（或神）的古怪要求会更好。

哲学人文主义很早以前就放弃了伦理的神圣起源理论，以支持比前者更精致些但同样出于推测的理论。据此总体哲学立场，伦理乃理性之产物。理性发布伦理命令，人类结构中其他能力要么服从理性的指令，要么反抗之。若是前者，我们就有伦理；若是后者，我们就没有伦理。

自然科学不能接受上述两种关于伦理之起源的理论。第一种被否定了，因为它将一种自然现象归于超自然的原因。第二种也被否决了，因为理性显然是一种新近获得之物，它是人类的一种很精细但却可变的能力。在某种意义上，它本身要依赖伦理。简言之，用标准的哲学解释说，这是本末倒置。

达尔文在其第二本伟大著作《人类的由来与性选择》中，首先从自然史角度处理这个问题。乍看起来，伦理行为似乎要被自然选择原则的无情实施逐出基因池，后者乃进化生物学的基础机制。因为伦理乃对行为自由的限制，所以，除了实施伦理行为的伦理主体，这一限制对任何人都有利。确实，进化理论似乎要求：随着时间的推移，人类将变成一种越来越有侵略性、竞争性，越来越相互敌对、狭隘自私的生物，因为只有那些将其特性传递给后代的人才是生存斗争中的胜利者。可是，我们实际上发现的是：随着时间的推移，伦理行为已变得更为复杂、广泛与精致。因此，我们面临一种矛盾、异常：进化理论如何与人类伦理行为——普遍接受"对生存斗争中行为自由的限制"——这个明显的事实相协调？

达尔文的解决方案从原则上看直接且简单。比之于独处，动物中的许多物种——智人显然乃其中之一——在社会性组织中会生存与发展得更好。可是，除非个体放弃某些自由，除非个体在一定程度上对彼此利益相互尊重、合作与关注，否则，社会性生存便不可能。简言之，为了结合为社会，接受对行为的伦理限制乃应付之成本。人类社会中的这些限制在我们所称的习惯符号或语言系统，概言之，伦理或道德中得到阐释。如利奥波德所指出的：我们可能将"伦理界定为一种对反社会性行为的社会性背离"[30]。

利奥波德在其《大地伦理》之首便暗示了对伦理之起源的这种自然史阐释，他用一种基础原则说明：伦理关系与社会组织相互关联。我们的伦理细节反映了我们的社会结构。更重要的是，对大地伦理而言，我们社会之可感知边界即我们伦理责任之可感知边界。

历史已丰富地确认了社会边界与伦理责任范围之间的这种关系。当社会尚小，仅为家族或部落组织时，个体之伦理责任仅拓展至自己所属之家族或部落成员。任何其他人被依据个人方便原则，而非伦理良知对待之。当社会在规模上有所增大，当部落被融合为民族，伦理责任的范围亦迅速增大。我们现在生活在一个"地球村"（这是马歇尔·麦克卢汉恰当地给出的称谓）。承认其在此单一全球性人类共同体中的成员资格，亦承认其对此共同体所有成员（即所有人类，尽管还有民族、种族，或其他此前之社会性区分特征）的伦理责任。

奥尔多·利奥波德最伟大版本的大地伦理乃社会伦理进化过程中之下一步。他写道：

> 迄今为止，所有伦理学都基于一个简单前提：个体是由相互依赖之各部分组成的共同体之成员……大地伦理只是将共同体的边界拓展至包括土壤、水、植物与动物，或合言之：大地。[31]

可是，在伦理进化序列中，我们如何才能有助于进入到这下一步？对此问题之答案现在应当极为直接与清晰：只需通过促进拓展性与深刻性的生态理解。如利奥波德已指出的："大地是一个共同体，这是生态学的基础概念。"[32]因此，在生态学中教育人们，便是教育人们将自然理解与感知为"一个和谐共同体"。再者，便是培育将我们自己与人类之经济感知为更大社会和自然经济的一部分。生态学并非众多科学之一，它乃心灵之居所与一种体验方式。真正的生态教育之最终结果是一个人对其环境的全新定位。 *237*

当生态理解与意识整体上变成我们文化之一部分时，大地伦理将作为一种自然的、心理上的必要结果而随之而生。进化已然赋予我们一套"伦理情感"（休谟的话）。它因承认我们社会或共同体之伴侣成员而产生。生态学的基本观念是：各种非人类自然存在物——土壤、水、植物与动物——乃一个单一共同体之功能性成员。我们也属于这一共同体，且最终依赖它，以它为生存之资。当生态学的这一基本观念被传播于教育的各个层次，从早期儿童教育中的故事与歌曲，到高等教育中的抽象的、理论性的数学、科学与哲学，大地伦理将会从一个人的梦想转化为全人类的现实。

第十三章　利奥波德之大地审美

　　奥尔多·利奥波德可能是美国最杰出的环境保护主义者，他特别是作为所有当代环境伦理学的先驱者而知名。[1]

　　利奥波德也表达了一种明确的"大地审美"（land aesthetic）。虽然他的大地审美得到的关注不如其大地伦理得到的关注多，但它被证明对私人土地的拥有者而言更鼓舞人心。

　　利奥波德的大地伦理是另一套规则与限制，它呼吁责任、自我牺牲与限制，因此对农场主与土地所有者而言并无魅力。当农业被经济困境与官僚干涉所困扰时，这一点尤为真实。

　　处于另一端之大地审美则可能更为可喜，因为它强调益处与回报，且也能促进环保。"若私人拥有者，"利奥波德写道，"有一颗生态学心灵，他将为成为该地区（湿地、林地、原生草原等）很大一部分之管理者而自豪，这为他的农场增加了多样性与美……"[2]

欣赏看不见之物

　　利奥波德在其经典的《沙乡年鉴》中明确地写到自然的审美价值。

　　利奥波德的大地审美与其大地伦理一样，源于进化论与生态生物学。早期的自然美学理论亦与更大的观念系统相联系。欧洲启蒙时期的景观建筑、形式主义基于欧几里得的几何学，亦与关于自然的机械模式有联系。[3]今天依然流行的自然美——风景式或画意性审美——源于浪漫主义运动。[4]风景式的自然审美本质上崇拜高山视野（alpine vistas）——山峰、河谷、瀑布之类。在美国，约翰·密尔的作品与托马斯·科尔

（Thomas Cole）、哈德逊河派（Hudson River School）的风景画最好地表达了这一点。

处于另一端之利奥波德的大地审美承认被忽视了的自然环境之美，它较少强调自然的直接视觉、风景方面，而更多强调其观念方面——多样性、复杂性、物种稀有性、物种间相互联系、原生性、古代物种史（由进化与生态自然史所揭示的自然诸事实）。

利奥波德评论道："我们感知自然特性之能力，亦如在艺术中之情形，始于可爱（pretty）。"可爱景观之例可能是高尔夫球场、被白色栅栏包围的肯塔基（Kentucky）绿草养马农场之类。"我们的能力在美的连续阶段上攀升——比如说从塞米蒂河谷（Yosemite Valley）、大峡谷（the Grand Canyon）、杉树林等——直到语言无法描述的价值。"[5]然后，利奥波德继续以其独有的简约、描述性文字捕捉依传统的风景自然审美趣味可能会认为平淡（若非令人讨厌）的一处沼泽所存在的景观之美。

他应用了艺术欣赏类比。在美术馆参观者中，有一些人的趣味限于可爱——比如天真、现实主义的安静生活或肖像画。也有一些人能够欣赏在"美的艺术"中将美呈现为持续性的阶段，不管是否可爱。最后，有严肃的、研究性的审美者对优美之外的价值更为用心：绘画中这种更为精致的审美特性乃结构、色彩组合、技能、表达、幽默、历史隐喻，等等。同样的情形亦发生于大地：超越可爱与优美，需要一些敏感性之培育。人们必须获得一种"对自然对象的精致趣味"：

> 田园趣味亦如歌剧或油画趣味，在个体间的审美能力方面表现出多样性。有些人意愿成群结队地驶过"景点"：他们从中发现了山之壮观，若此山正好有瀑布、悬崖与湖。对这些人而言，坎萨斯（Kansas）平原是单调的。[6]

对利奥波德来说，坎萨斯平原的审美刺激在能直接看到的方面要少于那些有助于了解其历史与生物学之物。"他们看到了无穷无尽的玉米，却未听到牛群穿越草原时的沉闷雷声……他们凝望低矮的地平线，可并不能像德·瓦卡（de Vaca）那样在水牛的腹下欣赏地平线。"[7]

在《沼泽挽歌》（"Marshland Elegy"）一文中，利奥波德优美地呈现了进化性理解对感知产生的影响。威斯康星的首批居民将沙丘鹤称为"红沙丘鹤"（red shitepokes），因为锈色泥土染红了其夏天长出的"战舰灰"羽毛。[8]丹尼尔·布恩这样的"只看事物表面"的人们（威斯康星农场主们）只把红沙丘鹤当成农业进步过程中的一种大鸟。可是，进化论文献可以改变和深化这种感知：

> 随着地球史的展开，我们对鹤的欣赏与日俱增。我们现在知道，它的部落发源于始新世，它所发源的动物群的其他成员随地质运动早已被埋在山里。当我们听到鹤鸣，我们听到的不只是鸟叫声，我们还听到进化之乐的凯旋声。它是不可驯服的过去之象征，是那奠定了今天鸟与人类生活之基础的不可思议的千百万年地球历史之象征。[9]

生态学如利奥波德所描绘的，是处于进化生物学角度的生物科学。进化论将感知引导至一定深度，"令人难以置信的千百万年历史潮流"，而生态学为它提供了宽度。野生生物并不相互孤立地存在，它们"相互嵌于一个同时存在合作与竞争的和谐共同体，即生物区"[10]。因此，鹤在赋予其沼泽居所一种高贵的古生物学专利。[11]我们不能喜欢鹤而讨厌沼泽。由于鹤的出现，沼泽现在被从一片"废土"、"上帝所弃的"蚊乡转化为一种充满了珍贵之美的宝地。

生态学、历史、古生物学与地质学都穿透了直接感官经验之表面，为风景提供内容。浪漫主义、风景式审美与生态学的大地审美相较是表面的、无内容的。"在田野……一处平淡之地经常隐藏着深度的丰富性。"[12]获得这些深藏的丰富性，比之于透过汽车车窗一瞥，要付出更多。促进自然欣赏"并不是一项建设通往可爱田野的工作，而是一项建设一种深入尚不可爱的人类心灵的感知力的任务"[13]。

美之物理学

利奥波德之大地审美总体重心在于"生物学文化"（biological literacy）。此外，利奥波德概括出一种专业化的、有些技术性的自然审美范畴——本体（the noumenon）。以下乃利奥波德在《沙乡年鉴》中引入这一术语之情形：

> 美之物理学在黑暗年代乃自然科学的一个分支，其时，甚至那弯曲空间之操控者亦尚未致力于解此方程。比如，每个人都知道，在北部森林，秋天的景观便是大地，再加上红色的枫叶，再加上长满翎的松鸡。据传统物理学，松鸡只代表了一英亩之上的质量或能量的百万分之一。除去松鸡，整个世界还是死的。某种动力的巨大力量被丢失了。

242

> 说我们的全部损失不过是在心灵看来如此，这样说很容易，但是任何冷静的生态学家会认同吗？他很清楚地知道：那里已然有一种生态意义上的死亡，其意义用当代科学的术语无法表达。一位哲学家已称此不可称量的本质为物质性事物的本体（the noumenon）。它代表一种与现象（phenomenon）相对立之物。后者可称量、可预测，即使是最遥远星球的摇摆与转动。

> 松鸡乃北部森林的本体，蓝鸟是山胡桃小树林的本体，灰嗓鸦是泥岩沼泽的本体，蓝头松鸡是丘陵地带刺柏的本体……[14]

人们还可继续列举：高山溪流中的猛兽、北部沼泽与水地中的沙丘鹤、高原上的尖角羚羊、东南部沼泽中的美洲鳄。这些本体也许可被称为——更准确，虽然魅力稍逊——"审美指示者物种"（aesthetic indicator species）。它们为各自生态共同体提供特征与许可。若它们消失了，那么完善健康的玫瑰之光将会从景观中逝去。像古怪的山中狮子与林中狼，它们无须被认为体现了乡村的优雅与生机，知道它们在那儿就足够了。

进步的代价

普遍流行的前达尔文式自然审美、风景式或画意性审美，本质上是将自然装裱起来并在国家公园这类对普通民众而言远离家园的美术馆中存放。我们成群结队地驾车赶往黄石（Yellowstone）、塞米蒂（Yosemite）与大雾山（the Smokies），凝视这些地方的自然美，再次遗忘或轻视了家乡的河底、休耕之野、沼泽、池塘与未垦地。大地审美使我们开掘平常之地隐藏的丰富性。它使平凡之地变得高贵。它把文字意义上的自然美从小丘带回家。

因此，对居家消费者而言，自然美可能变成农场的一种新产品。与我交谈的大多数农场主告诉我：他们仅仅为了利润而经营农场。在非经济原因中，我听到的最频繁的表达是"你自己是老板"，可享受"充足的新鲜空气与阳光"，在"培育传统家庭价值"的环境中做"最诚实的工作"。这些都是心理-精神性回报。比之于城市生活，更喜欢乡村的另一个理由是农业景观所具有的审美刺激。

243　　无论结果是好是坏，农业趋势都是日益增加的机械化，伴之以相应的乡村生活各方面之价值的萎缩，除了利润。利奥波德评论说，一种逐步、内在的机械化已特别地损害了狩猎，以及总体上的户外娱乐的满足感。[15]

同样的现象可能亦已侵蚀农场经营的非经济性满足感。化学杀虫剂与除草剂已使环境受损。重型机械已减少劳动之苦，但付出了使农场劳动更为单调，与工厂劳动并无不同的代价。森林、湿地与野生生物，只是一种遗迹性珍奇物，就像轭与马具被悬挂在谷仓的黑暗角落一样，菜园、孵蛋的母鸡、猪、牛、奶牛、浆果园、养蜂场、糖枫林与果园都低效、不经济，都是些耗时的食物来源。对农场主而言，像其他人一样，去超市采买这些东西确实更容易，而且经常还更便宜。今天，典型的农场与郊外家庭之不同仅仅是驱车赶往最近的购物中心所花的时间。也许，生活质量是效率的代价。

新的人文、环境与环保伦理学将给不幸的农场主强加了一种新的责任和限制。在我所生活的威斯康星中部地区，农场经营已通过中枢灌溉在最近发生了一场革命，威斯康星冰川所发生的侵入（Valders incursion）造成了冰水沉积平原，它上面的白色沙滩仅能支撑规模适度的奶牛群。现在，他们在化肥、石化能源与大量地下蓄水的支持下，实际上是生产由溶液培养的土豆、绿豆、豌豆、玉米等值钱农作物。随着新的利润与繁荣之到来，杀虫剂、杀菌剂与除草剂亦已在空气中扩散，森林与防护林砍伐、湿地干枯与井水中的农药亦相当普遍。

环境保护主义者希望农场主补偿对公众健康造成的损害，自然资源保护论者希望农场主补偿对野生生物造成的损害，动物自由主义者希望农场主补偿对动物之精细的敏感性造成的损害。许多农场主表示出可以理解的愤怒。当其生产的农产品的价格下降时，他们的管理费用与税赋却上升了。雪上加霜的是，他们被要求为了其他人的生活质量，高成本地改变生产方式。

　　大地伦理与其最近的学术后继者强调消极方面。它们是一套新的"你不应当"[16]。利奥波德主张，根据定义，一种伦理确实是一种限制——"对生存斗争中行为自由的一种限制"。大地审美则强调积极方面。它强调私人的而非公众的保护与环境质量之利益。下面这个利奥波德叙说的故事体现了这一点：　　244

　　　　不久前的一个周六晚上，两个中年农场主设定闹钟，在一个刮风下雨的周日早晨，挤完奶，他们就搭上一辆车，赶往威斯康星中部的沙县。那是一个盛产税契、落叶松和野草的地区。就在这一天的夜晚，他们将载着满满一车落叶松小树苗返回，心里也知道这是在冒很大的险。最后一棵树在灯笼的照耀下被种在家边湿地里，又到了挤牛奶的时间。

　　　　在威斯康星，比之于"农场主种落叶松"，"人咬狗"算是旧闻。自从1840年起，我们的农场主们已习惯于挖掘、焚烧、抽干和砍伐落叶松。在农场主们所生活的这个地方，这种树已灭绝。那么，此时他们为何想复植落叶松？因为20年之后，他们希望在落叶松树林下重新引进水藓，然后是芍兰、猪笼草，以及其他原生于威斯康星沼泽的、现在几近灭绝的野花。

　　　　没有外在的政府机构为农场主们这种极为疯狂的举动提供任何奖励。确实，并非有所得的图谋激励着这种行为。人们如何解释其意义？我称其为反叛——反叛那种仅以经济态度对待大地的沉闷。我们设想，因为我们不得不屈从大地以生活于其上，所以最好的农场主便是对大地彻底臣服之人。这两位农场主已从经验中明白：完全臣服的农场主不仅提供少许的生活物资，而且过一种严格的生活。他们已获得如此观念：就像对待农作物那样，种植野生植物，其中自有乐趣。他们计划分出湿地中的一小块让本地的野花生长。对于他们的土地，他们可能拥有如我们对自己的孩子所有的期望——不仅有机会生存，而且有机会表达与拓展其内在能力的丰富和变化，不管是野生植物还是农作物。除了让原生植物生长于此地，还有什么更好的方式表达对大地的热爱吗？[17]

回报，而非限制

大地审美不能纠正，至少不能直接纠正现代农业的所有环境病症。硝酸盐的过度使用，以及地下水中所含化学杀虫剂的危险水平，本质上是农业经济而非审美提供解决方案的问题。这同样适应于土壤侵蚀问题与地表水沉降问题。

大地审美更直接地强调细微而又普遍存在的农村生物枯竭问题。

245　野生生物与原生植物正因人类的各种活动而群体性地灭绝，农业仅是其中之一。有些物种在许多地区正处于区域性灭绝的状态。有些物种，如黑脚雪貂、草原松鸡与亮马先蒿则有全部灭绝之虞。这些话题肯定尚可争议，然而生物之多样性与复杂性的极端丧失，比之于化学污染与土壤侵蚀，可能更为隐蔽。后者是一个可逆的过程，可正如俗话所说："灭绝是永远的。"

大地审美呼吁关注保持农村景观生物之有机性与多样性的心理-精神性回报。将此有机性与多样性融入农场的自然生物共同体，辅之以那些特色物种之全面补充，它们为农场家庭提供了色彩、趣味、变化性、多样性、精神振奋、健身运动，以及不同的食物。正是通过这些用途，以及在市场上的各种销售，农场家庭可以衡量自身所拥有的财富。农场家庭通过这些标准以及那些惯常的市场标准来衡量自身所拥有的财富。

将非经济价值补充进对大地审美之内在财富的计算，甚至可以间接地有益于解决土壤侵蚀问题与水污染问题。通过强调非经济价值，大地审美有助于拓展我们的生活观念。只有当一种与大地的持续性合作关系被付诸实践时，乡村生活的独特回报方可实现与完善。大地审美乃导向此理想之第一步。

重回往日好时光？

利奥波德逝于 1948 年。从那以后，事情发生了变化。农场经营已非昔日之情形。它已变成农业企业。它与其他工业一样（可能较之尤甚），是竞争性的。利奥波德时代那两个农场主所做的反叛在现在的环境下不可能再发生。林地、落叶松–水藓沼泽、湿地干草、鹿卧之草（deer beds）、高草草原与鲑溪已是一种今天的农业企业无法提供的奢侈。

农场保育对普通农场主而言是负担得起的，这是普通农场主事实上确实可以负担的一个证据。这基本上是一个偏好问题，而非经济学问题。你更喜欢吃从商店里买来的食物，还是自己家里种的食物？你更喜欢在鸡鸣与鸟叫声中起床，还是在闹钟提醒下起床？你更喜欢你的孩子在一片林地里玩耍，还是在旱冰场玩耍？比之于去迪斯尼公园与影院，你更愿意为自己的家庭提供看到鸟鹬、草原松鸡与麝鼠的机会吗？你更喜欢坐在你的拖拉机上仰望天空，偶然发现一只鹰或苍鹭，还是更喜欢只看到电线与农作物喷药机？

246

我将倾向于接受如下观点：现在的农场无法负担多样化与美，若我不熟悉近来的一位反叛农村之枯竭（在此语之更广泛意义上）的农场主的话。我的这位农场主朋友贾斯汀·伊舍伍德（Justin Isherwood），是一位现代的、一流的农业企业家。他和他的父亲与两个兄弟以现代的、机械化的方式种植了 600 英亩或 700 英亩的土豆、玉米与其他经济作物。他们活得很好。他们亦有能力保存超过 200 英亩的树林与沼泽，不为了生产，因为他们喜欢森林与野生生物。当然，他们也从这些林地中获取燃料与一些原木。

伊舍伍德的房屋坐落于一片糖枫林，每年春天种植之前，他都会制作 40 或 50 加仑的枫叶糖浆。不是因为他不能从杰米玛大妈（Aunt Jemima）这样的品牌供应商那里购买枫叶糖浆，而是因为他更喜欢纯枫叶，享受制作糖浆的过程。他宁愿与家庭成员一起出去摘果子，而不是出去打保龄球。与周一晚上的足球相比，农场主伊舍伍德更喜欢用莲灰、黑莓与蒲公英酿酒，并藏于窖中。其夫人琳恩（Lynn），照看着四分之一英亩大的菜园，他们也养鸡。她储存、烘烤、腌制、冰冻农场的副产品。伊舍伍德家的晚餐是一堂以风格独到的方式生存的对象课程。每种东西都生长于或制作于农场。鸡肉很粗，可味道更好。酒很黑，也更易上头。土豆乃自家农场之物。腌制的绿色西红柿没有味精与谷氨酸盐之迹。那冰淇淋乃亲手制作，似乎因自己的努力而更甜——依旧更甜，与枫叶糖浆融为一体，与春天里淡淡的阳光一起闪光。

我访问过神奇的伊舍伍德森林。其土壤低且湿。他们种植了橡、枫、杨、椴、岑，以及各式软木。成熟的树冠在广阔的空间内保持第二次成长，笔直、苗条。由水塘内碎石铺成的小道为长满卷牙的蕨类、树莓之棘、甘蓝地里的臭鼬、池塘里的万寿菊和延龄草所打破。对一个农场小伙来说，这个农场已大到足够他用奇特的本土植物拓展出一片新大陆。青春期到来［以及略知艾默生（Emerson）、梭罗与密尔］之后，同一农场的小伙也许正背对着拖着根大白管子的宽大卡车，沐浴着十月斜阳的温暖，在"唱着圣歌"的硬木林的包围下，等待宗教体验。

从实践上说，每一位其他在"金沙"（该名字曾被用以指称冰川冲积平原上贫瘠土壤的颜色，其意义现在则有所不同）的农业企业家都砍伐自己的林地，以便种植更多的土豆、获得更多的利益。可其代价是什么？农
247 场上的孩子们怎么才能在土豆田里成为先驱，或通过反思灌溉设备而形成一种神性概念？利奥波德追问：

> 对个人而言，建设一个美丽家园有利可图吗？那么，给他的孩子们一种高等教育是否有利可图？不，这些事情很少能获利，可我们仍然做这两种事情。这些事实上是经济系统之所以重要的伦理与审美前提……

> 当然，无须说经济上的可行性限制了为大地能做什么的范围。过去如此，将来亦如此。经济决定论者们已缠绕在我们群体脖子上的谬误是这样一种信念：经济决定了土地的所有价值。这一点也不正确。无数的行为与态度（可能也包括大部分的土地关系），由土地使用者的趣味与偏好而非其钱包决定。[18]

为了自然审美趣味与偏好变得更精致些，农场主是否有必要拿一个关

于自然史的博士学位？对自然事物之精致趣味同时涉及认知、情感与感官方面的成就。因此，它部分地是教育的产物。但是，过度教育（overedu-cation），如利奥波德所论，与不充分教育（undereducation）一样无趣。[19]

从事农业生产的男男女女与任何工业领域中的男男女女一样，有智慧、教育良好。漂泊在竞争性的复杂工业领域的人们是身不由己。本地知识，一种一般人的人文教育以及天生的常识与直觉，足够创造一种好的大地美学。再者，自给自足与富足生存的农业传统，连同其所隐含的农业多样性与保护，在方式与工具方面提供了支持性遗产。

由于优美的大地与其心理回馈并非消费性工业产品，所以它们并没有被麦迪逊大街上的广告推广。农村里的土地所有者与其他人一样，买到的是空洞的机械快乐、消极娱乐与没有营养的方便食品。对农村土地所有者而言，也许需要一种反广告的运动、一种生态学教育以及对往日美好时光的回忆，以便使他们明白：在家庭消费中能够获得一种审美上的丰收，这种丰收正是其尚未开垦的土地有能力生产的。

第十四章 伦理关注与外星生命

一

让我先问什么是外星生命，然后再问什么可能是对外星生命进行伦理关注的观念基础。在目前这种人类心灵于关键方面依然是神话性的时代，即人们经常所称的太空时代，空间探索本质上被描述为 15—17 世纪欧洲开发新世界行为在几何学与技术上的投射，就像当时那些探险者及其同时代人据更早的范例对其探险所做的神话性描述那样。[1]哥伦布（Columbus）、科尔特斯（Cortez）与德·索托（De Soto）将他们自己视为从事远征的骑士——若非为了寻找圣杯（Holy Grail），也是为了寻找传说中的东方财富（wealth of the Orient）、不老泉（the Fountain of Youth），或已失的伊甸园（the lost Eden）。他们用一种相对原始与微小的工具穿越一个相对广阔的海洋。这些发现者的大胆想象与英雄胆略获得了报偿，虽然并不是以他们自己实际上所追求的方式。事实上，他们发现了一片广袤的新大陆，这片大陆充斥着新奇的植物、动物与奇怪的人类。对新大陆发现之传说性的、中世纪-圣经式的神话性描述，最终让位于征服、殖民、垦殖、开发与跨洲商贸的现实。

今天，我们将星际空间视为一个更大、更空的海洋，将我们现在的地球飞船视为尼娜（Nina）、平塔（Pinta）与桑塔·玛丽亚（Santa Maria）①，将其他星球视为新大陆。我们并未期望在金星、火星以及木星、土星上发

---

① 这三艘船均属于哥伦布的舰队，从西班牙出发，横跨大西洋，于 1492 年到达美洲。——译者注

现不老泉、黄金城或伊甸园式的天堂（过去时代之愚蠢幻想），可我们确实严肃地期望耕种、发掘与拓殖太阳系其他行星或其他恒星之行星。我们策划定期交流，想在不同世界做生意。[2] 为什么？部分地只是因为我们可以，或我们认为我们可以；然而，更实际地讲，是因为要想使我们的文明 *250* 有足够的资源与土地持续增长，我们必须如此。就像数世纪之前，欧洲人口过度增长、自然资源过度开发之后，欧洲人便将他们的生活方式搬到美洲与澳洲，并因此而避免了严重后果一样。我们将面临人口过度增长、地球资源枯竭的问题，于是我们将自己的生活方式搬到外太空之新世界，用同样的方式避免恶果。

我个人认为，通行的定期空间旅行与外星资源、土地开发概念隐含着如下假设：地球乃用后之弃物。比之于那些关于最放肆的西班牙征服者的想象，此类想象更愚蠢，也更具悲剧性。[3] 我们之空间冒险的现实性将会揭示，我预计——并且我们越早意识到这一点越好——从所有的实践性目的讲，我们乃赖地（Earth-bound）存在物。人类生命进化于、特别适应于，现在则嵌入、整合于，以及彻底地依赖于地球行星之准确的、不可想象的复杂物理、化学与生物学条件。认知和确认我们的地球性（earthiness），即我们与地球的不可分离性，应当是并有希望很快地成为空间探索的最大回报。欧洲人已成功地在居住、农业与手工业方式方面将北美改造为欧洲模式。南美与澳大利亚则略有不同。人类将不会发现太阳的其他更远行星会如地球这般友爱、顺从。[4] 星际开发、发现与垦殖，如我将阐释的，将因以下因素而告歇：物理法则的限制，在可接近银河系区域内类地行星之统计学上的不可能性，以及相对于相对短暂的人类生命长度，宇宙时空维度的绝对巨大。

我将从这一流行的当代神话性呈现开始：将空间旅行、星际开发理解为早期海洋航行与大陆开发之投影。因为我相信：它本质上塑造了我们对发现外星生命、与外星生命交际意味着什么的非批评性期望。在最天真、最贫乏的科幻小说（可是，它们的普遍流行显示了其结构性前提所隐含的一种轻信）中，我们的"星际飞船"（具有这种启发性的名字，如"探险者"）在众行星所组织的群岛中来回跳跃，这些星球上只居住着这样一些人们：他们相貌略显奇怪，装扮有未来风格，或穿着某个时期可能有的服装。这些星球与其不幸居民经常由无情的、神秘的东方统治者，或美丽却很坏的欧亚坏女人统治。我们的人征服了他们，因此，使对民主和当地或殖民资产阶级的开发者与企业家来说，宇宙是安全的。

251　　　　但是，这些愚蠢的幻想只发生在《巴克·罗杰斯》（*Buck Rogers*）、《飞侠哥顿》（*Flash Gorden*）、《星际迷航》（*Star Trek*）和《星球大战》（*Star Wars*）之类的科幻作品中，不是吗？它们也发生在被设想得更精致的作品中，《沙丘》（*Dune*）是最杰出的代表。[5]更令人吃惊与不靠谱的是，因为它不是作为科幻作品而作为科学本身出现的，同样疯狂的概念在关于外星生命之可能性的最高层次科学探讨中也很流行。请注意 A. 托马斯·扬（A. Thomas Young）——美国国家航空和宇宙航行局（NASA）埃米斯研究中心（Ames Research Center）前副主任与随后的戈达德空间飞行中心（Goddard Space Flight Center）主任——是如何将生命缩小为人类生命的：

> 我们只知道宇宙中一种生命之存在——那就是我们自己在地球行星上的生命。我们知道，我们的地球是我们宇宙中之极小一部分。一个令人困惑的问题是：宇宙中是否充满了生命，或我们是独一无二的？[6]

实际上，最可能的是两种情形均为真：我们——人类生命是独特的，生命也充斥于宇宙的其他地方。扬似乎不仅没有想到这种可能性，而且没有考虑 1～30 000 000 种其他物种，它们与我们一起构成了这个星球的生命。对此忽视的解释，我猜想可能归因于扬所拥有的起于笛卡尔、现在已过时的机械主义世界观。人类生命与仅被视为机械性的植物和动物的观念性分离，已与后来好战的人文主义以及人类技术与自然的自我隔离融合为一。

约翰·A. 比林厄姆（John A. Billingham）——美国国家航空和宇宙航行局埃米斯研究中心外星研究分部负责人——承认非人类外星生命存在的可能性，但似乎认为它可能存在于其他世界，且仅作为类人智能之有机进化的阶段性基础。基于此，"技术性文明"有了文化上的进化。比林厄姆写道：

> 现代天文物理学理论预言：星球的存在是常规而非例外的。因

此，仅在我们的银河系，星球的数目就达数百亿之多。对任何一颗星球而言，只要有适当的位置与环境，目前的化学进化理论预测：生命就会出现。只要有数十亿年的相对稳定，生命就会进化到智能阶段。下一步可能是一种技术性文明的出现，文明之间的相互对话也便可能。[7]

若此，我们当然愿意快乐地参与其中。

面对与其他星球"智能生命"（intelligent life）进行交流之迷人与兴252奋，观察到那些外星智能探索（the search for extraterrestrial intelligence，SETI）项目中尚未与地球上的智能非人生命建立交流，这既让人深思，又让人恼怒。这种交流的建立作为一种最初的范例或数据基础，人们可以从中获得一种与奇异的智能交流是怎样的之大致印象。鲸在这个星球上拥有最大的大脑，有丰富的分叉脑皮层，以及可与人类相比的脑-体重比率。[8]像我们一样，它们也是社会性哺乳动物。但是，相对而言，它们生活的环境与我们的很不相同。因此，它们的世界与我们的不同，在领地上类似于外星的环境。显然，它们也参与一种复杂的声音交流。对此交流，我们可以记录下来，但却一个词也不理解——更像是滴答、呼噜或口哨之音。[9]对此事实之忽略不仅暴露了对非人类陆地智能的傲慢性忽视，而且清楚地表明：那些外星智能探索项目涉及的外星智能意味着某种很相似于（若非等同于）人类智能之物。

杰出的哈佛大学天文物理学家埃里克·J. 蔡森（Eric J. Chaisson）带我们离开比林厄姆之无益但相对温和的计划（研究天空，以便偷听外星技术文明间的星际交流），带我们到达关于宇宙征服和主宰之庸常的、幼稚的和科幻式的想象。蔡森指出：随着大爆炸，辐射主导了物质，一段相对短暂的时间之后，物质开始主导能量。现在，听一下接下来是什么：

> 有一件事似乎是确定的（确定的?）：处于地球上的我们，以及遍布宇宙的其他智能生命形式，现在正参与到一种出奇重要（确实很出奇!）的转变中——在宇宙史上第二次重要转变……物质现在失去其整体上的主导性，至少在那些技术性智能生命所居住的独立区域……与我们的银河邻居一起（若有某种邻居在那里），我们可能在某一天

会处于如此位置：能控制宇宙中的许多资源，重构它们以适应我们的目的，且在一种很真实的意义上，确保我们的文明成为一种不朽之标准。[10]

有人想知道这些科学家怎么可能在他们同行中说这些事情，而同时能保持职业信誉？有些人可能主张：扬、比林厄姆、蔡森、卡尔·萨根及其他人，以类似心态写这些东西，如此精心地怂恿我们那无用的荣耀与贪婪，以便引诱我们用公共资金资助其昂贵但却只是猜测性的研究和发展项目。若无重构宇宙、确保我们成为一种不朽标准的期望，公众对天文物理学、太空生物学与美国国家航空和宇宙航行局的支持便会枯竭。然而，我只是不能让自己相信：如此简单、卑鄙与可疑的动机真的能解释这些科学家写的东西。

我更倾向于认为：我们在此所发现的是科学与神话之真诚的但却平常的混合。除了将文艺复兴时期欧洲水手们的英雄探险，以及附属性的后文艺复兴时代机械主义与人文主义原则神话式地投影于外太空探索之外，我们可以在这些观念性核心范例中，从过去的西方文化中，确认一些陈旧教条的更深层次。奥珀伦（Oparine）与费森柯夫（Fessenkov）已确认了一种关键因素——本质上乃亚里士多德式目的论与托马斯式目的论的残余。换言之，是这样一种信仰：在某种程度上，我们自己——智能（人类）生命——乃目的（telos），上帝创造之目标。此信仰现在（无疑经过神圣规则与指导）被移植到宇宙进化之中。[11]因此，基于宇宙在空间-时间上的广阔性，若自然未在很合适的位置实现其自然意图，即我们或某种极类我们之物——智能（人类）生命，那就太奇怪了。

除了倾向于设想，在其他世界可能存在有生命，必然最终产生人类或类人类智能生命，亦有人倾向于设想，其他星球上的人类或类人类智能生命将不可避免地在文化上与20世纪的西方文明，或西方文明的某种更"先进"版本相类似。换言之，目的论有机进化神话与目的论文化进化相融合。目的论文化发展的理论范例是E. B. 泰勒（E. B. Tylor）的维多利亚人类学景观——依此，人类在一种可怜的"野蛮"状态下开始拥有地球，通过"原始"阶段而取得进步，最后达到文明状态（关于该文明，盎

（格鲁-美利坚文明当然乃其最完善阶段）——现在，在事物之不可避免的

格鲁-美利坚文明当然乃其最完善阶段）——现在，在事物之不可避免的过程中变成了技术性文明。[12]

概言之，我以为有一件事可以确定：若能发现，外星生命将不会是任何一种与人类相类似的生命。与此相反的广泛（广泛得令人难堪）的推测，似乎可归之于更早的西方宗教与哲学目的进化论（同时包括自然的与文化的）概念之无意识残余、西方宗教与哲学人本主义、西方文化沙文主义以及从近期地球史对星外世界的未加反思的推测。再者，从与人同形同性的角度界定或隐然理解"智能"外星生命和外星"技术性文明"（对它们又可以如何做其他的界定与理解？），我们可以相信这样一种生命不会存在于地球之外。

人类学家 C. 欧文·洛夫乔伊（C. Owen Lovejoy）已优雅且权威性地将一种相反的情形（否认外星人类之存在，连同其智能、技术、与人同形同性之文明）概括如下：

> 人类是一种高度特殊、独特，且不可复制的物种。若我们希望评估已在其他适宜的星球进化出的认知性……生命的可能性，我们可以提出的最简单、最直接的问题是：假如人类不已然成为其生命圈的一种构成要素，在我们这个星球进化认知性生命的可能性有多大？从我们已知的人类进化途径与已然导向它的关键因素来看，再次出现的概率非常小，若非极小的话……任何物种，无论是哺乳动物、爬行动物还是软体动物，在此星球（更别说其他星球）再次进化的可能性有多大？……我认为有理由设想：尽管已知宇宙巨大无边，但因为任何有机体之物理结构的独特性如此之大，其极为复杂的进化途径如此古老，所以此种可能性确实无限的小。[13]

因此，在其他地方不仅极不可能存在其他人类，而且通过准确的进化生态学推理，在人类或类人类造物、任何其他"技术性文明"（更不用提若有类人外星人，其文化将复制西方模式，并积累为一种技术性文明）缺席的情形下，在其他星球上存在任何一种类地球物种也不可能。因此，不可能存在（且极肯定地讲，我们将不会发现）未被类人造物居住的类地星球（类似于在当代人类神话性心灵中之繁荣的但却不宜居住的热带岛屿），

即那种有熟悉物种（不包括智人）以类生态模式相互作用，我们可于其上建立殖民地的星球。

二

通过上述问题排除了科幻气味后，那么，什么是外星生命？让我们考察一种回答此问题的更少虚构、更多科学性的方法。

255　　迄今为止，生物学即生命科学，被限定在研究地球生命。与物理学和化学不同，历史地讲，这些科学在规模与范围上是宇宙性的，生物学则是一种区域性科学。[14] 因此，就生命在生物学中是一个界定明确的科学术语而言（生命科学已被限定于研究地球生命），外星生命这一概念是成问题的，甚至是矛盾的。

可总体而言，不同科学中有一种统一性，更特别地讲，在化学与生命科学之间有一种连续性。换言之，从历史（或进化论）与观念（或理论）的角度看，地球生命在化学基础上进化，作为系统性观念结构，有机化学与生物学由生物化学联系起来。因此，生命也许可从总体上概括，无视其位置或偶然特殊性。[15]

耶鲁大学生物物理学家哈罗德·莫罗维茨通过负熵（negentropy）概念，已为太空生物学（exobiology）提供了可能是最为一般性的界限：

> 如我们所知，生命……并非宇宙整体之特性，乃行星表面之特性。这些表面并不平衡……因为它们经常从处于其中心的恒星那里接收能量辐射，又重新将此能量辐射到其外层空间……这样，行星表面的分子组织，我们将它理解为进化，就不违反热力学原则。[16]

可是正如莫罗维茨所指出的：任何行星表面都会不同程度地表现出分子秩序，但生命概念比这更复杂。自我组织（增长与发展）与自我复制（繁殖）可能是分子的一种最小"活性"关联。[17]

若自我组织、自我复制本身在自我失效过程中不能很快结束，那么我们就能希望再加上自我分解（死亡）。换言之，自我分解或死亡对自我组织与自我复制之无限持续而言，似乎乃其前提。

一个在其上存在有生长、自我复制与死亡的复杂分子结构的行星表面，也将是在其上能存在自然选择、进化性细化与生态系统之复杂化和有机性的行星表面。[18]

若我们进而要求：一种恰当的有生结构是细胞，有细胞膜与很清晰的细胞核，那么我们将很确定地使我们在太阳系中无法被比较。这样的生命将只可能存在于一种充斥了液态水的星球，太阳系中唯一如此之星球便是地球。

碳之显著结合特性为地球上复杂的自我组织、自我复制结构的产生与 *256* 进化提供了最为整体性的化学基础。然而，即使据碳氢化合物聚合体（hydrocarbon polymers）来界定生命，也可能太有限。早在 1940 年，英国天文学家 H. 斯潘塞·琼斯（H. Spencer Jones）便指出：在某种外星环境下，硅所能发挥的作用与碳在地球上发挥的作用类似。[19] 那么，其他行星上的生命，特别是我们太阳系中其他行星上的生命，若确实存在，便可能不仅是未发达的或原始的（这要看我们期望赋予生命这一概念如何广泛的内涵），而且基于一种很不同于我们所知地球生命的生物化学。

三

伦理学乃对人类行为的规范性而非描述性研究。也就是说，在伦理学中，比之于他们应该（should）或应当（ought）如何行动、作为、对待或生活，对于人们可能（might）如何行动，我们知道得要少些。规范的（normative）一词中规范（norm）的意义，不同于标准的（normal）一词模糊意义中的标准（norm）的意义——后者意味着平均、平常，最低限度的公分母。规范意义上的规范（及医学意义上的规范）代表着一种基准、表率、理想。

本章的核心伦理学问题乃如何对待外星生命——若存在且若我们能发现任何此类生命的话。假如以及当我们遇到外星生命时，事实上我们将如何对待它，作为一位伦理学家的我并不胜任做出关于此方面的预言。可是对我来说似乎如此：一个未受训的观察者，以人类过去的记录（一般地或在此意义上，正常的人类行为）来看，对那些不幸被我们发现的生命而言，可不是好征兆。我一点也不能肯定：作为一位伦理学家，我能充满自信地强调我们应当如何对待外星生命这一问题。有两个总体性的不确定，一为元伦理学的，二为认识论的，将该问题推得足够远并使之充满推测。

首先，今天几乎每个拥有健全心灵与良好意愿的人都同意：不言而喻，人类生命乃明确、无可争辩的伦理关注之主题，但并未有如此共识——非人类外星生命应当成为类似关注之主体。非人类外星生命具有伦理价值——与它服务于人类目的的功用无关的价值——如此主张最好也是伴随着怀疑而得到欢迎，最坏则不仅被流行的伦理学家及其支持者，而且尤其被主流的西方伦理哲学家们斥为粗俗与滑稽。[20]因此，在通行的当代伦理学氛围中，我们甚至可能接受人类对于外星生命之伦理责任的可能性，且它们并不与人同形同性，这样的假说将很可能被认为是非常荒唐的，根本不值一提。[21]动物解放/权利伦理哲学家们企图拓展伦理关注于与我们最亲近的地球非人类亲戚这一狭窄范围，据其自我评价，他们处于伦理理论的领先地位；但据主流哲学批评家们的评价，他们是一群糊涂的情绪主义者（sentimentalists）。[22]

动物福利伦理学（为非人类生命形式提供了更慷慨、更宽泛的伦理关注）这样相对温和的建议都受到冰冷的对待，这并不能仅仅归结于西方伦理传统卫道士的粗鲁与吝啬。而是，西方伦理思想从柏拉图与圣保罗（St. Paul）到蒂利希（Tillich）与黑尔（Hare），对于从理论上保障这种精神上的慷慨与有力地实现这种拓展并未提供观念资源。但是，一种更有包容性的伦理，要成为一种恰当的伦理，就必须拥有一种合理的观念基础与逻辑准确性，必须能与历史上的伦理理论发生某种联系。一种生物中心主义的——一种字面上生物中心主义的——伦理，与传统的道德哲学不协调，所以不能被视为某种类型的伦理学，也就不能被严肃地对待，或得到批评性认同。

其次，不只是外星生命这个概念成问题——因为前述之生物学的区域性特征；而且，对于存在外星生命这一假说的批评性探讨甚至会导致一种更为混乱的矛盾。金星与火星，我们太阳系中最可能有外星生命居住的行星，已被无人探测器访问过，结果令人失望。[23]若生命（无论如何宽泛地定义）不存在于太阳系——现在不存在的可能性大于存在的可能性，那么我们能够设想它可能存在于我们太阳系所属的银河系吗?[24]

我们知道,仅我们的银河系就包含数十亿颗恒星。因此,若我们的恒星太阳在拥有一个由行星组成的家庭方面并不算独特或特别例外,若我们假设,生命(从概念上说不要界定得具地球性,terramorphic)在成熟、适宜与坐落的行星表面的发展性秩序形成过程中,是一种自然的可能也是不可避免的阶段,那么,外星生命在太阳系之外的银河系中存在的可能性便接近于 1,因而是必然的。

但是,我们有何机会肯定地或经验地确认这种有说服力的先验论点?我们那旋转的星系,即银河,平均地有近 100 000 光年之广、5 000 光年之厚。[25]太空生物学家瓦尔德玛·菲索夫(Valdemar Firsoff)估计:平均 *258* 每百万立方光年的空间内,有大约两颗可以支撑生命的行星。[26]现在让我们想象:自己实际上已出发,以便在我们的百万立方光年区域内寻找另外的可支持生命的行星,那将只是 40 光年到 60 光年的距离。

可是,光速是一种限制性速度——没有什么可以超过它。只有零静止质量的粒子(particles of zero rest mass)可以实际上达到光速。巨大的物体,如地球飞船,原则上限于部分因素而低于光速。为了计算星际空间探索的时间与能量预算,惠普公司(Hewlett-Packard)工程师伯纳德·奥利弗(Bernard Oliver)建议:我们大胆设想一艘"远远超过我们现在技术",速度达到五分之一光速的飞船。[27]在此速度下,派出一支探险队,去往离我们最近的星际邻居、4 光年之外的半人马座阿尔法星(Alpha Centauri),20 年后会到达。一位受过高等训练的船员,将花费一生中 40 年的时间在这个飞船上工作,仅可到达半人马座阿尔法星之外的另一个最近的行星(无论其质量如何)进行考察——设想我们的宇航员愿意不再返回家乡,事实上他们所愿意从事的就是一种自杀性使命。[28]一个世纪内,对更多恒星的研究可能由无人飞行探测器进行,这取决于我们能发射多少、探测的目标有多远。在我们的百万立方光年的区域内,在一千年、数万年或一百万年的时段内,以此方式发现其他可支持生命的行星之可能性有多大?为此而花费的能量与其他地球资源成本又如何?[29]我的猜想是:可能性将很小,花费将很大。

因此,这里还有一个认识论上的矛盾。我们可能认为很确定生命遍布于银河系——基于我们已知的银河系的规模与群星之数量，我们对生物化学与有机进化之理解，合理的假设是：我们的太阳系既不独特，也不例外。可是，这种知识没有（或近于没有）积极的意义，或可操作的转化性。科学认识论依旧是实证主义的，似乎很清楚合理的假说——生命遍布于银河系，被证明从科学上讲，如同设想一个电子同时具有确定的位置与速度一样毫无意义。如此假说原则上是无法证明的，基本上是因为爱因斯坦常数 c、光速对我们的分析所加的限制，它在星际空间的很大范围内发挥作用，其作用有点像普朗克常数 h（量子）在次原子小空间所发挥的作用。换言之，不确定性原则在很大的时空维度内有效，就如它在很小的时空维度内有效一样。至少，在寻找外星生命这件事上是如此。

259　　围绕着此处所提出的伦理学问题在元伦理学与认识论上的不确定性便引导出第三个更为实践性的不确定性：对此实践确实有一种严肃的论证吗？若动物福利伦理学是有争议的，若地球生命中心主义、生态中心主义环境伦理学受到蔑视性忽视或奚落，那么建构一种关于如何对待某种我们尚不知为何物，或它是否存在之物的伦理岂不就是愚蠢？

　　现在，就在地球上，人为的物种灭绝正以一种灾难性速度折磨着我们。[30] 但我们现在却正困惑于如何对待假设存在的生命。很可能它永远都不会进入我们的视野，更别说进入我们行为的范围。那些我们确实部分地理解且确实知道其存在的生命正在我们鼻子底下被毁灭——经常对它们视而不见，或很少评论之，且对此极少自责或有异议。难道我们不应当将我们的认知优先直接给予或首先担忧如何对待地球上的生命，它们现在正处于这样一种极端与实际的困境？一旦我们得到一种有说服力的伦理，能够处理更为紧迫的现实世界的问题，即整体性的地球生物毁灭，那么之后我们或许就可以思考我们应当如何对待外星生命——如果它确实存在，如果我们遇见时确实能认出它，如果我们果真能遇见它！

　　我不能被这种针对当前事业的批评说服，虽然我已经尽力以最有说服力的形式论述了这种批评。它听起来有点像 20 世纪 60 年代对阿波罗工程的平常的自由式批评，批评如此展开：作为一个民族，我们正花大把的钱将一个人送上月球，可此时在地球上，在富裕的美国，城市中的少数底层民众的社会经济条件正每天变得更加令他们绝望，在受压迫的、贫困的第

三世界与第四世界——"地球之悲"(the "wretched of the Earth"），人们
每天死于可预防的疾病与极端的饥饿。我们在考虑一种如何将一个人送到
月球上之类的空洞技术性幻想之前，难道不应当将我们的伦理关注与财富
资源用于解决这些地球上的社会问题吗？

那时我想，现在还如此认为，如果阿波罗工程在伦理上可辩护、在经
济上划得来，这也并不主要地由于官方理由——从探月中即将获得技术与
科学收获，而首先是由于阿波罗工程对此时居住于地球之人类之意识的影
响。[31] 自哥白布与伽利略以来的数世纪，我们已知地球是一颗行星，月
亮则是其卫星。可是，对我们之中那个站在月球上的人来说，放眼遥远的
地球，再返回到我们之中，那张关于我们渺小而又珍贵的行星的照片，从
仅仅是提议性的知识转化为了可感知的人类经验。我们都间接地参与了这
种经验。它确实是人类集体心灵中最具有象征意义的事件。尼尔·阿姆斯
特朗（Neil Armstrong）乃人类意识之阿基米德（Archimedes）。月亮就 260
在那里，他推动着地球。其杠杆就是一架相机。比其他任何单一现象更为
复杂的是，那些关于那个温柔的、湖泊蓝的，被四散的云羞怯地环绕着
的，在空荡荡的空间漂浮着的地球的照片——还有那绝对荒凉的月亮前
景——促成了随之而来的生态与环境时代。[32] 从月亮上拍摄的关于地球的
照片，也将普遍人类共同体概念带入社会意识。我们可以将我们的世界视
为一个整体。普遍的人类权利立即成为公共政策的口头禅。我们是一个小
世界里的伴侣性居民，我们与这个有水行星上的所有其他造物是旅伴。这
一星球在太空中实际上可被称为地球飞船（spaceship Earth）。我们人类
这一群体对地球及其丰富生命形式不可分割的依赖性，由我们对阿波罗
（Apollo）13 号上命运艰难的宇航员们的一致同情深刻地激发出来。他们
曾在那次近乎绝望的返回地球家乡的旅程中，在窄小的太空服和颠簸的太
空舱中求生存。

以一种不太远的，当然也更戏剧性的方式所进行的关于太阳系（若非
更大的宇宙）的环境伦理学讨论，可能具有一种相似的反身性影响。严肃
地对待这一伦理学问题——我们应当怎样对待外星生命，可以引入一种恰
当视野，提出一个更直接的、令人印象深刻的问题：我们应当怎样对待地
球上的生命？对外星生命采取一种高贵的伦理姿态，可能有助于刺激我们

对于地球生命采取一种更高贵的姿态。如我在其他地方所主张的：哥白尼革命（因阿波罗工程而可感知），乃环境伦理学之观念基础，就像其后的达尔文进化论与生态学在思想界所引起的革命那样。[33]因此，随时从一种更大的空间与时间范畴内提醒我们自己，对地球环境伦理学而言，可能具有观念上的重要性。

　　谁知道在太阳系的某个地方我们可以发现某种外星生命？在力所能及的情形下，对我们而言，比之于先射杀后提问，先从伦理上为我们第一个近距离相遇的外星生命做好准备岂不更好？

　　让我用下面的伦理思想实验结束对倒数第二个问题的考察。想象我们的宇航员发现了某种似乎不只是非地球之矿物构成物，应用某些标准做了某些测试后，他们确定自己确实发现了外星生命或"活物"。然后，他们在力所能及的范围内将"活物"系统地根除之。这从伦理上说似乎不对。

261　　比之于如下情形，这种毁灭性行为错得更大：宇航员们在一个行星的无生命表面上发现了某种被太阳风蚀刻的有趣模型，然后消除之。让我们从这种共享的伦理直觉（将它作为一种标准）开始，并且自问：我们为何觉得前者对其他世界的汪达尔式行为比后面的情形从伦理角度讲更糟？[34]

四

　　知名度最高但在哲学上少有阐释的环境伦理——利奥波德之大地伦理，对于从观念上澄清我们有希望共享的尊重外星生命的伦理直觉少有帮助。大地伦理从观念上将对于地球其他成员——动物、植物、水、土壤——的伦理关注建立在进化性关系与生态共同体之上。[35]换言之，大地伦理赋予地球植物与动物伦理地位，部分地因为它们与我们共享进化遗产。它们是"进化之旅中的旅伴"。确实，我们与它们可能最终从同一个亲代细胞中进化出来。[36]地球上的植物与其他动物，连同地球生物圈的基本要素一起，依利奥波德之理解，在地球生命共同体中也是功能性成员。即从生态学角度看，地球上的动物、植物、水、土壤相互联系和相互依赖。这种地球生物区的整体共生现象，据我在其他地方已阐释的伦理逻辑，依利奥波德之理解，已为我们提出一种对于整体生态系统及其单个成员的伦理责任。[37]

设想外星生命形式并不源于地球，并且存在于某种陌生的躯体，或相反，不属于我们的同类，即一种共同古生物学父母系血统之后裔，那么它们就不会参与地球的自然经济或生物共同体。因此，它们将处于利奥波德之大地伦理视野之外。

准此讨论之总体反思性主旨，对外星生命之伦理地位的关注，为利奥波德之大地伦理投下一束有趣的且极有价值的光芒。它暴露出利奥波德之大地伦理之观念基础的局限性，因此也就凸显并更明确地界定了它的轮廓。由于我们想象力的有限性，正如它们经常在伦理学，特别是在环境伦理学中所表现的地球视野，"将（生物/伦理）共同体的边界拓展至包括土壤、水、植物与动物，或合言之：大地"的利奥波德之大地伦理，似乎包括了"太阳下面"的任何之物，换言之，实际上也就什么也不包括。[38] 可是，从我们现在所讨论的哥白尼时空维度——太阳系、银河系与宇宙全体来看，大地伦理似乎在范围上是狭隘的，在性质上甚至是局部性的，因为它将自身限制于一个区域性（即地球）之物，将伦理价值建立在亲密性与相互依赖性之上。大地伦理在对外星生命提供伦理关注上的失败，立刻表现出它在地球导向环境伦理方向的力量，它当然是具有真正实践兴趣与应用能力的环境伦理学类型。

因此，大地伦理可被公正地称为地球沙文主义或地球主义（terrestrialism）之范例。可是，与男性沙文主义与种族主义不同，大地伦理并不反对任何东西——外星生命也不例外。大地伦理对于外星生命只是无话可讲。一定要它回应外星生命在太阳系存在的可能性有多大，被人类发现的可能性有多大，受人类行为影响的可能性有多大这类问题，大地伦理的支持者可能会主张某种类似于自治的与独立的宗族间的交际关系。但是，将大地伦理拓展至这种它从未考虑要处理的伦理问题，由于太过推测，因而不可能充满信心地解决之。

动物解放/权利伦理学的出现与学术恶名在运动中确定了一种理智辩证法：导致了一种由肯尼思·古德帕斯特提倡的，显然是新的生命原则伦理，它建立在乔尔·范伯格的主张之上，是对艾伯特·施韦泽著名的敬畏生命伦理趣味之复兴。[39]

动物解放主义者彼得·辛格主张：动物应当像人类一样，被赋予同等的伦理关注，因为动物像人类一样，具有感受痛苦的能力。[40]对辛格来说，情感，即体验快乐与痛苦的能力，应当成为事物获得伦理关注的标准。[41]

这显然不是一种环境伦理学的恰当基础，因为大部分环境实体没有情感——比如所有植物生命与许多种动物生命都没有情感，古德帕斯特企图将辛格的伦理逻辑再向前拓展一步。[42]他说情感不应当成为伦理关注的标准，因为情感在有些存在物中仅作为另一种目的——生命——之工具而存在。[43]因此，生命，作为情感因之而进化为一种工具的目的，应当成为伦理关注因之而被赋予的特征。

263　　　如我在其他地方已指出的，古德帕斯特的生命原则伦理与施韦泽的敬畏生命伦理，虽然它们在基本语汇、修辞和历史回响上有区别，但在抽象上却具有共同的元伦理学基础。[44]在最后的分析中，它们都因为有生存在物是意动性的（一种在逻辑上与情感平行的能力），而为对它们的伦理关注做辩护。

古德帕斯特的生命原则伦理与施韦泽的敬畏生命伦理呼吁我们将伦理关注（与/或敬畏，在施韦泽的情形中）仅仅拓展至地球生命。我并不主张古德帕斯特或施韦泽明确地排除了外星生命，但明确的是（也很自然）他们正在思考的唯一生命是地球生命，因为那就是任何人都知道的存在，或在想象中他或她可能实际影响的全部生命。

然而，外星生命也可能是意动性的，我是说我猜想：它将具有最小的意动性，即根据范伯格对意动性的经典定义，它至少拥有下面特征中的一项："有意识的愿望、欲望与希望，或要求与动力，或无意识的驱动、目的与目标，或潜在的趋向、成长方向与自然的完善。"[45]任何具有本文第二节所开列最少生命特征者——可成长、自我复制与死亡之物将具有意动性，至少必然有潜在的倾向、成长方向，且自然实现，或无意识的驱动、目的与目标，或有意识的愿望、欲望与希望。用范伯格的话说，这样一种东西将具有"自身之'善'，该善之实现将是其权利"。因此，若在拥有伦理权利与拥有伦理关注之间有何重要之区别的话，它便应当拥有伦理权利，如范伯格所奠定的权利，或用古德帕斯特的话说，至少是应当值得伦理关注。[46]

同样，关于施韦泽之更具唯意志论与神话色彩的意动性观念，我将设想：在这一点上，外星生命不会比地球生命更弱。它将拥有生存意志（will-to-live）。因此，施韦泽说："就像在我的生存意志中，有一种对生命的渴望……这样，同样的渴望会在围绕我的所有生存意志中发现，无论它是否能向我的理解能力表达自己，或它是否对此保持沉默。"施韦泽接着说："因此，伦理学的重要性就在于这种我所体验过的践行对所有具有生存意志的生命表达敬畏的必要性，就像对我自己的生命具有敬畏一样。"[47]

依其本然，生命原则/敬畏生命伦理学乃专为从观念上澄清，奠定我们有希望共享的伦理直觉——当我们遇到它时，外星生命应当受到尊重或敬畏。然而，生命原则/敬畏生命伦理学具有一个弱点，它与利奥波德之大地伦理在这一点上正相反。因其整体主义的或生态系统的价值方向，大 *264* 地伦理作为一种地球环境伦理，具有实践性；可是，因其观念性基础与逻辑结构，它不能将生命送到地球之外。生命原则/敬畏生命伦理学，由于其观念性基础与逻辑结构，能将生命送到地球之外；可是，因其个体主义或原子主义的偏见，在实践上不能作为一种地球环境伦理。[48]换言之，生命原则/敬畏生命伦理学可以作为一种外星环境伦理学，可滑稽的是，作为一种地球环境伦理学，它却可怜地失败了。

请让我做阐释。仅个体生物是意动的，至少按范伯格和施韦泽对此共享性基础观念之理解是这样的。种群、物种、生物群落、群落交错区、生物群系和作为整体的生物圈没有意动性。因此，唯个体生物乃恰当的权利承担者（范伯格），是伦理上值得关注（古德帕斯特）或敬畏和尊重的对象（施韦泽）。在地球家园协调地实践生命原则/敬畏生命伦理学，将要求一种生活方式，这种方式是如此安静，以至于如同自杀，如施韦泽所清晰地承认和确认的。[49]利用其他生物乃生存之所必需，因为我们乃地球生物经济的有机成员。在此，通过他者之死另一物方可获得生命。在地球家园，生命原则/敬畏生命伦理学的支持者在每个地方都会遇到一种不可避免的实践困境。可是，既然我们的宇航员并非某些外星生态系统的有机成员，并且将携带地球上的食物及其他生命必需品，那么关于太阳系其他星球上的生命（假如它存在，假如我们的宇航员会遇到它），生命原则/敬畏生命伦理学便是可行的，即不存在原则与必要性之间的持续妥协。由于无须食用或利用外星生命，我们的宇航员能够绝对地尊重和/或敬畏它。

但是，从哲学理性与人类心理两方面来看，都需要一种自我协调与完善的伦理理论。我们若出于一种目的采用功利主义，出于第二种目的采取道义论，出于第三个目的赞成动物解放，出于第四个目的认可大地伦理，出于第五个目的肯定一种生命原则/敬畏生命伦理学等等，那么就既非好的哲学家，亦非完整的人。这样一种伦理折中主义不仅在理性上不可容忍，而且在道德上也令人怀疑——因为它会让人怀疑仅为方便或自利而如此概括。

265　因此，让我推荐一种能充分包容的且可自洽的环境伦理，它立刻就能为外星生命与地球生命提供伦理关注，而无须忽视实践上基本的人类生命、人类需求和人类权利。

布赖恩·G. 诺顿已区别了强、弱两种人类中心主义。[50]人类中心主义认为不存在脱离人类经验之价值。此种观念无论最终是否可证，在西方价值论中都似极为普遍。[51]依照诺顿的说法，强人类中心主义原则上将人类任何有价值的经验视为同等重要——钉钉子与作诗一样好，射鸟与采集植物一样好，沙滩越野与恢复沙漠幼鱼栖息地一样好。非人类存在物仅乃有价值的人类经验之资源，并且在人类使用这些资源以满足自己之偏好的过程中对它们的消费或破坏没有限制，除非本质上是经济上的限制。立足强版本的人类中心主义，若人类宇航员遇到其他行星上的生命，比之于放过它，灭掉它能更使他们愉快。且当他们如此这般时，若我们中的大多数人会感觉更好，至少不会更糟，那么他们就应当这么干。

另一端的弱人类中心主义，即诺顿从梭罗那里发现，且常被称引者，将对事物之某些应用视为人类天性的转化与提升。[52]因此，某些人类经验比另外一些更优，因为它们拓展与扩大了人类的意识，简言之，因为它们让我们更好。[53]于是，采集植物要好于射鸟，拯救沙漠幼鱼要好于沙滩越野，写诗好于钉钉子，因为钉钉子、射鸟和沙漠越野弱化了人类的精神，麻木了人类的心灵，而文学、科学与物种保护则提升了人类精神，照亮了人类心灵。

现在对我而言，弱人类中心主义似乎将管理我们对外星生命与地球生命之利用，使我们走向人类更大的善。我想不到有什么东西能像发现、研究与保护外星生命那样，如此积极地转移人类的意识。它将从经验地、可感地、内在地确证我们现在抽象地相信之物：生命乃生理天性中内在潜力之表现。这样一种事件将极大地提升人类意识之去神秘化的进程，现在这一过程进展太慢。我相信：发现地球外的生命、发现一种全新的生物学，珍惜它且努力地理解它，将改变我们现在对地球上的生命的观念。相对于外星生命，地球有机体（包括我们自己）组成一个大家庭、一个宗族。现在将地球上其他物种视为有点儿另类的、怪异的生命形式的短视偏见，比之于真正另类的、怪异的外星生命形式，必将消失。简言之，阿波罗计划的阿基米德式探险将会完成。

注　释

导论　真正的工作

267　　[1] 本导论之副标题模仿如下著作：加里·辛德. 真正的工作：采访与谈论：1964—1979（*The Real Works: Interviews and Talks: 1964 - 1979*）. 纽约：新方向出版社（New York: New Directions），1980.

　　[2] 克里斯丁·施雷德-弗雷谢特（Kristin Shrader-Frechette）代表了此种理解，参见：克里斯丁·施雷德-弗雷谢特. 环境伦理学（*Environmental Ethics*）. 帕西菲克格罗夫：波克斯伍德出版社（Pacific Grove: BoxWood Press），1981；核动力与共同政策：裂变技术的社会与伦理问题（*Nuclear Power and Public Policy：Social and Ethical Problems with Fission Technology*）. 波士顿：D. 里德尔出版社（Boston: D. Reidel），1980；环境伦理学与全球道德律令（"Environmental Ethics and Global Imperatives"）//罗伯特·雷帕托（Robert Repetto）. 全球可能性（*The Global Possible*）. 纽黑文：耶鲁大学出版社，1985. 可以说，约翰·帕斯莫尔对人类中心主义强势做出了一种致歉性转折，参见：约翰·帕斯莫尔. 人类对自然的责任：生态问题与西方传统. 纽约：查理斯斯克里布纳萨斯出版社（New York：Charles Scribner's Sons），1974.

　　[3] 此派环境哲学家最知名的代表作有：彼得·辛格. 动物解放：一种关于我们如何对待动物的新伦理学. 纽约：纽约评论出版社（New York：The New York Review），1975；汤姆·里甘. 所有居民：动物权利与环境伦理学. 伯克利：加利福尼亚大学出版社，1982；汤姆·里甘. 动物权利案例. 伯克利：加利福尼亚大学出版社，1983。

[4] 辛格的视野限于感受性动物，里甘的视野则限于哺乳动物。

[5] 从技术层面讲，"动物解放"（辛格的理论）与"动物权利"（里甘的理论）不同。

[6] 生态中心主义的知名著述有：霍姆斯·罗尔斯顿. 哲学走向荒野：环境伦理学论文集（*Philosophy Gone Wild: Essays in Environmental Ethics*）. 布法罗：普罗米修斯出版社（Buffalo: Prometheus Books），1986；霍姆斯·罗尔斯顿. 对生态系统的责任（"Duties to Ecosystem"）//J. 贝尔德·卡利科特.《沙乡年鉴》手册：阐释与批评论文. 麦迪逊：威斯康星大学出版社，1987.

[7] 关于对深层生态学元理性主义特征（metarational character）的系统讨论，参见：沃里克·福克斯. 走进深层生态学：对理查德·西尔万批评深层生态学的回应（*Approaching Deep Ecology: A Response to Richard Sylvan's Critique of Deep Ecology*）. 霍巴特：塔斯马尼亚大学环境研究论文（Hobart: University of Tasmania Environmental Studies Occasional Paper），20，1986；米歇尔·齐墨尔曼（Michael Zimmerman）. 量子理论、内在价值与泛神论（"Quantum Theory, Intrinsic Value, and Panentheism"）. 环境伦理学，10（1988）：3-10. 关于立足东方思想的意见，即哲学本身是环境问题之一部分，而非其解决之道，参见：大卫·L. 霍尔（David L. Hall）. 论追求一种环境变化（"On Seeking a Change of Environment"）；安乐哲（Roger T. Ames）. 论将德还原于道家（"On Putting the *Te* back into Taoism"）；杰拉尔德·吉姆斯·拉森（Gerald James Larson）. 环境伦理学的观念资源（"'Conceptual Resources' for 'Environmental Ethics'"）. 以上三篇论文都出自：J. 贝尔德·卡利科特，安乐哲. 环境哲学：亚洲传统（*Environmental Philosophy: The Asian Traditions*）. 奥尔巴尼：萨尼出版社（Albany: SUNY Press），1989.

[8] 关于维特根斯坦的苍蝇与捕蝇瓶的隐喻，参见：杰拉尔德·吉姆斯·拉森. 环境伦理学的观念资源// J. 贝尔德·卡利科特，安乐哲. 环境哲学：亚洲传统. 奥尔巴尼：萨尼出版社，1989.

[9] 对奥尔多·利奥波德的传记性研究，参见：苏珊·弗拉德尔

(Susan Flader). 如山之思：奥尔多·利奥波德与对鹿、狼与森林的生态学态度之进化（*Thinking Like a Mountain: Aldo Leopold and the Evolution of an Ecological Attitude toward Deer, Wolves, and Forests*）. 哥伦比亚：密苏里大学出版社（Columbia: University of Missouri Press），1974；柯特·迈恩. 奥尔多·利奥波德：其生活与工作（*Aldo Leopold: His Life and Work*）. 麦迪逊：威斯康星大学出版社，1988。

[10] 保罗·泰勒. 尊重自然（*Respect for Nature*）. 普林斯顿：普林斯顿大学出版社，1986.

第一章　动物解放：一项三边事务

[1] 奥尔多·利奥波德. 沙乡年鉴. 纽约：牛津大学出版社，1949：202-203. 然而，有些西方传统的伦理学体系已然将伦理地位与非人类存在物相协调。毕达哥拉斯传统确实为阿克拉加（Acragas）的恩培多克勒（Empedocles）所继承，阿西西（Assisi）的圣·弗兰西斯（Saint Francis）显然相信动物有灵魂。在现代伦理学中，杰里米·边沁的享乐性功利主义体系对通常的伦理法则也是一个例外。对于西方思想中动物的伦理地位，参见：约翰·帕斯莫尔. 对动物之对待（"The Treatment of Animals"）. 观念史（*Journal of the History of Ideas*），36（1975）：195-218. 其极好的富有启发性的研究提供了历史性观念资源。它们与现存的流行态度不同，确实是些例外，只代表了西方宗教与哲学观中的少数人意见。

[2] 这一伦理运动的口号"动物解放"源于彼得·辛格的著作《动物解放：一种关于我们如何对待动物的新伦理学》，影响广泛。"动物权利"这一持久且含义明确的概念由汤姆·里甘在其诸多文章中所倡导。这些文章包括：素食主义的伦理基础（"The Moral Basis of Vegetarianism"）. 加拿大哲学（*Canadian Journal of Philosophy*），5（1975）：184-214；对动物权利观念的发掘（"Exploring the Idea of Animal Rights"）// D. 帕腾森（D. Patterson），理查德·赖德（R. Ryder）. 动物权利：一场讨论会（*Animal Rights: A Symposium*）. 伦敦：赛托出版社（London: Centaur），1979；动物权利、人类错误（"Animal Rights, Human Wrongs"）.

环境伦理学，2（1980）：99－120. 一种关于尊重动物权利的更复杂且做了合格论证的主张，参见：乔尔·范伯格. 动物权利与未出生后代（"The Rights of Animals and Unborn Generations"）//威廉姆·T. 布莱克斯通（William T. Blackstone）. 哲学与环境危机（*Philosophy and Environmental Crisis*）. 阿森斯：佐治亚大学出版社（Athens：University of Georgia Press），1974：43－68；乔尔·范伯格. 人类义务与动物权利（"Human Duties and Animal Rights"）// R. K. 莫里斯（R. K. Morris），沃里克·福克斯. 第五日（*On the Fifth Day*）. 华盛顿：卫城出版社（Washington：Acropolis Books），1978：45－69；劳伦斯·霍沃斯（Lawrence Haworth）. 权利、错误与动物（"Rights, Wrongs, and Animals"）. 伦理学（*Ethics*），88（1978）：95－105. 在当代论争语境下，这种主张声称动物具有有限权利。S. R. L. 克拉克（S. R. L. Clark）就非人类动物伦理关注问题，提出了一种在细节上不同于辛格、里甘与范伯格之观点的观点。[参见：S. R. L. 克拉克. 动物的伦理地位（*The Moral Status of Animals*）. 牛津：克拉伦登出版社（Oxford：Clarendon Press），1975] 在此讨论中，为表达对辛格的敬意，我用"动物解放"一语整体上*269*包括关于人道伦理（humane ethic）的不同哲学阐释。辛格曾对农业企业与科学研究中对动物的不人道使用给予特别关注，对此之全面的、专业性的研究，参见：鲁思·哈里森. 动物机器（*Animal Machines*）. 伦敦：斯图尔特出版社（London：Stuart），1964；里查德·赖德. 科学祭品（*Victims of Science*）. 伦敦：大卫－波因特出版社（London：Davis-Poynter），1975.

[3] 彼得·辛格与汤姆·里甘特别坚持对非人类动物给予同等的伦理关注。可是，如辛格所指出的，同等的伦理关注并不必然意味着同等的对待。请比较：彼得·辛格. 动物解放：一种关于我们如何对待动物的新伦理学. 纽约：纽约评论出版社，1975：317－324；狐狸寓言与尚不自由的动物（"The Fable of the Fox and the Unliberated Animals"）. 伦理学，88（1978）：119－120. 汤姆·里甘对辛格与他本人之观点的清晰概括，参见：汤姆·里甘. 动物权利、人类错误. 环境伦理学，2（1980）：108－112.

［4］感谢里查德·赖德提出了"物种主义"这一概念，参见：里查德·赖德. 物种主义：活体解剖伦理学（*Speciesism:The Ethics of Vivisection*）. 爱丁堡：苏格兰预防活体解剖学会（Edinburgh:Scottish Society for the Prevention of Vivisection），1974. 理查德·劳特利提出了"人类沙文主义"概念，参见：理查德·劳特利. 需要一种新的环境伦理吗？// 保加利亚组织委员会. 第十五届世界哲学大会文集（*Proceedings of the Fifteenth World Congress of Philosophy*）：第1册. 索菲亚，保加利亚：索菲亚出版社，1973：205-210. 彼得·辛格从细节上发展出一种在物种主义与种族主义和性别主义间的平行比较，参见：彼得·辛格. 所有动物是平等的（"All Animals Are Equal"）// 汤姆·里甘，彼得·辛格. 动物权利与人类义务（*Animal Rights and Human Obligations*）. 恩格尔伍德克利弗斯，新泽西：普伦蒂斯-豪出版社（Englewood Cliffs, N. J.: Prentice-Hall），1976：148-162. 为从政治上拓展出进一步的比较，动物解放亦可被理解为一种革新与实践运动。我们急于行动、变成一种素食主义者、联合抵制动物产品，等等，里甘在《动物权利、人类错误》之尾段发出了此类很急切的劝告。［汤姆·里甘. 动物权利、人类错误. 环境伦理学，2（1980）：120］

［5］奥尔多·利奥波德. 沙乡年鉴. 纽约：牛津大学出版社，1949：204.

［6］Ibid., pp.201-203. 克里斯托弗·斯通（Christophor Stones）更为细致地呈现了相类似的法律权利拓展的历史过程，参见：C. D. 斯通. 树应当有地位吗？（*Should Trees Have Standing?*）. 洛斯阿尔托斯：威廉姆考夫曼（Altos:William Kaufman），1974：3-10. 可是，这本著作并未被应用于动物解放。

［7］奥尔多·利奥波德. 沙乡年鉴. 纽约：牛津大学出版社，1949：203.

［8］Ibid., p.204.

［9］Ibid., p.221（论树）；pp.129-133（论山峰）；p.209（论水流）。

［10］约翰·本森（John Benson）承认，在考虑由辛格等人提出的论题的过程中，"作为一种结果，他被迫改变自己的食物"［约翰·本森. 责

任与野兽（"Duty and the Beast"）. 哲学（*Philosophy*）. 53（1978）：547-548］。更细致的批评性讨论，参见：菲利浦·E. 迪瓦恩（Philip E. Devine）. 素食主义者的伦理基础（"The Moral Basis of Vegetarianism"）. 哲学，53（1978）：481-505.

[11] 一本利奥波德的传记特别提及了利奥波德作为一位运动家的生涯，参见：苏珊·弗拉德尔. 如山之思：奥尔多·利奥波德与对鹿、狼与森林的生态学态度之进化. 哥伦比亚：密苏里大学出版社，1974.

[12] 特别参见：奥尔多·利奥波德. 沙乡年鉴. 纽约：牛津大学出版社，1949：54-58，62-66，120-122，149-154，177-187.

[13] 约翰·罗德曼提出了最彻底、最全面的异议，参见：约翰·罗 *270*
德曼. 自然的解放（"The Liberation of Nature"）. 探索（*Inquiry*），20（1977）：83-131. 令人吃惊的是，辛格——其著作乃罗德曼拓展性、批评性评论之主题——或辛格的某些同盟者，并未对这些具有洞察力与启发性的评论做出回应。另一针对性稍弱的异议，参见：保罗·谢泼德. 动物权利与人类惯例（"Animal Rights and Human Rites"）. 北美评论（*North American Review*），1974 年冬卷：34-41. 最近，肯尼思·古德帕斯特对环境伦理学名义下的动物解放与动物权利运动表达了不满，参见：肯尼思·古德帕斯特. 从利己主义到环保主义（"From Egoism to Environmentalism"）// 肯尼思·古德帕斯特，K. 塞尔（K. Sayre）. 21 世纪伦理学与问题（*Ethics and Problems of the 21st Century*）. 圣母：圣母大学出版社（Notre Dame：Notre Dame University Press），1979：21-35. "我们最终所需要的，"肯尼思·古德帕斯特说，"只是另一种解放运动。"（第 29 页）

[14] 彼得·辛格. 所有动物是平等的//汤姆·里甘，彼得·辛格. 动物权利与人类义务. 恩格尔伍德克利弗斯，新泽西：普伦蒂斯-豪出版社，1976：159. 辛格用"人道主义"（humanist）这一术语来表达一种物种主义内涵。理性与未来想象能力作为一种拥有权利的标准，已被米歇尔·E. 莱文（Michael E. Levin）做了新的修改，他特别提及了辛格的《评估动物权利》（"Animal Rights Evaluated"）[人道主义者（*The Humanist*），1977 年 7-8 月卷：14-15] 一文。约翰·帕斯莫尔主张将利益作为

具有拥有权利的标准，否认非人类存在物具有利益。（约翰·帕斯莫尔.
人类对自然的责任：生态问题与西方传统. 纽约：查理斯斯克里布纳萨斯
出版社，1974：166）L. P. 弗兰西斯（L. P. Francis）和 R. 诺曼
（R. Norman）认为，语言能力对拥有伦理地位而言必不可少，并特别提
及了动物解放主义者。[L. P. 弗兰西斯，R. 诺曼. 某些动物比其他动
物更合适（"Some Animals are More Equal than Others"）. 哲学，53
（1978）：507-527] H. J. 麦克克洛斯基（H. J. McCloskey）采取了康
德的一个观念，在人类其他排他性的拥有权利的特性中，他强调自我意识
的重要性。[H. J. 麦克克洛斯基. 生命的权利（"The Right to Life"）.
心灵（*Mind*），84（1975）：410-413；伦理权利与动物（"Moral Rights
and Animals"）. 探索，22（1979）：23-54] 理查德·A. 沃森也将自我意
识作为拥有权利的一种标准，但允许某些非人类动物亦具备之。[理查
德·A. 沃森. 自我意识和非人类动物与自然的权利（"Self-Conscious-
ness and the Rights of Nonhuman Animals and Nature"）. 环境伦理学，1
（1979）：99-129]

[15] 除了在此《动物权利与人类责任》（*Animal Rights and Human
Obligations*）中很好地概括了历史性人物，约翰·帕斯莫尔近来维护一种
反作用观点，即残酷地对待动物是一种应该受到伦理谴责的行为，其原因
独立于人类对于动物的任何义务或责任。（约翰·帕斯莫尔. 人类对自然
的责任：生态问题与西方传统. 纽约：查理斯斯克里布纳萨斯出版社，
1974：117）

[16] 比之于动物解放主义者，"人文道德主义者"可能是一个更具历
史准确性的名称。约翰·罗德曼以纲领性方式在当代动物解放/权利运动
与历史上的人道社团运动之间拓展出一种联系，参见：约翰·罗德曼. 自
然的解放. 探索，20（1977）：88-89.

[17] 汤姆·里甘之《对一个关于动物权利论点的考查与辩护》（"An
Examination and Defense of One Argument Concerning Animal Rights"）
一文中的"边际案例论证"更准确地阐释了这一论点，参见：汤姆·里
甘. 对一个关于动物权利论点的考查与辩护. 探索，22（1979）：190. 里
甘以例证的方式将此论点应用于动物的伦理地位，将我们的注意力导向了

安德鲁·林齐（Andrew Linzey）的《动物的权利》（*Animal Rights*）以及辛格的《动物的解放》。

　　[18] 对此观念极简明之提倡，参见：乔尔·范伯格. 人类义务与动 *271*
物权利//R. K. 莫里斯，沃里克·福克斯. 第五日. 华盛顿：卫城出版社，1978：53 及其后.

　　[19] Ibid., pp.57-59.

　　[20] 约翰·罗德曼在《自然的解放》中的评论值得在此处被重申，因为表面上看，它在其他地方未引起任何关注："一个物种认为自己是唯一拥有理性、自由意志、灵魂或其他神秘特性的物种，并且因此而要求一种排他性内在价值，如果你认为这是武断的，那么它会比如下情形更荒唐吗？发现有相同的物种根据其共同的与所宣称唯一具有的感觉力为自己主张一种排他性内在价值，且这些物种与前者决然类似（比如在神经系统或行为方面）。"[约翰·罗德曼. 自然的解放. 探索，20（1977）：91]肯尼思·古德帕斯特如此评价现代道德哲学："它建立在一种利己主义和对相应的伦理情感或理性模式的忠诚上，本质上是对利己主义的一种概括或普遍化……对我们近来所感到的对环境伦理之需求，它表现得很不热心……因为这样一种新伦理尚未接受被简化为'人道主义'，也未能与既有的任何伦理关注模式或理论相符合。"（肯尼思·古德帕斯特. 从利己主义到环保主义// 肯尼思·古德帕斯特，K. 塞尔. 21 世纪伦理学与问题. 圣母：圣母大学出版社，1979：29）

　　[21] 约翰·罗德曼的评论："为何我们的'新伦理'看上去如此古老？……因为通过'拓展'过程使传统的现代范例之基础假设永恒，从而产生一种'新伦理'的设想，无论它如何处理其边界。"[约翰·罗德曼. 自然的解放. 探索，20（1977）：95]如果这些假设依旧是传统的，那么在我看来，其边界就是层级性的。当前二者的观点被认为与大地伦理相对立，那么这三者便呈现出三边对立状态。当我们注意到在正文中未予特别讨论的另外两种立场即敬畏生命伦理与泛道德主义（pan-moralism）时，这种层级性关系尤为明显。敬畏生命伦理（我采用这种说法，以示对艾伯特·施韦泽的尊敬）在层级上似乎属于人文道德之下一步。威廉姆·弗兰基纳（William Frankena）认为如此，参见：威廉姆·弗兰基纳. 伦

理学与环境（"Ethics and the Environment"）//肯尼思·古德帕斯特，K.
塞尔. 21 世纪伦理学与问题. 圣母：圣母大学出版社，1979：3-20. W.
墨里·亨特（W. Murry Hunt）比艾伯特·施韦泽向前迈进了一步，他
提出一项大胆建议：应当赋予所有对象伦理关注的地位，这是一种泛伦理
主义。［W. 墨里·亨特. 仅乃伦理关注之物吗？（"Are Mere Things
Morally Considerable?"）. 环境伦理学，2（1980）：59-65］亨特的讨论
清楚地显示：在伦理关注下滑的每一步中，都存在着一种相似的逻辑
（"滑坡"逻辑），因此，对于所有根本性假设的伦理类型，大地伦理都站
在它们的对立面。亨特未意识到他的建议可被阐释为对整个论题的一种归
谬，但却坚持那并非其本意。大地伦理并非上述理路步骤中的一部分，故
而可被呈现为对上述逻辑的一种背离。如我在下文所阐释的，原则性区别
在于：大地伦理是一种集体的或"整体的"，而其他伦理类型则是分离的
或"原子的"。另一相关区别是：伦理人道主义、人文道德主义、敬畏生
命伦理、限制性案例与泛伦理主义，均对自然或明或暗地支持一种等级性
模式。大地伦理则建立在一种关于自然的生态学模式上，强调各物种在自
然经济中所发挥的作用，抛弃了本体论与价值论意义上的"高级"/"低
级"概念，赞赏一种关于价值的功能性系统。换言之，大地伦理倾向于在
强调有机物、无机物等对生物共同体之价值的基础上，而非在事物之高低
秩序的基础上，建立一种价值区别。比如，比之于狗，有些细菌对自然经
济的健康可能具有更大的价值，因而应当得到更大的尊重。

［22］约翰·罗德曼在提及辛格的人文道德时说："缺点……在于其对
18 世纪后期至 19 世纪早期功利主义人道运动视野的局限，以及未能实践
自身的高贵主张——'哲学应当质疑时代的基本假设'。"［约翰·罗德曼.
自然的解放. 探索，20（1977）：86］

［23］奥尔多·利奥波德. 沙乡年鉴. 纽约：牛津大学出版社，1949：
223.

［24］人类学家克利福德·格尔茨（Clifford Geertz）评论说，在文化
中，通过"强有力的强制，一个'应当'的世界被融合、生长出一种复杂
的、事实上的'是'……在某种程度上，合成一种世界观与精神的倾向，
若非逻辑必然，至少是一种经验的融合；若非哲学论证，至少在实践上有

普遍性"［克利福德·格尔茨. 精神、世界观与对神圣符号的分析（"Ethos, World View, and the Analysis of Sacred Symbols"）// 克利福德·格尔茨. 文化阐释（*The Interpretation of Culture*）. 纽约：基础出版社（New York: Basic Books），1973：127］。罗德曼感叹现代道德哲学专注于自然主义谬误，评论说："缘此，对伦理学的要求被简化为谈论从'经验'事实中抽象出一种'价值'。作为一种有机精神、生活方式的伦理学概念，对我们而言依旧缺场。"［约翰·罗德曼. 自然的解放. 探索，20（1977）：96］

［25］我所提及的"第一、第二、第三级整体"，典型地分别指称单细胞机体、多细胞机体与生物群落。

［26］《西南部环境保护之基础》写于 20 世纪 20 年代，但一直未发表，直到最近一年才发表于《环境伦理学》1979 年第 1 期，第 131～141 页。该文表明：从观念上呈现整体特性的有机体类比源于生态关系。在利奥波德的思想中，它先于共同体类比。至少，前者的伦理内涵得到了关注。《沙乡年鉴》中的《大地伦理》一文几乎是排他性地使用了共同体类比，然而，根据《西南部环境保护之基础》一文重读《大地伦理》一文，可证明：利奥波德在倾向于共同体类比时，并未完全放弃有机体类比。比如，在《大地伦理》的结尾部分，利奥波德谈到了"大地健康"与"大地群体机体"（第 258 页）。威廉姆·莫顿·惠勒（William Morton Wheeler）与刘易斯·托马斯（Lewis Thomas）对于以整体视野研究社会、伦理与环境问题，提供了进一步的讨论。［参见：威廉姆·莫顿·惠勒. 哲学生物学文集（*Essays in Philosophical Biology*）. 纽约：拉塞尔与拉塞尔（New York: Russell and Russel），1939；刘易斯·托马斯. 一个细胞的生活：生物学观察者笔记（*Lives of a Cell: Notes of a Biology Watcher*）. 纽约：维京出版社（New York: Viking Press），1974］在学院派哲学家中，肯尼思·古德帕斯特在其《从利己主义到环保主义》中探讨了一种整体主义环境伦理体系的可能性。

［27］杰里米·边沁. 伦理与法律原则导论（*An Introduction to the Principles of Morals and Legislation*）. 牛津：克拉伦登出版社，1823：第 1 章第 4 节. *273*

[28] 阿利斯泰尔·S. 岗恩已经注意到这一现象，并感伤地评论说："环境主义者似乎并不能与'西方的'个体主义困惑相比，后者通过诉诸本质上的原子主义、竞争性的权利概念解决我们如何对待动物的问题……"[阿利斯泰尔·S. 岗恩. 我们为何应当关注稀有动物？（"Why Should We Care About Rare Species?"）. 环境伦理学，2（1980）：36]约翰·罗德曼在《自然的解放》中谈论的实际上是同一件事："关注个体动物与其主观性经验的伦理原子主义，似乎并不能很好地和与之相对的生态系统相适应。"[约翰·罗德曼. 自然的解放. 探索，20（1977）：89]彼得·辛格实际上强调其人文道德的个体视野，好像这是一种美德！更明显的是，因为物种自身并非敏感性实体（此乃其相关伦理关注概念之边界），他认为关于物种的伦理关注的唯一基础，是人类中心主义基础、人类美学、对人类而言的环境有机性，等等。[彼得·辛格. 不只为人类：非人类动物在环境论题中的地位（"Not for Humans Only:The Place of Non-humans in Environmental Issues"）//肯尼思·古德帕斯特，K. 塞尔. 21世纪伦理学与问题. 圣母：圣母大学出版社，1979：191-206]

[29] 奥尔多·利奥波德. 沙乡年鉴. 纽约：牛津大学出版社，1949：223，209.

[30] 爱德华·阿比. 沙漠宝石. 纽约：保兰亭出版社（New York: Ballantine Books），1968：20.

[31] 加勒特·哈丁. 荒野经济学（"The Economics of Wilderness"）. 自然史（*Natural History*），78（1969）：173-177. 哈丁很坦率地讲："只有在人口短缺的情形下，费很大精力去挽救一个个体的生命才有意义，近来我并没有听说这个世界上缺人。"（Ibid., p.176）

[32] 比如，参见：加勒特·哈丁. 生存于生命之舟（"Living on a Lifeboat"）. 生命科学，24（1974）：561-568.

[33] 在《理想国》第5卷中，柏拉图直接宣布："统治得最好的城邦最接近一个有机体"（462D）。"对一个城邦而言，没有什么东西比使之分裂，使之成为碎片，而不是成为一个整体，算是更大的恶；也没有什么东西比使其各部分融合起来，成为一个整体，算是更大的善。"（462A）古德帕斯特以一种总体的方式参与到此种联系中，他说："某些生态学家与

环境保护主义者经常呼吁，我们的思想需要更少原子式的，更多'整体性的'。在目前语境下，可将其翻译为一种对更多地拥抱伦理客体的呼吁。在某种意义上，它代表了一种期望——回归关于人的内涵更为丰富的希腊观念；从本性上说，人是社会性的，不能从理智上将人从其社会与政治语境中分离出去。当然，强调社会亦需在一种语境、一种生态语境下理解，并认为这种更大的整体是'价值承担者'，这超越了希腊观念。"（肯尼思·古德帕斯特. 从利己主义到环保主义//肯尼思·古德帕斯特，K. 塞尔. 21 世纪伦理学与问题. 圣母：圣母大学出版社，1979：30）

[34] 特别参见：理想国：4.444A-E.

[35] 柏拉图对以下观念有一个很明确的陈述，即任何事物之善乃各部分对其整体秩序之适应，参见：高尔吉亚：503D-507A.

[36] 理想国：5.461C（论杀婴），468A（论战俘分配），3.416D- 406E（论医疗).　*274*

[37] 理想国：5.459A-406E（论优生学，无家庭生活，孩子抚育），3.416D-417B（论私有财产).

[38] 理想国：4.419A-421C，7.419D-521B.

[39] 在此展示了诸多刺耳的关于自我宣称的"新"伦理学（证明了是一种已然隐退的"旧"伦理学）缺乏新颖之处的抱怨后，将利奥波德大地伦理（显然是新牌子）与柏拉图道德哲学相比较，确实具有讽刺性。然而，这二者间存在重要差异。对于如何对待具有感受力的动物的问题，人文道德主义者已明确修改、细化了边沁对享乐主义的历史性欣赏。除了重温与细化边沁的立场，人文道德主义者并无新贡献。另外，柏拉图并未发展出任何稍类似于环境伦理之物。对于自然生命，柏拉图从未形成一种生态观。其作为整体的世界由身体、灵魂与宇宙构成。柏拉图主要若非唯一关注的伦理问题是政治语境下的个体人类。他粗略地认为，整体之善超越了个体诉求（甚至在《克里托篇》中，柏拉图对城邦处死苏格拉底的判决表示同情，无论这一判决对苏格拉底而言多么不公）。因此，柏拉图支持一种整体主义伦理。这种伦理作为一种（很不同的）范例是有价值的。与之比较，利奥波德大地伦理虽然也是整体主义的，但处理的是一种完全不同的整体。再者，如下事实亦甚有趣：柏拉图发现的利于传达其整体主义

社会价值的某些（并非全部）类比，对利奥波德努力阐发大地伦理亦甚有益。

［40］奥尔多·利奥波德. 沙乡年鉴. 纽约：牛津大学出版社，1949：ix.

［41］约翰·密尔. 加利福尼亚野山羊（"The Wild Sheep of California"）. 大陆月刊（*Overland Monthly*），12（1874）：359.

［42］罗德里克·纳什认为，英语单词"荒野"（wild）最终源于"意志"（will）。因此，一种野生物就是一种有意志之物——"自主意志的、充满欲望的，或不可控的"（罗德里克·纳什. 荒野与美国精神. 纽黑文：耶鲁大学出版社，1973：2）。人文道德主义者对此区分之忽视在里甘的《动物权利、人类错误》一文中得到了突出体现。该文开篇就通过对人类粗暴对待动物的四起具体案例之生动描述，呼吁读者之同情。我猜想，里甘的意图是为人类虐待动物的四种主要类型——捕鲸、为动物园之需而捕获、交易动物、涉及貌似不成问题的动物折磨的有问题的科学实验，以及深加工肉制品——提供案例。但是，依大地伦理之核心原则，他的分析可分为以下两种：一是聚集于对两种野生动物——蓝鲸与长臂猿——的滥杀。考虑到此二者均属于正在消失的物种，情形便更为严重。二是两例日常虐待家畜的案例。一例针对"牛犊"（注定要成为牛肉），另一例针对实验用兔。从大地伦理的角度看，基于我所简述之理由，上述牛犊与实验用兔所遭受的巨大痛苦，当然应该受到谴责。但是我想，比之于对现代捕鲸与野生物交易，以及对蓝鲸与长臂猿的利用和毁灭等话题之更深层的环境与生态学讨论而言，这都是琐事。就像基于同样的原因，对实验用兔与雄性奶牛的现有做法是错误的一样，我以为，对圈养家畜的不人道对待甚至不应当在与捕鲸和野生动物交易的同样语境下进行讨论，这样的讨论实属无益。

［43］约翰·罗德曼责备辛格未能考虑大量动物获得解放所带来的后果是什么。他以嘲笑的口吻恭贺辛格为消灭更精微之恶，即其他动物也就是家畜的遗传退化，迈出了一步。［约翰·罗德曼. 自然的解放. 探索，20（1977）：101］

［44］范伯格做出了对新边沁主义终极承认的极强烈的表达："我们将痛苦与折磨视为内在之恶……仅因它们是痛苦与折磨……'痛苦到底错在

哪儿'的问题从未被提出，我应当提出它。我在此清醒地主张：我并未从痛苦中发现任何错误。这是一种可以传达有机体之重要信息的奇异方法，它由进化过程磨砺而成。我认为，这正是最近阿兰·沃茨在某处被问及这个世界上是不是有太多痛苦时所要说的——'不，我认为恰如其分'。"（乔尔·范伯格. 人类义务与动物权利//R. K. 莫里斯，沃里克·福克斯. 第五日. 华盛顿：卫城出版社，1978：57）

[45] 保罗·谢泼德评论说："人道主义将非法谋杀观念应用于自然，以及将文明化人类的权利观念应用于环境安全，这不仅不着边际，而且正好与基础性的生态现实相反：自然结构乃杀戮之产物。"（保罗·谢泼德. 动物权利与人类惯例. 北美评论，1974 年冬卷：37）

[46] 谢泼德对此事做了巧妙的、完善的阐释，参见：谢泼德. 温柔的肉食者与神圣的游戏（*The Tender Carnivore, and the Sacred Games*）. 纽约：查理斯斯克里布纳萨斯出版社，1973. 马歇尔·萨林斯（Marshell Sahlins）对此做了更为实验性的研究，参见：马歇尔·萨林斯. 石器时代经济学（*Stone Age Economy*）. 芝加哥：奥戴恩/阿瑟顿（Chicago: Aldine/Atherton），1972.

[47] "来自上帝的肉食"一语在《沙乡年鉴》中出现过两次，分别在第 viii 页与第 166 页。利奥波德通常对此用语给予精神-形而上性质的阐释。在前言中，利奥波德说："在此（小屋），我们追求——也发现——我们的来自上帝的肉食——这是一种精神性满足。"据其第二次对此语之应用，其意义更可能是：我们从此小屋出发——可以成功地去狩猎，虽然总体而言，在其他地方这种游戏已不再盛行。利奥波德提及"有机农业"（organic farming），把它理解为一种与大地伦理有密切联系之物。在同样的语境下，他也使用"生物农业"（biotic farming）概念。（奥尔多·利奥波德. 沙乡年鉴. 纽约：牛津大学出版社，1949：222）

第二章　评汤姆·里甘之《动物权利案例》

[1] 欧内斯特·帕特里奇的精彩评论，参见：环境伦理学，7（1985）：81-86.

[2] 彼得·辛格. 动物解放运动十年（"Ten Years of Animal Libera-

tion"). 纽约书评, 17 (1985): 46-52.

[3] 大卫·赫尔. 个体性论题（"A Matter of Individuality"）. 科学哲学（*Philosophy of Science*），45（1978）：335-360.

[4] 马克·萨冈夫. 动物解放与环境伦理学：坏的婚姻，快的离婚（"Animal Liberation and Environmental Ethics: Bad Marriage, Quick Divorce"）. 奥斯古德豪法律杂志（*Osgoode Hall Law Journal*），22（1984）：306.

[5] 史蒂夫·萨波特利斯. 捕食（"Predation"）. 伦理学与动物（*Ethics and Animals*），5（1984）：27-36.

[6] 亨利·贝斯顿. 最远之屋：科德角大海滩一年的生活（*The Outermost House: A Year of Life on the Great Beach of Cape Cod*）. 纽约：维京出版社，1971：25. 强调乃本书作者所加.

[7] 汤姆·里甘. 对一个关于动物权利论点的考查与辩护//汤姆·里甘. 所有居民：动物权利与环境伦理学. 伯克利：加利福尼亚大学出版社，1982：113-147.

[8] 据我所知，汤姆·里甘从未强调过由约翰·罗德曼所拓展出的对动物权利的富有思想性与信息量的批评. 后者的这一观点，参见：约翰·罗德曼. 自然的解放. 探索，20（1977）：83-131. 难道里甘对罗德曼批评之忽视意味着他无力回答罗德曼提出的问题？

[9] 亨利·贝斯顿. 最远之屋：科德角大海滩一年的生活. 纽约：维京出版社，1971：221.

[10] 玛利·米奇利. 动物及其为何重要. 阿森斯，佐治亚州：佐治亚大学出版社，1983：112-124.

第三章 动物解放与环境伦理学：重归于好

[1] J. 贝尔德·卡利科特. 动物解放：一项三边事务. 环境伦理学，2（1980）：311-328. 重印于本文集第15~37页.

[2] 玛利·安·沃伦. 非人类世界的权利（"The Rights of the Nonhuman World"）//罗伯特·艾略特（Robert Elliot），阿伦·加尔（Arran Gare）. 环境哲学：文献选读（*Environmental Philosophy: A Collection*

of Readings）. 大学公园：宾夕法尼亚州立大学出版社（University Park：The Pennsylvania State University Press），1983：109－131.

［3］Ibid., pp.130－131.

［4］Ibid., p.131.

［5］汤姆·里甘. 动物权利案例. 伯克利：加利福尼亚大学出版社，1983：362－363. 相关讨论，参见我的载于《环境伦理学》1985 年第 7 期第 365～372 页的评论。此评论文章重印于本文集第 38～46 页。

［6］马克·萨冈夫. 动物解放与环境伦理学：坏的婚姻，快的离婚. 奥斯古德豪法律杂志，22（1984）：306.

［7］玛利·米奇利. 动物及其为何重要. 阿森斯，佐治亚州：佐治亚大学出版社，1983：112.

［8］Ibid., p.130－131.

［9］彼得·辛格. 动物解放：一种关于我们如何对待动物的新伦理学. 纽约：埃冯出版社，1977：xi－xiii. 最近，约翰·A. 费舍尔（John A. Fischer）对辛格的立场表达了同情，并以之为动物福利伦理学之恰当基础，参见：约翰·A. 费舍尔. 严肃地对待同情（"Taking Sympathy Seriously"）. 环境伦理学，9（1987）：197－215.

［10］肯尼思·古德帕斯特. 从利己主义到环保主义//肯尼思·古德帕斯特，K. 塞尔. 21 世纪伦理学与问题. 圣母：圣母大学出版社，1979：21－35.

［11］大卫·休谟. 人性论. 牛津：克拉伦登出版社，1960：487.

［12］我最完善的陈述出自：大地伦理之观念基础//J. 贝尔德·卡利科特.《沙乡年鉴》手册：阐释与批评论文. 麦迪逊：威斯康星大学出版社，1987：186－217. 重印于本文集第 72～96 页。

［13］彼得·辛格. 拓展之圈：伦理学与社会生物学（The Expanding Circle：Ethics and Sociobiology）. 纽约：法罗、斯特劳斯与吉鲁（New York：Farrar, Straus, and Giroux），1982.

［14］奥尔多·利奥波德. 沙乡年鉴. 纽约：牛津大学出版社，1949：216.

［15］彼得·辛格嘲讽了这一观念，他说："必须承认，食肉动物的存

在确实为动物解放伦理学设置了一个问题：我们是否应当对此事实有所作为？假设人类能够从地球上消灭食肉动物，并且世界上动物受难之总量因此而减少，我们是否应当这样做？"（彼得·辛格. 动物解放：一种关于我们如何对待动物的新伦理学. 纽约：埃冯出版社，1977：238）史蒂夫·萨波特利斯得出了以下结论："无论我们是否可以在不引起与我们不限制捕食者而产生的痛苦同样多的或比之更多的痛苦的条件下限制捕食者，根据我们有义务减少可避免的动物痛苦这一原则，我们都有义务这样做。"〔史蒂夫·萨波特利斯. 捕食. 伦理学与动物，5（1984）：36〕我认为，辛格的动物解放与里甘的动物权利都意味着捕食者灭绝政策所带来的生态噩梦。〔J. 贝尔德·卡利科特. 寻找一种环境伦理（"The Search for an Environmental Ethic"）//汤姆·里甘. 生死攸关（*Matters of Life and Death*）. 2 版. 纽约：随意屋（New York：Random House），1986：381－423〕

〔16〕霍姆斯·罗尔斯顿. 美与野兽：对野生生物的审美经验（"Beauty and the Beast：Aesthetic Experience of Wildlife"）//D. J. 戴克尔（D. J. Decker），G. R. 冈夫（G. R. Goff）. 评估野生生物：经济与社会视野（*Valuing Wildlife：Economic and Social Perspectives*）. 博尔德：西视出版社（Boulder：Westview Press），1987：187－196.

〔17〕大卫·休谟. 道德原则探究（*An Enquiry Concerning the Principles of Morals*）. 牛津：克拉伦登出版社，1777：219. 强调乃本书作者所加。

〔18〕查尔斯·达尔文. 人类的由来与性选择. 纽约：赫尔与公司（New York：J. A. Hill and Company），1904：120.

第四章　环境伦理要素：伦理关注与生物共同体

〔1〕理查德·劳特利. 需要一种新的环境伦理吗？//保加利亚组织委员会. 第十五届世界哲学大会文集：第 1 册. 索菲亚，保加利亚：索菲亚出版社，1973：205－210.

〔2〕Ibid.，p.207.

〔3〕劳特利的限制情形案例（如我所称）直觉性强于其逻辑力量。什

么样的宗教与哲学伦理系统属于"主流的"西方伦理思想传统？（确实，什么是西方的？什么是东方的？）我们如果并未将上述因素全部列出，并分别讨论之，便不能证明：西方的思想不能做什么。另外，有一个挑战（于此我并不胜任）：发现一种主要的欧洲伦理学系统（古典的或现代的），以回应劳特利限制情形案例之思想实验。在每个系统中，最好的情形是他人，通常是主体自身具有价值，非人类自然实体只有成为人的财产或相关于一种整体性或模糊的（人类）生活质量概念时，才会被置于伦理考量中。霍姆斯·罗尔斯顿亦明确指出："我们的伦理遗产主要地将价值与权利赋予人，传统伦理学若进入非人类领域，它们也只是进入人类领域之附庸领域。"［霍姆斯·罗尔斯顿. 有一种生态伦理吗？（"Is There an Eco-logical Ethic?"）. 伦理学，85（1975）：101］

[4] 奥尔多·利奥波德. 环保伦理（"The Conservation Ethic"）. 林学（*Journal of Forestry*），31（1933）：634-643. 奥尔多·利奥波德. 沙乡年鉴. 纽约：牛津大学出版社，1949：201-226.

[5] Ibid., p.203.

[6] Ibid., p.202.

[7] 查尔斯·达尔文. 人类的由来与性选择. 纽约：赫尔与公司，1904：第4章，第5章. "没有一个部落，"达尔文写道，"能保持统一，若谋杀、抢劫、欺骗等公行. 因此，同一部落内被禁止的此类犯罪被永久性地标识以污名……"佩特·克罗帕特金（Petr Kropotkin）在自己的著作中将此原则拓展到其他物种. ［佩特·克罗帕特金. 互助：进化的一个事实（*Mutual Aid: A Factor of Evolution*）. 伦敦：威廉姆海涅曼有限公司（London: William Heineman Ltd.），1902］

[8] 爱德华·O. 威尔逊. 社会生物学：新综合（*Sociobiology: The New Synthesis*）. 剑桥：哈佛大学出版社，1975.

[9] 奥尔多·利奥波德. 沙乡年鉴. 纽约：牛津大学出版社，1949：204.

[10] 一种恰当的伦理必须是公平的，即责任必须是互惠的，权利必须是相互. 这种说法最近已被环境伦理学批评家当作一种方法使用，参见：米歇尔·福克斯（Michael Fox）. "动物解放"：一种批评（"'Animal

Liberation': A Critique"). 伦理学，88（1978）：112.

[11] 奥尔多·利奥波德. 沙乡年鉴. 纽约：牛津大学出版社，1949：203.

[12] Ibid., pp.209-210.

[13] Ibid., p.223.

[14] Ibid., p.224.

[15] 约翰·帕斯莫尔. 人类对自然的责任：生态问题与西方传统. 纽约：查理斯斯克里布纳萨斯出版社，1974：116.

第五章　大地伦理之观念基础

[1] 华莱士·斯特格纳. 奥尔多·利奥波德的遗产（"The Legacy of Aldo Leopold"）//J. 贝尔德·卡利科特.《沙乡年鉴》手册：阐释与批评论文. 麦迪逊：威斯康星大学出版社，1987；柯特·迈恩. 建设"大地伦理"（"Building 'The Land Ethic'"）//J. 贝尔德·卡利科特.《沙乡年鉴》手册：阐释与批评论文. 麦迪逊：威斯康星大学出版社，1987. 将利奥波德概括为一个先知，可追溯到：罗伯茨·曼（Roberts Mann）. 奥尔多·利奥波德：神父与先知（"Aldo Leopold: Priest and Prophet"）. 美国森林（*American Forests*），60（1954）：23，42-43. 显然，这一说法为其他学者所采用，参见：欧内斯特·斯威夫特（Ernest Swift）. 奥尔多·利奥波德：威斯康星的环保主义先知（"Aldo Leopold: Wisconsin's Conservationist Prophet"）. 威斯康星故事与踪迹（*Wisconsin Tales and Trails*），2（1961）：2-5. 罗德里克·纳什将此概念惯例化了，参见：罗德里克·纳什. 荒野与美国精神. 纽黑文：耶鲁大学出版社，1967："利奥波德：先知"一章。

[2] 约翰·帕斯莫尔. 人类对自然的责任：生态问题与西方传统. 纽约：查理斯斯克里布纳萨斯出版社，1974.

[3] H. J. 麦克洛斯基. 生态伦理学与政治学（*Ecological Ethics and Politics*）. 托托瓦，新泽西：罗曼与利托菲尔德（Totowa, N. J.: Rowman and Littlefield），1983：56.

[4] 罗宾·阿特菲尔德写道："利奥波德这位哲学家像是一种灾难。

我担心这种学生的思想：他的哲学概念主要据利奥波德的概括而塑造。（'哲学意义上的'价值可与工具价值对比吗？若是非观念不适用于荷马时代的希腊奴隶，奥德修斯怎能猜测女奴们的'行为不当'？若所有伦理基于互依，那么对于婴儿与小孩的责任如何可能？而且，'没有良知，责任便无意义'这一条又如何能确认良知概念从观念上依赖责任概念?)"［罗宾·阿特菲尔德. 荒野之价值（"Value in the Wilderness"）. 元哲学（*Metaphilosophy*），15（1984）：294］L. W. 萨姆纳. 评罗宾·阿特菲尔德的《环境关注伦理学》（"Review of Robin Attfield, *The Ethics of Environmental Concern*"）. 环境伦理学，8（1986）：77.

　　［5］奥尔多·利奥波德. 沙乡年鉴. 纽约：牛津大学出版社，1949. 这一章引自《沙乡年鉴》的引文用夹注的形式在正文中标出页码。

　　［6］爱德华·O. 威尔逊. 社会生物学：新综合. 剑桥：哈佛大学出版社，1975：3. 亦参见：W. D. 汉密尔顿（W. D. Hamilton）. 社会行为之遗传学理论（"The Genetical Theory of Social Behavior"）. 理论生物学（*Journal of Theoretical Biology*），7（1964）：1-32.

　　［7］查尔斯·达尔文. 人类的由来与性选择. 纽约：赫尔与公司，1904：97.

　　［8］亚当·斯密. 道德情操论. 伦敦与爱丁堡：A. 米勒、A. 金凯德与 J. 贝尔（London and Edinburgh: A. Millar, A. Kinkaid, and J. Bell），1759；大卫·休谟. 道德原则探究. 牛津：克拉伦登出版社，*280* 1777. 此处对查尔斯·达尔文的称引均来自：查尔斯·达尔文. 人类的由来与性选择. 纽约：赫尔与公司，1904：第 4 章（分别是第 106 页与第 109 页）.

　　［9］查尔斯·达尔文. 人类的由来与性选择. 纽约：赫尔与公司，1904：98 及其后.

　　［10］Ibid., pp.105 及其后.

　　［11］Ibid., pp.113 及其后.

　　［12］Ibid., p.105.

　　［13］埃尔曼·R. 瑟维斯（Elman R. Service）. 原始社会组织：一种进化论视野（*Primitive Social Orgnization: An Evolutionary Perspec-*

tive). 纽约：随意屋，1962.

[14] 马歇尔·萨林斯. 石器时代经济学. 芝加哥：奥戴恩阿瑟顿，1972.

[15] 查尔斯·达尔文. 人类的由来与性选择. 纽约：赫尔与公司，1904：111.

[16] Ibid., pp.117 及其后. 所引词语出现在第 118 页。

[17] Ibid., p.124.

[18] 唐纳德·沃斯特. 自然经济：生态学基础（*Nature's Economy: The Roots of Ecology*）. 旧金山：西拉俱乐部出版社，1977.

[19] 查理斯·埃尔顿. 动物生态学（*Animal Ecology*）. 纽约：麦克米兰（New York: Macmillan），1927.

[20] 奥尔多·利奥波德. 圆河（*Round River*）. 纽约：牛津大学出版社，1953：148.

[21] 肯尼思·古德帕斯特. 论伦理上值得关注（"On Being Morally Considerable"）. 哲学，22（1978）：308-325. 古德帕斯特明智地避开了"权利"这一术语。这个术语被界定得如此严格，以至于哲学家们对它有极不同的理解，但非哲学人士则很宽泛地使用它。

[22] 肯尼思·古德帕斯特. 从利己主义到环保主义//肯尼思·古德帕斯特，K. 塞尔. 21 世纪伦理学与问题. 圣母：圣母大学出版社，1979：21-35.

[23] 伊曼努尔·康德. 道德形而上学基础（*Foundations of the Metaphysics of Morals*）. 怀特·贝克（White Beck），译：纽约：鲍勃斯-梅里尔（New York: Bobbs-Merrill），1959；杰里米·边沁. 伦理与法律原则导论. 牛津：克拉伦登出版社，1823. 康德之《道德形而上学基础》首版于 1785 年。

[24] 肯尼思·古德帕斯特. 从利己主义到环保主义//肯尼思·古德帕斯特，K. 塞尔. 21 世纪伦理学与问题. 圣母：圣母大学出版社，1979. 古德帕斯特实际上将休谟与康德视为此类伦理哲学之双本源。但休谟并非如此论证。对休谟而言，他者导向之情与自爱之情同样原始。

[25] 关于动物解放，参见：彼得·辛格. 动物解放：一种关于我们

如何对待动物的新伦理学. 纽约：雅芳图书（New York: Avon Books），1975. 关于动物权利，参见：汤姆·里甘. 所有居民：动物权利与环境伦理学. 伯克利：加利福尼亚大学出版社，1982.

[26] 艾伯特·施韦泽. 文明哲学：文明与伦理学（*Philosophy of* *281* *Civilization:Civilization and Ethics*）. 约翰·奈什（John Naish），译. 伦敦：A & C 布兰克（London:A & C Black），1923. 更全面的讨论，参见：J. 贝尔德·卡利科特. 论非人类物种之内在价值//布赖恩·诺顿. 物种保护：生物多样性价值. 普林斯顿：普林斯顿大学出版社，1986：138－172.

[27] 彼得·辛格与汤姆·里甘都为此情形而自豪，并以之为优点。参见：彼得·辛格. 不只为人类：非人类动物在环境论题中的地位//肯尼思·古德帕斯特，K. 塞尔. 21 世纪伦理学与问题. 圣母：圣母大学出版社，1979：191－206；汤姆·里甘. 伦理素食主义与商业化动物农场（"Ethical Vegetarianism and Commercial Animal Farming"）//吉姆斯·E. 怀特（James E. White）. 当代伦理问题（*Contemporary Moral Problems*）. 圣保罗，明尼苏达：韦斯特出版公司（St. Paul, Minn.:West Publishing Co.），1985：279－294.

[28] J. 贝尔德·卡利科特. 休谟是/应当二分法及生态学与利奥波德大地伦理之关系. 环境伦理学，4（1982）：163－174（重印于本文集第115～125页）；非人类中心主义价值理论与环境伦理学（"Non-anthropo-centric Value Theory and Environment Ethics"）. 美国哲学季刊（*American Philosophical Quarterly*），21（1984）：299－309.

[29] 大卫·休谟. 道德原则探究. 牛津：克拉伦登出版社，1777：219. 强调乃本书作者所加。

[30] 查尔斯·达尔文. 人类的由来与性选择. 纽约：赫尔与公司，1904：120.

[31] 我已在其他地方指出："哲学意义上的价值"意味着"内在"或"固有"价值. 参见：J. 贝尔德·卡利科特. 野生生命的哲学价值（"The Philosophical Value of Wildlife"）//D. J. 戴克尔，G. R. 冈夫. 评估野生生物：经济与社会视野. 博尔德：西视出版社，1987：214－221.

［32］唐纳德·沃斯特. 自然经济：生态学基础. 旧金山：西拉俱乐部出版社，1977.

［33］J. 贝尔德·卡利科特对这一点做了阐释，参见：J. 贝尔德·卡利科特. 生态学之形而上学内涵. 环境伦理学，9（1986）：300－315. 重印于本文集第 97～111 页。

［34］罗伯特·P. 麦金托什（Robert P. McIntosh）. 生态学基础：概念与理论（*The Background of Ecology：Concept and Theory*）. 剑桥：剑桥大学出版社，1985.

［35］奥尔多·利奥波德. 西南部环境保护之基础. 环境伦理学，1（1979）：139－140. 强调乃本书作者所加。

［36］阿瑟·坦斯利. 植物概念与术语之使用与滥用（"The Use and Abuse of Vegetational Concepts and Terms"）. 生态学（*Ecology*），16（1935）：292－303.

［37］哈罗德·莫罗维茨. 作为宇宙科学的生物学（"Biology as a Cosmological Science"）. 现代思想主流（*Main Currents in Modern Thoughts*），28（1972）：156.

［38］我从奥斯丁·梅雷迪斯（Austin Meredith）的《退化》（"Devolution"）一文中借用了"退化"（devolution）这一术语，参见：奥斯丁·梅雷迪斯. 退化. 理论生物学，96（1982）：49－65.

［39］霍姆斯·罗尔斯顿. 对濒危物种的责任（"Duties to Endangered Species"）. 生命科学（*Bio Science*），35（1985）：718－726. 亦参见：吉兰特·弗梅吉（Geerat Vermeij）. 人为灭绝生物学（"The Biology of Human-Caused Extinction"）//布赖恩·诺顿. 物种保护：生物多样性价值. 普林斯顿：普林斯顿大学出版社，1986：28－49.

［40］D. M. 劳普（D. M. Raup），J. J. 塞普康斯基（J. J. Sepkoski）. 海洋化石所记录的大灭绝（"Mass Extinctions in the Marine Fossil Record"）. 科学（*Science*），215（1982）：1501－1503.

［41］威廉姆·艾肯. 农业中的伦理学议题（"Ethical Issues in Agriculture"）//汤姆·里甘. 地球的边界：环境伦理学新导论（*Earthbound: New Introductory Essays in Environmental Ethics*）. 纽约：随意屋，

1984：269. 汤姆·里甘. 动物权利案例. 伯克利：加利福尼亚大学出版社，1983：262；伦理素食主义与商业化动物农场//吉姆斯·E. 怀特. 当代伦理问题. 圣保罗，明尼苏达：韦斯特出版公司，1985：290. 亦参见：埃利奥特·索伯（Eliott Sober）. 环境保护中的哲学问题（"Philosophical Problems for Environmentalism"）//布赖恩·诺顿. 物种保护：生物多样性价值. 普林斯顿：普林斯顿大学出版社，1986：173-194.

［42］我感谢理查德·劳特利和瓦尔·劳特利对树的分析［他们现在分别叫西尔万（Sylvan）与普拉姆伍德（Plumwood）］，参见：理查德·劳特利，瓦尔·劳特利. 人类沙文主义与环境伦理学（"Human Chauvinism and Environmental Ethics"）//D. 曼尼森（D. Mannison），M. 麦克罗比（M. McRobbie），理查德·劳特利. 环境哲学：伦理学、政治哲学与社会理论（*Environmental Philosophy: Ethics, Political Philosophy, Social Theory*）. 堪培拉：澳大利亚国立大学，1980：96-189. 彼得·辛格的《拓展之圈：伦理学与社会生物学》中有对气球类比的很好说明。

［43］对此之阐释，参见：托马斯·W. 奥弗霍尔特，J. 贝尔德·卡利科特. 以羽为衣及其他故事：奥吉布瓦世界观导论. 华盛顿特区：美国大学出版社，1982.

［44］J. 贝尔德·卡利科特. 传统美洲印第安人与西方欧洲人对自然之态度：一种概观. 环境伦理学，4（1982）：293-318. 重印于本文集第173～197页。

［45］欧内斯特·帕特里奇. 我们为生态伦理做好准备了吗？（"Are We Ready for an Ecological Morality?"）. 环境伦理学，4（1982）：177.

［46］彼得·弗里策尔. 生态良知冲突（"The Conflicts of Ecological Conscience"）//J. 贝尔德·卡利科特. 《沙乡年鉴》手册：阐释与批评论文. 麦迪逊：威斯康星大学出版社，1987：128-153.

［47］唐纳德·沃斯特. 自然经济：生态学基础. 旧金山：西拉俱乐部出版社，1977.

［48］斯科特·莱曼. 荒野拥有权利吗？（"Do Wildernesses Have Rights?"）. 环境伦理学，3（1981）：131.

第六章 生态学之形而上学内涵

[1] E. A. 伯特（E. A. Burt）. 现代科学的形而上学基础（*The Metaphysical Foundation of Modern Science*）. 公园城，纽约：安克儿出版社（Garden City, N. Y.：Anchor Books），1954；欧内斯特·尼格尔（Ernest Nagel）. 科学的结构（*The Structure of Science*）. 纽约：哈考特，布里斯与世界（New York：Harcourt, Brace and World），1961.

[2]"新生态学"这一术语首先为 H. G. 韦尔斯（H. G. Wells）在其与朱利安·赫胥黎（Julian Huxley）和 G. P. 韦尔斯（G. P. Wells）合著的《生命科学》（*The Science of Life*）（纽约：公园城出版公司，1939）中使用，用以概括由阿瑟·坦斯利在 1935 年所拓展的可量化生态系统模式之后的生态学。参见：沃里克·福克斯. 深层生态学：我们时代之新哲学？（"Deep Ecology：A New Philosophy of Our Time?"）. 生态学家（*The Ecologist*），14（1984）：194−200. J. 贝尔德·卡利科特讨论了新物理学与新生态学之间的协调和补充，参见：J. 贝尔德·卡利科特. 内在价值、量子理论与环境伦理学. 环境伦理学，7（1985）：357−375. 重印于本文集第 153∼170 页。

[3] 约翰·格里宾（John Gribbin）提出，虽然"牛顿以其内心所有的它（原子）进行物理学与光学研究，但只有当法国化学家安托万·拉瓦锡（Antoine Lavoisier）探索物质何以会燃烧时，原子才确实成为 18 世纪后期科学思想之一部分"[约翰·格里宾. 薛定谔猫之研究：量子物理学与现实（*In Search of Schrodinger's Cat：Quantum Physics and Reality*）. 纽约：班特姆（New York：Bantam），1984：19]。但是，托马斯·库恩提出："17 世纪早期，原子主义有一种巨大复兴……作为指导科学想象的'新哲学'之基础原则，原子主义与哥白尼主义有力地融为一体。"[托马斯·库恩. 哥白尼革命：行星天文学与西方思想发展（*The Copernican Revolution：Planetary Astronomy and the Development of Western Thought*）. 剑桥，马萨诸塞：哈佛大学出版社，1957：237]托马斯·库恩的历史观比格里宾更宽。

[4]"第一"（primary）特性与"第二"（secondary）特性乃加利莱

奥·伽利略发明的术语，约翰·洛克在其《人类理解论》（*Essay Concerning Human Understanding*）中用以区分要素之被公认的真实特性与非真实特性。洛克旨在进行经验性区分，而非理论性区分，此旨之无效后来为贝克莱所阐发。有揭示性的术语"充实"（the full）与"空虚"（the empty）则源于公元 5 世纪前的原子主义者亚里士多德，见其《形而上学》985b4。

［5］G. S. 柯克（G. S. Kirk），J. E. 雷文（J. E. Raven）. 前苏格拉底哲学家：批评史与文选（*The Presocratic Philosophers: A Critical History with a Selection of Texts*）. 剑桥：剑桥大学出版社，1962；E. A. 伯特. 现代科学的形而上学基础. 公园城，纽约：安克儿出版社，1954.

［6］Ibid.

［7］欧内斯特·尼格尔. 科学的结构. 纽约：哈考特，布里斯与世界，1961.

［8］Ibid.

［9］关于德谟克里特的唯物主义心理学，参见：W. K. C. 格斯里（W. K. C. Guthrie）. 希腊哲学史（*A History of Greek Philosophy*）：第 2 卷. 剑桥：剑桥大学出版社，1965. 关于卢克莱修的唯物主义心理学，参见：泰特斯·卢克莱修·卡勒斯（Titus Lucretius Carus）. 物性论（*De Rerum Natura*）. 罗伯特·莱瑟姆（Robert Latham），译. 哈蒙兹沃斯：企鹅出版社（Harmondsworth: Penguin），1951. 关于霍布斯的唯物主义心理学，参见：托马斯·霍布斯. 利维坦（*Leviathan*）. 纽约：康利尔出版社（New York: Collier Books），1962. 关于毕达哥拉斯的二元论，参见：W. K. C. 格斯里. 希腊哲学史：第 1 卷. 剑桥：剑桥大学出版社，1962. 关于柏拉图的二元论，参见：柏拉图. 斐多篇//柏拉图卷 1：游叙弗伦、申辩、克里托、斐多、斐德罗（*Plato I: Euthyphro, Apology, Crito, Phaedo, and Phaedrus with an English Translation*）. 哈罗德·福勒·诺思（Harold Fowler North），英译. 伦敦：威廉姆海涅曼有限公司之利奥波经典图书馆（London: William Heineman Ltd. for The Loeb Classical Library），1914. 关于笛卡尔的二元论，参见：笛卡尔. 第

一哲学沉思录（*Meditations on First Philosophy*）//笛卡尔哲学著作集（*The Philosophical Works of Decartes*）：第 1 卷. E. S. 霍尔登（E. S. Haldane），G. R. T. 罗斯（G. R. T. Ross），译. 剑桥：剑桥大学出版社，1911.

[10] 关于这一点，毕达哥拉斯、柏拉图和笛卡尔这些西方最有影响力的二元论者的思想显然相同。

[11] 托马斯·霍布斯. 利维坦. 纽约：康利尔出版社，1962.

[12] 伊曼努尔·康德. 道德形而上学基础. 怀特·贝克，译. 纽约：鲍勃斯-梅里尔，1959.

[13] 特别参见：柏拉图. 斐多篇//柏拉图卷 1：游叙弗伦、申辩、克里托、斐多、斐德罗. 哈罗德·福勒·诺思，英译. 伦敦：威廉姆海涅曼有限公司之利奥波经典图书馆，1914.

[14] 论动物部分与政治学（*De Partibus Animalium and Politicus*）//理查德·麦基翁（Richard McKeon）. 亚里士多德基本著作集（*The Basic Works of Aristotle*）. 纽约：随意屋，1941：643-661，1127-1316.

[15] Ibid.

[16] 安东尼·昆顿. 正确的安排（"The Right Stuff"）. 纽约书评，32（1985）：52.

[17] 厄恩斯特·黑克尔. 有机物整体形态学（*Generelle Morpholoie der Organismen*）. 2 卷本. 柏林：雷马，1966；卡尔·林奈. 自然的经济体系（"Specimen Academicum de Oeconomia Naturae"）//乔根·泰吉·霍姆（Jorgen Tyge Holm）. 学苑第二卷（*Amoenitates Academicae II*）. 卢吉道尼巴塔伏罗姆：阿普德考尼罗姆哈斯出版社（Lugdoni Batavorum: Apud Cornelium Haas），1751.

[18] 唐纳德·沃斯特. 自然经济：生态学基础. 公园城，纽约：安克尔出版社，1979.

[19] 吉尔伯特·怀特. 塞耳伯自然史（*The Natural History of Selborne*）. 纽约：哈帕兄弟（New York: Harper Brothers），1842.

[20] 约翰·伯勒斯. 科学之午（"The Noon of Science"）//约翰·伯勒斯文集（*The Writings of John Burroughs*）：第 17 卷　岁月顶峰（*The*

Summit of the Years）. 波士顿：霍顿米弗林（Boston：Houghton Mifflin and Company），1913；弗里德里克·克莱门茨. 生态学研究方法（*Research Methods in Ecology*）. 林肯，内布拉斯加：大学出版社公司（Lincoln, Nebraska：University Publishing Co.），1905.

[21] R. 托比（R. Tobey）. 保护草原：美国植物生态学创立学院之生物圈，1895—1955（*Saving the Prairies：The Life Cycle of the Founding School of American Plant Ecology, 1895-1955*）. 伯克利：加利福尼亚大学出版社，1981；罗伯特·P. 麦金托什. 生态学基础：概念与理论. 剑桥：剑桥大学出版社，1985.

[22] 查理斯·埃尔顿. 动物生态学. 纽约：麦克米兰，1927.

[23] 阿瑟·坦斯利. 植物概念与术语之使用与滥用. 生态学，16（1935）：292-303.

[24] 唐纳德·沃斯特. 自然经济：生态学基础. 旧金山：西拉俱乐部出版社，1977：303.

[25] Ibid.，p.332.

[26] 奥尔多·利奥波德. 沙乡年鉴. 纽约：牛津大学出版社，1949. 对大地伦理之进化论与生态学基础的讨论，参见：J. 贝尔德·卡利科特.《沙乡年鉴》手册：阐释与批评论文. 麦迪逊：威斯康星大学出版社，1987：186-215.

[27] 奥尔多·利奥波德. 西南部环境保护之基础. 环境伦理学，1（1979）：131-141.

[28] 奥尔多·利奥波德. 沙乡年鉴. 纽约：牛津大学出版社，1949：*285* 216.

[29] 保罗·谢波德. 狩猎价值理论（"A Theory of the Value of Hunting"）//第 24 届北美野生生物会议（Twenty-Fourth North American Wildlife Conference）. 1957：505-506.

[30] 哈罗德·莫罗维茨. 作为宇宙科学的生物学. 现代思想主流，28（1972）：156.

[31] 阿恩·纳斯. 浅的与深的，长期生态学运动（"The Shallow and the Deep, Long-Range Ecology Movement：A Summary"）. 探索，16

(1973)：98.

[32] Ibid., p.95.

[33] 沃纳·海森堡评论道："我们可以说所有的基本粒子都包含能量。这可以被阐释为将能量界定为世界的基质……基本粒子当然不是物质之永恒的、不可毁灭的单位，它们实际上被相互转化……此类事件已被经常观察到，并为下列结论提出了最好的证据：所有粒子由相同的基质——能量——构成。"[沃纳·海森堡. 物理学与哲学：现代科学革命（*Physics and Philosophy：The Revolution in Modern Science*）. 纽约：哈帕与罗（New York：Harper and Row），1958：70-71]

[34] 加里·辛德. 趣味之歌（"Song of The Taste"）//关于波浪（*Regarding Wave*）. 纽约：新方向出版社，1967：17.

[35] 阿恩·纳斯. 浅的与深的，长期生态学运动. 探索，16（1973）.

[36] 埃利奥特·多伊奇. 吠檀多与生态学（"Vedanta and Ecology"）//T. M. P. 梅赫德兰（T. M. P. Mehederan）. 印度哲学年刊（*Indian Philosophical Annual*）：第 7 卷. 马德拉斯：哲学高级研究中心（Madras：The Center for Advanced Study in Philosophy），1970：1-10.

[37] 保罗·谢泼德. 生态学与人：一种视角（"Ecology and Man：A Viewpoint"）//保罗·谢泼德，D. 麦金利（D. McKinley）. 颠覆性科学：人类生态学论文（*The Subversive Science：Essays toward an Ecology of Man*）. 波士顿：霍顿米弗林，1967：3.

[38] 弗里特乔夫·卡普拉. 物理学之道：现代物理学与东方神秘主义类比之考察（*The Tao of Physics：An Exploration of the Parallels between Modern Physics and Eastern Mysticism*）. 博尔德：山姆巴拉（Boulder：Shambala），1975：30-31.

[39] 埃利奥特·多伊奇. 吠檀多与生态学//T. M. P. 梅赫德兰. 印度哲学年刊：第 7 卷. 马德拉斯：哲学高级研究中心，1970：4.

[40] 肯尼思·古德帕斯特. 从利己主义到环保主义//肯尼思·古德帕斯特，K. 塞尔. 21 世纪伦理学与问题. 圣母：圣母大学出版社，1979：21-35.

[41] 保罗·谢泼德. 生态学与人：一种视角//保罗·谢泼德，D. 麦

金利. 颠覆性科学：人类生态学论文. 波士顿：霍顿米弗林，1967：2.

[42] 阿兰·沃茨. 自明禁忌手册（*The Book on the Taboo against Knowing Who You Are*）. 纽约：万神殿出版社（New York: Pantheon Books），1966.

[43] 霍姆斯·罗尔斯顿. 孤独的湖：荒野中之个体（"Lake Solitude: The Individual in Wilderness"）. 现代思想主流，31（1975）：122.

[44] 保罗·谢泼德. 生态学与人：一种视角//保罗·谢泼德，D. 麦金利. 颠覆性科学：人类生态学论文. 波士顿：霍顿米弗林，1967：4.

[45] 保罗·谢泼德. 会思维的动物：动物与人类智力发展（*Thinking Animals: Animals and the Development of Human Intelligence*）. 纽约：维京出版社，1978.

[46] 乔纳森·鲍尔斯（Jonathan Powers）. 哲学与新物理学（*Philosophy and the New Physics*）. 伦敦：梅休因（London: Methuen），1982.

[47] J. 贝尔德·卡利科特. 内在价值、量子理论与环境伦理学. 环境伦理学，7（1985）：357-375.

[48] 肯尼思·古德帕斯特. 从利己主义到环保主义//肯尼思·古德帕斯特，K. 塞尔. 21 世纪伦理学与问题. 圣母：圣母大学出版社，1979：21-35.

[49] 奥尔多·利奥波德. 沙乡年鉴，及来自《圆河》的环保论文（*A Sand County Almanac, with Essays on Conservation from Round River*）. 纽约：保兰亭出版社，1966：197.

[50] 约翰·锡德. 人类中心主义（"Anthropocentrism"）//比尔·德瓦尔（Bill Devall），乔治·塞申斯（George Sessions）. 深层生态学：尊重自然而生存（*Deep Ecology: Living as if Nature Mattered*）. 盐湖城，内华达：佩里格林斯密斯出版社（Salt Lake City, Nev.: Peregrin Smith Books），1985：243.

第七章　休谟是/应当二分法及生态学与利奥波德大地伦理之关系

[1] 奥尔多·利奥波德. 沙乡年鉴. 纽约：牛津大学出版社，1949：viii-ix.

[2] 霍姆斯·罗尔斯顿. 有一种生态伦理吗?. 伦理学，85（1975）：93-109；自然中之价值（"Values in Nature"），环境伦理学，3（1981）：113-128；自然中之价值是主观的，还是客观的？（"Are Values in Nature Subjective or Objective?"）. 环境伦理学，4（1982）：125-151.

[3] 唐·E. 玛丽埃塔. 生态科学与环境伦理学的关系（"The Interrelationship of Ecological Science and Environmental Ethics"）. 环境伦理学，2（1979）：195-207；环境伦理学中的知识与责任：一种现象学路径（"Knowledge and Obligation in Environmental Ethics:A Phenomenological Approach"）. 环境伦理学，4（1982）：153-162. 汤姆·里甘. 论环境科学与环境伦理学的关系（"On the Connection Between Environmental Science and Environmental Ethics"）. 环境伦理学，2（1980）：363-366.

[4] J. 贝尔德·卡利科特. 环境伦理学要素：伦理关注与生物共同体（"Elements of an Environmental Ethic: Moral Considerability and the Biotic Community"）. 环境伦理学，1（1979）：71-81. 重印于本文集第61～71页。

[5] 安东尼·弗卢. 进化伦理学（*Evolutionary Ethics*）. 伦敦：麦克米兰，1967：59.

[6] 大卫·休谟. 人性论：第 3 册. 牛津：克拉伦登出版社，1960：第 3 章第 1 节 469-470.

[7] 查尔斯·达尔文. 人类的由来与性选择. 纽约：赫尔与公司，1904：107. 同时参见：大卫·休谟. 人性论：第 3 册. 牛津：克拉伦登出版社，1960：577-578.

[8] G. E. 摩尔. 伦理学原理. 剑桥大学出版社，1903：第 1 章 B 节脚注 9.

[9] 比如约翰·罗德曼（代表环境伦理学）写道："首先，现代文化有一种对于混同'是'与'应当'、自由与伦理的强有力禁止。简言之，对于犯'自然主义谬误'的禁忌。"[约翰·罗德曼. 自然的解放. 探索，20（1977）：83-131]安东尼·弗卢在一个更为传统的语境提供了另一个例子，参见：安东尼·弗卢. 论不要从"是"推导"应当"（"On Not Deriving 'Ought' from 'Is'"）//W. D. 赫德森（W. D. Hudson）. 是/应

当问题（*The Is/Ought Question*）. 伦敦：麦克米兰，1969. 在安东尼·弗卢的此文中，"自然主义谬误"与"是/应当二分法"被互换使用。威廉姆·弗兰基纳在对摩尔非常系统的分析中令人信服地指出，是/应当二分法与自然主义谬误是两个极不相同的论题，自然主义谬误并非这一术语恰当意义上的那种谬误。[威廉姆·弗兰基纳. 自然主义谬误（"The Naturalistic Fallacy"）. 心灵，48（1949）：464–477]

[10] 大卫·休谟. 人性论：第3册. 牛津：克拉伦登出版社，1960：469.

[11] Ibid.

[12] 汤姆·里甘. 论环境科学与环境伦理学的关系. 环境伦理学，2（1980）：363.

[13] 菲力帕·福特（Philippa Foot）在评价休谟的伦理学理论时写道："休谟认为，在这些冷静的、无关痛痒的（理性）判断与应当做某事的主张之间，存在着著名的是与应当鸿沟。休谟自己认为，他已发现了解决该问题的完善方案。在关于美德的命题中，一个新的因素是提及一种特殊的认可情感：对象未变，但我们自己变了。"[菲力帕·福特. 休谟论道德判断（"Hume on Moral Judgement"）//D. F. 皮尔斯（D. F. Pears）. 大卫·休谟讨论会（*David Hume: A Symposium*）. 伦敦：麦克米兰，1963：73–74] 因此，福特在相信休谟自己认为通过一个引入热情、情感或兴趣的前提，是/应当逻辑空隙已然被沟通上，已然与我为伍。一个思路的大致相同、更精致详细的论点，参见：A. C. 麦金泰尔（A. C. McIntyre）. 休谟论"是"与"应当"（"Hume on 'Is' and 'Ought'"）//W. D. 赫德森. 是/应当问题. 伦敦：麦克米兰，1969. 如麦金泰尔对其论点之概括："人们不得不超越是/应当通道……然而，若人们这样做，那么这一点很清楚：只有通过休谟以情感的名义所处理的那些概念之一，我们才能将情境事实与我们所应当做的联系起来。"（Ibid., p.48）

[14] 伊曼努尔·康德. 道德形而上学基础. 怀特·贝克，译. 纽约：鲍勃斯-梅里尔，1959：34. 菲力帕·福特拓展了这一思想，参见：菲力帕·福特. 作为一种假言律令系统的道德（"Morality as a System of Hypothetical Imperatives"）. 哲学评论（*Philosophical Review*），81（1972）：

303—316.

[15] 对此态度的一种特别坦率的陈述，参见：吉恩·斯皮特勒 (Gene Spitler). 面向未来的可感知环境原则 （"Sensible Environmental Principles for the Future"）. 环境伦理学，2（1980）：339—352.

[16] 奥尔多·利奥波德. 沙乡年鉴. 纽约：牛津大学出版社，1949：204.

[17] Ibid., p.208.

[18] Ibid., p.204.

[19] 大卫·休谟. 人性论：第 3 册. 牛津：克拉伦登出版社，1960：486—487.

[20] Ibid., pp.484—485.

[21] 奥尔多·利奥波德. 沙乡年鉴. 纽约：牛津大学出版社，1949：109.

288

[22] 与我此前对 A. C. 麦金泰尔的讨论表达尊重时所采用的总体方案相比，我在此改变了前提（1）与前提（2）的顺序。麦金泰尔在其《休谟论"是"与"应当"》中论及一项限制性"主前提"，它可以恰当地阐释主体的情感。在前面的例子中，包括了涉及主体情感的前提暗示了前提（2），因为它限定与"沟通"了事实前提和应当结论。

[23] J. 贝尔德·卡利科特. 动物解放：一项三边事务. 环境伦理学，2（1980）：319 注 2. 重印于本文集第 15～37 页。它传统上被与艾伯特·施韦泽相联系，近期则由肯尼思·古德帕斯特做了系统阐释，参见：肯尼思·古德帕斯特. 论伦理上值得关注. 哲学，75（1978）：308-325.

[24] J. 贝尔德·卡利科特. 环境伦理学要素：伦理关注与生物共同体. 环境伦理学，1（1979）：71-81.

[25] 奥尔多·利奥波德. 沙乡年鉴. 纽约：牛津大学出版社，1949：224-225.

[26] 当然，休谟自己并不讨论伦理情感或热情的进化。他写作于达尔文与精神的进化习惯之前，参见：安东尼·弗卢. 进化伦理学. 伦敦：麦克米兰，1967：59.

第八章 论非人类物种之内在价值

［1］乔治·伍德韦尔. 濒危物种挑战（"The Challenge of Endangered Species"）//吉尔利亚·普兰斯（Ghillian Prance），托马斯·伊莱亚斯（Thomas Elias）. 永久灭绝（*Extinction Is Forever*）. 纽约：纽约植物园（New York：New York Botanical Garden），1977：5.

［2］托马斯·艾斯纳（Thomas Eisner），等. 热带森林保护（"Conservation of Tropical Forests"）. 科学，213（1981）：1314；托马斯· E. 洛夫乔伊（Thomas E. Lovejoy）. 物种渐离方舟（"Species Leave the Ark One by One "）//布赖恩·诺顿. 物种保护：生物多样性价值. 普林斯顿：普林斯顿大学出版社，1986：13－27.

［3］自然与自然资源保护国际联盟（International Union for Conservation of Nature，IUCN）. 红色资料手册（*Red Data Book*）. 莫尔日，瑞士：世界自然保护联盟，1974；诺曼·迈尔斯. 对消失物种问题的一种拓展性方法（"An Expanded Approach to the Problem of Disappearing Species"）. 科学，193（1976）：198－201.

［4］诺曼·迈尔斯. 沉没的方舟：对消失物种之新观察（*The Sinking Ark：A New Look at the Problem of Disappearing Species*）. 纽约：珀格芒出版社（New York：Pergamon Press），1979：4. 这一似乎荒谬的速度基于如此设想：暖湿热带森林的系统毁灭在世纪之交（指 20—21 世纪之交。——译者注）能导致 100 万个物种的消失.［托马斯·艾斯纳，等. 热带森林保护. 科学，213（1981）］想一下我们已多么接近 2000 年，实际上每天消失 100 个物种的速度显得保守. 若从现在到 2000 年有 100 万个物种消失，那么每天更接近 150 个物种灭绝的平均速度将不得不出现.

［5］托马斯·艾斯纳，等. 热带森林保护. 科学，213（1981）；诺曼·迈尔斯. 沉没的方舟：对消失物种之新观察. 纽约：珀格芒出版社，1979：5.

［6］A. R. 华莱士. 动物的地理学分布（*The Geographical Distribution of Animals*）. 伦敦：麦克米兰，1876：150. 289

［7］这个问题以及本段所涉及的其他问题通常会导致进一步的问题。

然而，90％以上的数据值得怀疑。参见：大卫·M. 劳普. 三叠纪瓶颈幅度及其进化论意义（"Size of the Permo-Triassic Bottleneck and Its Evolutionary Implications"）. 科学，206（1979）：217-218.

[8] 诺冒·D. 纽厄尔（Normal D. Newell）. 生命史上的危机（"Crises in the History of Life"）. 科学美国人（*Scientific American*），208（1963）：76-92；D. M. 劳普，J. J. 塞普康斯基. 海洋化石所记录的大灭绝. 科学，215（1982）：1501-1503.

[9] 大体上说，最近的两篇作品——迈尔斯的《沉没的方舟》与埃利希夫妇的《灭绝：物种消失的原因与后果》（*Extinction: The Causes and Consequences of the Disappearance of Species*）（纽约：随意屋，1981），乃关于物种保护之功利主义（或更准确地说，人类中心主义主张）之便利指南。亦参见：布赖恩·诺顿. 物种保护：生物多样性价值. 普林斯顿：普林斯顿大学出版社，1986；阿利斯泰尔·S. 岗恩. 保护稀有物种（"Preserving Rare Species"）// 汤姆·里甘. 地球的边界：环境伦理学新导论. 纽约：随意屋，1984：289-335. 对于物种保护之功利主义或人类中心主义主张，岗恩提供了分类与批评性讨论。

[10] 作为一种体系的哲学伦理学，功利主义并未将人类幸福或人类福祉作为至善，相反，杰里米·边沁与约翰·斯图尔特·密尔这两位功利主义奠基人宣称：快乐为善，痛苦为恶，将前者最大化、将后者最小化，无论在何处都是道德主体之义务，即无论体验此苦乐者为谁。参见：杰里米·边沁. 伦理与法律原则导论. 牛津：克拉伦登出版社，1823：第1章的第1节与第10节；约翰·斯图尔特·密尔. 功利主义（*Utilitarianism*）. 纽约：自由艺术图书馆（New York: Library of Liberal Arts），1957：第2章. 此观点对于动物解放与物种保护之意义将在下面讨论。

[11] 乔治·伍德韦尔. 濒危物种挑战//吉尔利亚·普兰斯，托马斯·伊莱亚斯. 永久灭绝. 纽约：纽约植物园，1977：5. 同时参见霍华德·S. 欧文为《永久灭绝》所写的"前言"第2页。亦可参见米歇尔·索尔（Michael Soule）的评论："遗憾的是，我们所有人必须假装只关心人类与其福祉，并根据人类的利益全力论证保护生物多样性的重要性。什么时候（我们将）公开承认保护不只是为人类之事（这是我们中的大多数

人在私下已然承认的)?"［米歇尔·索尔. 美国生物多样性战略会议文集
(*Proceedings of the U.S. Strategy Conference on Biological Diversity,
Nov. 16–18, 1981*). 华盛顿特区：国家出版部 9262 (Washington, D. C. :
Department of State Publication 9262), 1982］

　　［12］威廉姆·戈弗雷-斯密斯 (William Godfrey-Smith) 在其《非人
类的权利与内在价值》("The Rights of Non-humans and Intrinsic Val-
ues") 一文中分享了我的质疑："虽然环保主义者经常使用这一稀有植物
论点，但对我而言，这似乎确实只是一个杠杆，并没有表达出他们思想中
最重要的部分。"［威廉姆·戈弗雷-斯密斯. 非人类的权利与内在价值//
D. 曼尼森，M. 麦克罗比，理查德·劳特利. 环境哲学：伦理学、政治
哲学与社会理论. 堪培拉：澳大利亚国立大学，1980：31. 亦参见：阿利
斯泰尔·S. 岗恩. 我们为何应当关注稀有动物?. 环境伦理学，2 (1980)： *290*
17–37］

　　［13］按照时间排序，此类例子有：约翰·密尔. 我们的国家公园
(*Our National Parks*). 波士顿：霍顿米弗林，1901：57；约翰·密尔.
千里徒步至海湾 (*A Thousand-Mile Walk to the Gulf*). 波士顿：霍顿米
弗林，1916：98；奥尔多·利奥波德. 沙乡年鉴. 纽约：牛津大学出版社，
1949：210，211；查理斯·埃尔顿. 动植物入侵生态学 (*The Ecology of
Invasions by Animals and Plants*). 伦敦：梅休因，1958：144；大卫·埃
伦费尔德. 非资源保护 ("The Conservation of Non-Resources"). 美国科
学家 (*American Scientist*)，64 (1976)：654；布鲁斯·麦克布赖德
(Bruce MacBryde). 美国鱼类与野生生物服务中的植物保护 ("Plant Con-
servation in the United States Fish and Wildlife Service") // 吉尔利亚·
普兰斯，托马斯·伊莱亚斯. 永久灭绝. 纽约：纽约植物园，1977：70；
埃利希夫妇. 灭绝：物种消失的原因与后果. 纽约：随意屋，1981：48；
罗杰·E. 麦克马纳斯 (Roger E. McManus)，朱迪斯·海因兹 (Judith
Hinds). 重颁濒危物种法案公告 (*The Endangered Species Act Reautho-
rization Bulletin*). 华盛顿特区：环境教育中心 (Washington, D. C. :
Center for Environmental Education)，1981：3.

　　［14］阿利斯泰尔·S. 岗恩. 保护稀有物种 // 汤姆·里甘. 地球的边

界：环境伦理学新导论. 纽约：随意屋，1984：330.

[15] 马克·萨冈夫主张："我们欣赏一个对象，因它有价值；我们并
不仅仅因欣赏它而认为它有价值……审美经验依其本性是对某种有价值
之物的知觉。"［马克·萨冈夫. 论物种保护（"On the Preservation of
Species"）. 哥伦比亚法律杂志（*Columbia Journal of Law*），7（1980）：
64］将审美经验应用于物种保护问题所做的一种类似判断，参见：利利-
马琳·拉骚（Lilly-Marlene Russow）. 物种为何重要？（"Why Do Species
Matter?"）. 环境伦理学，3（1981）：101-112. 然而，威廉姆·F. 巴克
斯特（William F. Baxter）说："对企鹅或糖松或地质奇观之损害并不相
关. 必须进一步……说，企鹅是重要的，是因人们喜欢看到它们在岩石上
漫步。"［威廉姆·F. 巴克斯特. 人或企鹅：最佳污染案例（*People or
Penguins: The Case for Optimal Pollution*）. 纽约：哥伦比亚大学出版
社，1974：5］埃伦费尔德讨论了关于物种保护的审美原则，并总结道：
"它根植于人类中心主义、人文主义世界观"，因为它最终诉诸的"是激发
人"。他发现，审美原则不能与"激发谦卑的、代表生态学思想之大概的
共同体生态学之发现，或那种生态学世界观——强调人-自然关系的联系
性、广泛的复杂性——相提并论"。［大卫·埃伦费尔德. 非资源保护. 美
国科学家，64（1976）：654］我想，这也符合唐纳德·里甘（Donald
Regan）在其《保护之责》（"Duties of Preservation"）一文中关于非人类
物种经验的内在价值的新颖主张。（唐纳德·里甘. 保护之责//布赖恩·
诺顿. 物种保护：生物多样性价值. 普林斯顿：普林斯顿大学出版社，
1986：195-220）依里甘的论证，一个自然对象构成的"复杂体"的"有
机统一"，关于一个自然对象的人类知识，以及人类在此知识中所体验到
的快乐，这些非人类物种作为认识性资源仅具有工具价值；里甘在非人类
物种中发现的价值在形式上与审美价值相同，因为据其阐释，物种作为认
识性经验对象而非审美经验对象具有价值。他为非人类物种所主张的假定
性内在价值，很容易被还原为仅乃工具价值。作为审美对象或认知对象，
非人类物种只有作为人类意识的内在价值状态之工具时，才有价值。巴克
斯特或埃伦费尔德均可能如此认为。

291　　　[16] 比如，参见：霍姆斯·罗尔斯顿. 自然中之价值是主观的，还

是客观的?. 环境伦理学，4（1982）：125-151；唐·玛丽埃塔. 环境伦理学中的知识与责任：一种现象学路径. 环境伦理学，4（1982）：153-162.

[17] 克里斯托弗·斯通提出了一个"可操作的"界定，参见：克里斯托弗·斯通. 树应当有地位吗？自然对象之法律权利. 洛斯阿尔托斯：威廉姆考夫曼，1974. 值得注意的是，《1973 濒危动物法案》（Endangered Species Act of 1973）虽然未对权利自身做出界定，但却依斯通的操作性标准赋予濒危物种权利，将对濒危物种的保护排他性地建立在功利主义基础上。

[18] H. L. A. 哈特（H. L. A. Hart）. 责任与权利之归属（"The Ascription of Responsibility and Rights"）// 安东尼·弗卢. 逻辑与语言（*Logic and Language*）. 公园市：安克尔出版社，1965：151-174.

[19] 约翰·罗德曼认可对"权利"之环境主义用法的这一分析，他说："确认'自然对象'拥有'权利'乃象征性地承认，所有自然实体，包括人类，仅据其存在而具有内在价值。"[约翰·罗德曼. 自然的解放. 探索，20（1977）：108] 尼古拉斯·雷斯彻（Nicholas Rescher）认为，物种自身不能被内在地赋予权利，但也承认我们具有保护濒危物种的伦理责任，因为它们具有一种形而上学意义上的内在价值。[尼古拉斯·雷斯彻. 为何保护濒危物种？（"Why Save Endangered Species?"）//关于技术进步之非流行论文（*Unpopular Essays on Technological Progress*）. 匹兹堡：匹兹堡大学出版社（Pittsburgh: University of Pittsburgh Press），1980] 可他并不承诺提出一种关于内在价值的理论，或细化一种为物种之内在价值提供观念基础的形而上学。

[20] 大卫·赫尔. 个体性论题. 科学哲学，45（1978）：335-360.

[21] 关于总体性讨论，参见：米歇尔·鲁斯（Michael Ruse）. 生物学中的物种界定（"Definitions of Species in Biology"）. 英国科学哲学（*The British Journal for the Philosophy of Science*），20（1969）：97-119. 关于对赫尔观点之批评性讨论，参见：D. B. 基茨（D. B. Kitts），D. J. 基茨（D. J. Kitts）. 作为自然类型之生物物种（"Biological Species as Natural Kinds"）. 科学哲学，46（1979）：613-622；阿瑟·L. 卡普兰（Arthur L. Caplan）. 回到纲：对物种本体论的一条注解（"Back to

Class：A Note on the Ontology of Species"). 科学哲学，48（1981）：130-140.

[22] 基于当代相关性及为节省篇幅计，我将不讨论那些可能会对论证非人类物种之内在价值有益，但却缺乏当代知音的经典道德形而上学。此种理论的一个范例乃 G. E. 摩尔的直觉主义。在此，价值或"善"被理解为一种人们可以通过其独立的伦理敏感性而洞察到的客观的但却"非自然的"特性。

[23] 大卫·埃伦费尔德. 非资源保护. 美国科学家，64（1976）：654.

[24] Ibid.，p.655. 类似观点亦可参见大卫·埃伦费尔德的以下文献：濒危物种有何益？（"What Good Are Endangered Species Anyway?"）. 国家公园与保护杂志（*National Parks and Conservation Magazine*），52（1978）：10-12；傲慢的人文主义（*The Arrogance of Humanism*）. 纽约：牛津大学出版社，1978：207-211.

[25] 关于一种界定性讨论，参见：约翰·帕斯莫尔. 对动物之对待. 观念史，36（1975）：195-218.

[26] 小林恩·怀特. 我们生态危机的历史根源. 科学，155（1967）：1203-1207. 小林恩·怀特未考虑一种选项——对所讨论文本的一种从环境哲学角度做出的更富同情的阐释，总体上作为"管家身份"（steward-ship）而言之。依对《圣经》文本之管家身份的阐释，人类的优越性不仅意味着特权，而且意味着责任。关于对《创世记》第 1 章第 26~30 节管家身份之解读的学术性阐释与辩护，参见：吉姆斯·巴（James Barr）. 人与自然：生态学论争与旧约（"Man and Nature：The Ecological Contro-versy and the Old Testament"）. 约翰·赖兰兹图书馆公报（*Bulletin of the John Rylands Library*），1972：9-30.

[27] 小林恩·怀特. 我们生态危机的历史根源. 科学，155（1967）：1205.

[28] 应当意识到：最初由约翰·洛克在其《政府论上篇》（*First Treatise of Government*）中所维护的人类拥有伦理或自然权利之观念，应用了《圣经》中的术语。依洛克之见，上帝赋予了亚当及其子孙权利。

在此意义上，它让我们想起托马斯·杰弗逊（Thomas Jefferson）在《独
立宣言》（*The Declaration of Independence*）中的词句："所有人……被
其造物主赋予某种不可剥夺的权利。"（强调乃本书作者所加。）因此，人
类的价值与尊严便显然基于一种神学中心的伦理形而上学。

[29] 约翰·密尔. 我们的国家公园. 波士顿：霍顿米弗林，1901：
57. 强调乃本书作者所加。

[30] 约翰·密尔. 千里徒步至海湾. 波士顿：霍顿米弗林，1916：
98−99.

[31] 阿瑟·韦泽（Arthur Weiser）. 旧约：其形成与发展（*The Old
Testament: Its Formation and Development*）. 纽约：联想出版社（New
York: Association Press），1961.

[32] Ibid., p.77.

[33] 对此问题之细致讨论，参见：F. M. 康福德（F. M. Corn-
ford）. 智慧原理（*Principia Sapientia*）. 剑桥：剑桥大学出版社，1952：
第 11 章.

[34] H. J. 克拉玛（H. J. Kramer）. 图宾根学派（"The Tübingen
School"）// 柏拉图与亚里士多德之峰：柏拉图式本体论之本质与历史
（*Arete bei Platon und Aristoteles: zum Wesen und zur Geschichte der
platonischen Ontologie*）. 海德堡：海德堡学会（Heidelberg: Heidelberger
Akademie），1959；康纳德·卡西尔（Konrad Gaiser）. 柏拉图未书写之
学说（*Platons ungeschriebene Lehre*）. 斯图加特：E. 克莱普特（Stutt-
gart: E. Klept），1963；康纳德·卡西尔. 柏拉图之肖像（*Das Platon-
bild*）. 希尔德夏姆：G. 乌尔姆斯（Hildesheim: G. Olms），1969；J. N.
芬德莱（J. N. Findlay）. 柏拉图：已书写与未书写之原则（*Plato: The
Written and Unwritten Doctrines*）. 伦敦：劳特利奇与基根·保罗（Lon-
don: Roultledge and Kegan Paul），1974.

[35] 对善（亦即价值）之特性的合理、清晰与简明陈述，参见柏拉
图《高尔吉亚篇》（*Gorgias*）之 503e−508c 一节。

[36] G. W. v. 莱布尼茨. 单子论（"Monadology"）：第 58 段// 莱布
尼茨（*Leibniz*）. G. R. 蒙哥马利（G. R. Montgomery），译. 拉萨尔，伊

里诺斯：开放庭院（LaSalle, Ⅲ.：Open Court），1962：263.

［37］G. W. v. 莱布尼茨. 形而上学论文（"Discourse on Metaphysics"）// 莱布尼茨. G. R. 蒙哥马利，译. 拉萨尔，伊里诺斯：开放庭院，1962：11.

［38］比如参见：尼尔·J. 布朗（Noel J. Brown）. 生物多样性：全球挑战（"Biological Diversity: The Global Challenge"）// 米歇尔·索尔. 美国生物多样性战略会议文集. 华盛顿特区：国家出版部9262，1982.

［39］奥尔多·利奥波德. 沙乡年鉴. 纽约：牛津大学出版社，1949：224.

［40］彼得·米勒. 作为丰富性之价值：走向一种拓展了的环境伦理学自然主义价值理论（"Value as Richness: Toward a Value Theory for an Expanded Naturalism in Environmental Ethics"）. 环境伦理学，4（1982）：103.

［41］莱布尼茨在其《单子论》第53～59段中，对此条件做了简明讨论。除了秩序与变化，莱布尼茨还将"相互联系"、"关系"、"适应"与"整体和谐"等的动态"有机"特征包括在价值概念中。更全面的讨论，参见：瓦尔特·H. 奥布莱特（Walter H. O'Briant）. 莱布尼茨对环境哲学的贡献（"Leibniz's Contribution to Environmental Philosophy"）. 环境伦理学，2（1980）：215-220.

［42］G. W. v. 莱布尼茨. 形而上学论文// 莱布尼茨. G. R. 蒙哥马利，译. 拉萨尔，伊里诺斯：开放庭院，1962：第5节. 他在此将上帝比作"一位优秀的几何学家"和"一位好建筑师"。他继续说："理性（上帝）希望避免的假设或原则之多样性（乃）极类于天文学中的最简系统。"（Ibid., p.8-9）

［43］肯尼思·古德帕斯特. 从利己主义到环保主义//肯尼思·古德帕斯特，K. 塞尔. 21世纪伦理学与问题. 圣母：圣母大学出版社，1979：21-35.

［44］康德提供了最清晰的可能性说明："其（道德律令）基础是，理性的自然作为一种自身目的而存在，人必然以此方式想象其存在。此乃人类行为的主观性原则。"在康德看来，此主观性原则通过一般化变成了

（相对）"客观性的"："但在此方式中，每一种其他理性存在物也如此想象其自身之存在，理由亦极相同。因此，该原则亦成为客观性的。准此，作为最高的实践基础，意志的所有法则必须能从中导出。"［伊曼努尔·康德. 道德形而上学基础. 约翰·瓦特森（John Watson），译. 格拉斯哥：杰克逊，怀利与公司（Glasgow: Jackson, Wylie and Company），1888：第 2 节］约翰·斯图尔特·密尔，边沁功利主义之支持者，像康德那样，应用同样的一般性策略超越利己主义。依密尔之见，"作为行为是非之功利主义标准的幸福（此前据苦乐而界定之），并非主体自身之幸福，是所有被关注者之幸福。因为位于他自己的幸福与他者的幸福之间，功利主义要求他严格公正，就像一位无关利益的与仁慈的旁观者"（约翰·斯图尔特·密尔. 功利主义. 纽约：鲍勃斯-梅里尔，1957：第 2 章. 强调乃本书作者所加）。

　　［45］康德说："甚至，那些其存在依赖自然（因此包括动物与植物），而非我们之意志的存在物，只具有作为工具的相对价值（亦即工具价值）。"（伊曼努尔·康德. 道德形而上学基础. 约翰·瓦特森，译. 格拉斯哥：杰克逊，怀利与公司：1888：第 2 节）更细致之陈述，参见：伊曼努尔·康德. 对动物与灵魂的责任//伦理学演讲（_Lectures on Ethics_）. 路易斯·英菲尔德（Louis Infield），译. 纽约：哈帕与罗，1963：239－241.

　　［46］杰里米·边沁. 伦理与法律原则导论. 牛津：克拉伦登出版社，1823：第 17 章第 1 节.

　　［47］J. 贝尔德·卡利科特. 动物解放：一项三边事务. 环境伦理学，2（1980）：311－328. 重印于本文集第 15～37 页. 理查德·劳利特和瓦尔·劳特利表达了相似的观点，参见：理查德·劳特利，瓦尔·劳特利. 人类沙文主义与环境伦理学//D. 曼尼森，M. 麦克罗比，理查德·劳特利. 环境哲学：伦理学、政治哲学与社会理论. 堪培拉：澳大利亚国立大学，1980：96－189.

　　［48］彼得·辛格. 不只为人类：非人类动物在环境论题中的地位//肯尼思·古德帕斯特，K. 塞尔. 21 世纪伦理学与问题. 圣母：圣母大学出版社，1979：191－206. 汤姆·里甘表达了类似看法："我们应当拯救

濒危动物物种，并非因为这一物种处于危险境地，而是因为其个体动物拥有合法的要求与权利。"（汤姆·里甘. 动物权利案例. 伯克利：加利福尼亚大学出版社，1983：360）

［49］我最先在《动物解放：一项三边事务》中将此种关注表达为一种"滑稽的"动物解放，作为对此的回应，动物解放主义者爱德华·约翰逊（Edward Johnson）并未发现它有何不妥。依约翰逊之见，"即使一个物种并不会灭绝，这里的关键论点亦无'滑稽'之处，因为被解放的并非此物种，而是其个体成员"［爱德华·约翰逊. 动物解放与大地伦理（"Animal Liberation Versus the Land Ethic"）. 环境伦理学，3（1981）：267］。

［50］萨冈夫与本书作者的个人交谈。

［51］阿瑟·叔本华. 作为意志和表象的世界（*The World as Will and Idea*）. 霍尔登，肯普（Kemp），译. 公园城：双日（Gargen City：Doubleday），1961；阿瑟·叔本华. 对作为事物自身之意志的超越性思考（"Transcendent Considerations Concerning the Will as Thing in It-self"）// 理查德·泰勒（Richard Taylor）. 生存意志：阿瑟·叔本华文选（*The Will to Live：Selected Writings of Arthur Schopenhauer*）. 纽约：弗里德里克昂格尔（New York：Frederick Unger），1962：33－42.

［52］"就像在我自己的生存意志中有一种对更多生命的渴望……围绕我周围的所有生存意志也同样得到相同之物，无论它们能否对我的理解表达其自身，也不管它们是否保持沉默。"施韦泽在此有力地表达了：我的本质与我自重之根源，乃生存意志，但是同样的事情——生存斗争，也普遍存在于其他生物之中。这便展现了从利己主义到利他主义的转化："因此，伦理学如此构成：我体验到践行同样的尊重导向所有生存意志之生命的必要性，就像导向我自己的生存意志那样。"［艾伯特·施韦泽. 文明与伦理学（*Civilization and Ethics*）. 约翰·奈什，译//汤姆·里甘，彼得·辛格. 动物权利与人类责任（*Animal Rights and Human Obliga-tions*）. 恩格尔伍德克利弗斯，新泽西：普伦蒂斯-豪出版社，1976：133］

［53］H. J. 麦克洛斯基表达了这一立场，参见：H. J. 麦克洛斯基. 权利（"Rights"）. 哲学季刊（*Philosophical Quarterly*），15（1965）：

115-127. 亦参见：梅雷迪斯·威廉姆斯（Meredith Williams）. 权利、利益与伦理平等（"Rights, Interests, and Moral Equality"）. 环境伦理学，2（1980）：149-161. 关于利益与权利之间的一般关系，参见：乔尔·范伯格. 自然与权利价值（"The Nature and Value of Rights"）. 价值探索（*Journal of Value Inquiry*），4（1970）：243-257；布赖恩·诺顿. 环境伦理学与非人类权利（"Environmental Ethics and Non-human Rights"）. 环境伦理学，4（1982）：17-36.

［54］彼得·辛格写道："痛苦与享受的能力乃拥有利益之前提，是拥有利益而必须得到满足之条件。"（彼得·辛格. 动物解放：一种关于我们如何对待动物的新伦理学. 纽约：纽约评论出版社，1975：8）亦参见：汤姆·里甘. 素食主义的伦理基础. 加拿大哲学，5（1975）：181-214；威廉姆·弗兰基纳. 伦理学与环境//肯尼思·古德帕斯特，K. 塞尔. 21世纪伦理学与问题. 圣母：圣母大学出版社，1979：3-20. *295*

［55］乔尔·范伯格. 动物能有权利吗？（"Can Animals Have Rights?"）// 里甘，辛格. 动物权利与人类责任. 恩格尔伍德克利弗斯，新泽西：普伦蒂斯-豪出版社，1976：191. 保罗·泰勒虽未使用"意动"（conation）这一术语，但显然是用与范伯格类似的思路来理解"利益"的，他说："我们可以根据或违反一物之利益而行动，无须它对我们所行者感兴趣。确实，它可以整体上是无意识的……如此理解时，一物之善（亦即利益）便并没有与知觉或体验痛苦的能力一起得以共同拓展。"［保罗·泰勒. 尊重自然的伦理学（"The Ethics of Respect for Nature"）. 环境伦理学，3（1981）：199-200］

［56］肯尼思·古德帕斯特. 论伦理上值得关注. 哲学，75（1978）：308-325. 古德帕斯特在此明智地回避了对权利的讨论。依他的观点，权利将涉及比利益更多的东西（多出来的东西是什么，他并未明言）。J. 坎特（J. Kantor）也注意到范伯格据意动界定"利益"之不谐，并否定将利益及于植物。据坎特的观点，植物也许拥有利益，但植物的利益不可以成为权利之基。此外，与辛格和里甘一样，他认为，为了与权利相协调，一物必须自觉地从其利益受损中感受到痛苦。［J. 坎特. 自然对象之"利益"（"The 'Interests' of Natural Objects"）. 环境伦理学，2（1980）：

163—171]

[57] 艾伯特·施韦泽. 文明与伦理学. 约翰·奈什，译//汤姆·里甘，彼得·辛格. 动物权利与人类责任. 恩格尔伍德克利费斯，新泽西：普伦蒂斯-豪出版社，1976：136；肯尼思·古德帕斯特. 论伦理上值得关注. 哲学，75（1978）：324. 关于施韦泽对此问题之讨论，参见：威廉姆·T. 布莱克斯通. 环境伦理研究//汤姆·里甘. 生死攸关. 纽约：随意屋，1980：299—335.

[58] 肯尼思·古德帕斯特. 论伦理上值得关注. 哲学，75（1978）：313.

[59] 艾伯特·施韦泽. 文明与伦理学. 约翰·奈什，译//汤姆·里甘，彼得·辛格. 动物权利与人类责任. 恩格尔伍德克利费斯，新泽西：普伦蒂斯-豪出版社，1976：137.

[60] 唐纳德·范迪维尔（Donald VanDeVeer）已经对此做了尝试，参见：唐纳德·范迪维尔. 物种间公正（"Interspecific Justice"）. 探索，22（1979）：55—79.

[61] 关于现代传统中道德形而上学之主导性个体平等偏见对抗环境伦理问题的有效性，以下文献中已有普遍讨论：约翰·罗德曼. 自然的解放. 探索，20（1977）：83—131；布赖恩·诺顿. 环境伦理学与非人类权利. 环境伦理学，4（1982）：17—36；理查德·劳特利，瓦尔·劳特利. 人类沙文主义与环境伦理学//D. 曼尼森，M. 麦克罗比，理查德·劳特利. 环境哲学：伦理学、政治哲学与社会理论. 堪培拉：澳大利亚国立大学，1980：96—189；彼得·米勒. 作为丰富性之价值：走向一种拓展了的环境伦理学自然主义价值理论. 环境伦理学，4（1982）：101—114；汤姆·里甘. 自然与一种环境伦理之可能性（"The Nature and Possibility of an Environmental Ethic"）. 环境伦理学，3（1981）：19—34；J. 贝尔德·卡利科特. 动物解放：一项三边事务. 环境伦理学，2（1980）：311—328.

[62] 大卫·休谟. 人性论：第3册. 牛津：克拉伦登出版社，1960：第1章.

[63] 查尔斯·达尔文. 人类的由来与性选择. 纽约：赫尔与公司，

1904：97.

[64] Ibid., p.107.

[65] Ibid., p.118.

[66] Ibid., p.124.

[67] 在描述伦理之起源与进化时，达尔文似乎同时意识到和直接指出他对群体选择概念的依赖："我们现在已然明白：一些行为被野蛮人评价为好的或者坏的（或者也可能被原始人这样评价），仅仅是因为它们明显影响到部落的利益，而不是物种的利益，也不是部落个体成员的利益。这个结论与如下信念一致：所谓的道德感最初源于社会本能，因为二者起初都仅仅与共同体相关。"（Ibid., p.120）V. C. 温-爱德华（V. C. Wynne-Edwards）为群体选择提出了最好、最新的支持，参见：V. C. 温-爱德华. 社会行为中的动物传播（*Animal Dispersion in Relation to Social Behavior*）. 爱丁堡：奥利弗与博伊德（Edinburgh: Oliver and Boyd），1962. 温-爱德华至少对大多数生物学家表示满意，但 G. C. 威廉姆斯（G. C. Williams）对温-爱德华的上述态度提出了质疑，参见：G. C. 威廉姆斯. 适应与自然选择：对某些新近进化思想之批评（*Adaptation and Natural Selection: A Critique of Some Current Evolutionary Thought*）. 普林斯顿：普林斯顿大学出版社，1966. 当然，迄今为止，大多数进化论理论家与社会生物学家避免使用群体选择这一概念。最近的概括性讨论，参见：米歇尔·鲁斯. 社会生物学：意义或无意义？（*Sociobiology: Sense or Nonsense?*）. 波士顿：里德尔，1979.

[68] 最著名的专题文献，参见：W. D. 汉密尔顿. 社会行为之遗传学理论. 理论生物学，7（1964）：1-32；R. L. 特里弗斯（R. L. Trivers）. 互惠性利他主义之进化（"The Evolution of Reciprocal Altruism"）. 生物学评论季刊（*Quarterly Review of Biology*），46（1971）：35-57；爱德华·O. 威尔逊. 社会生物学：新综合. 剑桥：哈佛大学出版社，1975；米歇尔·鲁斯. 社会生物学：意义或无意义?. 波士顿：里德尔，1979.

[69] 奥尔多·利奥波德. 沙乡年鉴. 纽约：牛津大学出版社，1949：202.

[70] Ibid.

[71] 埃利希夫妇. 灭绝：物种消失的原因与后果. 纽约：随意屋，1981：48.

[72] Ibid., pp.50-51.

[73] 大卫·休谟. 人性论：第3册. 牛津：克拉伦登出版社，1960：484-485.

[74] 查尔斯·达尔文. 人类的由来与性选择. 纽约：赫尔与公司，1904：122.

[75] 奥尔多·利奥波德. 沙乡年鉴. 纽约：牛津大学出版社，1949：204.

[76] 对专业意见的很好概括，参见：W. D. 赫德森. 现代伦理哲学 (*Modern Moral Philosophy*). 公园市：安克尔出版社，1970.

第九章　内在价值、量子理论与环境伦理学

[1] 理查德·劳特利. 需要一种新的环境伦理吗？// 保加利亚组织委员会. 第十五届世界哲学大会文集：第1册. 索菲亚，保加利亚：索菲亚出版社，1973：205-210.

[2] 汤姆·里甘. 自然与一种环境伦理之可能性. 环境伦理学，3（1981）：34. 对里甘之论文有洞见的批评性讨论，关于本节所概括的关于自然固有价值理论之主观主义方法的支持性意见，参见：伊夫林·B. 普拉哈（Evelyn B. Pluhar）. 对一种环境伦理之论证（"The Justification of an Environmental Ethic"）. 环境伦理学，5（1983）：47-61. 对自然之内在价值问题之中心地位的异议，参见：布赖恩·诺顿. 环境伦理学与弱人类中心主义（"Environmental Ethics and Weak Anthropocentrism"）. 环境伦理学，6（1984）：131-148.

[3] 肯尼思·古德帕斯特. 论伦理上值得关注. 哲学，75（1978）：308-325.

[4] 汤姆·里甘. 自然与一种环境伦理之可能性. 环境伦理学，3（1981）：19-34.

[5] 彼得·米勒. 作为丰富性之价值：走向一种拓展了的环境伦理学

自然主义价值理论. 环境伦理学，4（1982）：101-114.

[6] 大卫·休谟. 人性论：第 3 册. 牛津：克拉伦登出版社，1988：468-489. 我在此及早些论文中对休谟的阐释有许多要归功于：J. L. 麦凯（J. L. Mackie）. 休谟的伦理理论（*Hume's Moral Theory*）. 伦敦：劳特利奇与基根·保罗，1980. 对本节所概括的休谟主观主义价值论之全面的元伦理学拓展，参见：J. L. 麦凯. 伦理学：虚构对与错（*Ethics: Inventing Right and Wrong*）. 纽约：企鹅出版社，1977.

[7] 韦氏第 7 版《新学院词典》（*New Collegiate Dictionary*）. 斯普林菲尔德：G. & C. 梅里亚姆公司（Springfield: G. & C. Merriam Company），1972.

[8] 罗宾·阿特菲尔德最近已在环境伦理学语境下拓展出对内在价值、固有价值与工具价值之区分，参见：罗宾·阿特菲尔德. 环境关注伦理学（*The Ethics of Environmental Concern*）. 纽约：哥伦比亚大学出版社，1983：140-153. 阿特菲尔德从边沁自然主义角度界定内在价值。他声称也接受其他事物亦可具有内在价值。我想，征之于其内在价值论预言（见下面注 12）后，"然而快乐与痛苦自身仍具有积极与消极价值"。阿特菲尔德赞同 C. I. 刘易斯（C. I. Lewis）将固有价值（inherent value）界定为，"一对象因自身能力而拥有、因在场而贡献于人类生活的价值……（诸如）此类事物：无论是否为有机体，它们均宜于观赏、研究，或因优美而值得凝视，或与我们同在时可治愈我们"[C. I. 刘易斯. 权利的基础与性质（*The Ground and Nature of the Right*）. 纽约：哥伦比亚大学出版社，1955：69]。根据我在此对固有价值的定义，一个对象因其出现（作为观赏对象或研究对象），通过自身能力而贡献于人类生活的价值并非固有价值。此价值仍为工具价值，如我已界定的，因为该对象乃评估者偏好性经验之工具。如我在此所指出的，在此之前，阿特菲尔德与刘易斯均未能提供一个关于固有价值的概念，无论用什么标签来标识。因此，对阿特菲尔德而言，一个植物物种——如大美洲杉——缺乏内在价值，因为它没有感知（sentiency），但却拥有他所说的固有价值及我所说的心理-精神性工具价值。所以，阿特菲尔德承认：若劳特利的"最后的人"对观赏与研究树木并不感兴趣，而只是在此物种之灭绝中体验到一种

并不正确的快乐，那么他故意灭绝大美洲杉就没有什么错。阿特菲尔德引用了以下文献，以为刘易斯的固有价值概念提供支持：威廉姆·弗兰基纳. 伦理学与环境//肯尼思·古德帕斯特，K. 塞尔. 21 世纪伦理学与问题. 圣母：圣母大学出版社，1979：13. 在回应边沁的经典功利主义即快乐具有内在价值之自然主义价值理论时，汤姆·里甘已对内在价值与固有价值做出了区分。里甘同意将内在价值归属于快乐。在这一点上，他认同阿特菲尔德、边沁及边沁的诸多支持者的观点。依里甘的界定，固有价值属于个体存在物。里甘对固有价值与内在价值的理解在形式上相同。二者均为某物自身确定客观价值。依里甘之见，固有价值与内在价值在拓展或指示意义上有所不同，分别指称："（1）个体之价值；（2）精神状态或事务状态之价值。"（汤姆·里甘. 所有居民：动物权利与环境伦理学. 伯克利：加利福尼亚大学出版社，1982：115）里甘关心的是，若仅快乐具有内在价值（在其自身与为自身而具有价值），那么经典的功利主义就必须将个体作为珍贵共同体中可随意处置的器具来对待。因此，为了将处于其他器具内的、内在地具有价值的商品最大化，某些个体可能被恶意对待。（汤姆·里甘. 动物权利案例. 伯克利：加利福尼亚大学出版社，1983：235-256）

[9]理查德·劳特利与瓦尔·劳特利提供了一种拓展性论点，以显示：虽然无评估者即可能没有价值，但并不能由此而得出，仅评估者具有价值，或唯评估者之偏向性经验具有价值。（理查德·劳特利，瓦尔·劳特利. 人类沙文主义与环境伦理学//D. 曼尼森，M. 麦克罗比，理查德·劳特利. 环境哲学：伦理学、政治哲学与社会理论. 堪培拉：澳大利亚国立大学，1980：96-189）

[10]一种代表性意见，参见：布兰德·布兰查德（Brand Blanchard）. 理性与善（*Reason and Goodness*）. 纽约：麦克米兰，1961：第 4 章. 对此意见之概括，参见：乔纳森·哈里森（Jonathan Harrison）. 伦理主观主义（"Ethical Subjectivism"）// 保罗·爱德华（Paul Edwards）. 哲学百科全书（*The Encyclopedia of Philosophy*）：第 3 册. 纽约：麦克米兰，1967：78-81.

[11]爱德华·O. 威尔逊与本书作者的个人交流。参见：爱德华·

O. 威尔逊. 社会生物学：新综合. 剑桥：哈佛大学出版社，1975；W. D. 汉密尔顿. 社会行为之遗传学理论. 理论生物学，7（1964）：1-32；R. L. 特里弗斯. 互惠性利他主义之进化. 生物学评论季刊，46（1971）：35-57. 爱德华·O. 威尔逊提出："科学也许不久就能探索人类价值之起源与意义……哲学家们……其中多数人缺乏一种进化论视野，未能花很多时间于此问题……像其他人一样，哲学家们用各种方式考察个人性情感反应，好像是征询于一种隐秘的神谕……人类情感反应与基于此反应的更为整体性的伦理实践在很大程度上、在数千代的时间中已为自然选择所规划。"［爱德华·O. 威尔逊. 论人性（*On Human Nature*）. 纽约：班特姆，1979：5-6］

　　［12］J. 贝尔德·卡利科特. 论非人类物种之内在价值//布赖恩·诺　　*299*
顿. 物种保护：生物多样性价值. 普林斯顿：普林斯顿大学出版社，1986：138-172.

　　［13］霍姆斯·罗尔斯顿. 自然中之价值. 环境伦理学，3（1981）：114.

　　［14］Ibid.

　　［15］彼得·米勒与本书作者的个人交流。

　　［16］沃里克·福克斯. 深层生态学：我们时代之新哲学?. 生态学家，14（1984）：194-200.

　　［17］唐·E. 玛丽埃塔. 生态科学与环境伦理学的关系. 环境伦理学，2（1979）：195-207. 类似思想在阿兰·R. 德雷逊（Alan R. Dregson）的以下文章中得到含蓄的表达：阿兰·R. 德雷逊. 转向范例：从技术统治到人类星球（"Shifting Paradigms：From the Technocratic to the Person-Planetary"）. 环境伦理学，2（1980）：221-240.

　　［18］理查德·劳特利，瓦尔·劳特利. 人类沙文主义与环境伦理学//D. 曼尼森，M. 麦克罗比，理查德·劳特利. 环境哲学：伦理学、政治哲学与社会理论. 堪培拉：澳大利亚国立大学，1980：155. 同时参见：理查德·劳特利，瓦尔·劳特利. 价值理论的语义学基础（"Semantic Foundation of Value Theory"）. 诺斯（*Nous*），17（1983）：441-456.

　　［19］霍姆斯·罗尔斯顿. 自然中之价值是主观的，还是客观的?. 环

境伦理学，4（1982）：127. 杰伊·麦克丹尼尔（Jay McDanial）也将量子理论与价值理论中事实/价值二分法联系起来，但他将二者联系起来的方式却与玛丽埃塔的、罗尔斯顿的以及这里所拓展的方式不同。[杰伊·麦克丹尼尔. 作为创造性与情感的物理事物（"Physical Matter as Creative and Sentient"）. 环境伦理学，5（1983）：291–317] 麦克丹尼尔将怀特海的形而上学与量子理论融为一体，将物理事物的内在价值建立在"创造性知觉"（creative sentience）之上，他相信此知觉存在于物理事物之中。因此，麦克丹尼尔设想一种不同于边沁之价值论自然主义的价值论自然主义。换言之，他设想，经验（无论苦乐）是有价值的："能量构成一块展示无意识的现实自身（其他地方称之为'非意识知觉'）的石头。这一事实意味着：这个石头具有内在价值，因为内在价值仅指一个既定实体自身之现实，即独立于其观察者之现实。"（Ibid., p.315）

[20] 霍姆斯·罗尔斯顿. 自然中之价值是主观的，还是客观的?. 环境伦理学，4（1982）：125–151.

[21] 沃纳·海森堡. 物理学与哲学：现代科学革命. 纽约：哈帕与罗，1958：第2章.

[22] 霍姆斯·罗尔斯顿. 自然中之价值是主观的，还是客观的?. 环境伦理学，4（1982）：127. 罗尔斯顿称引了：塞缪尔·亚历山大. 美与其他形式的价值（*Beauty and Other Forms of Value*）. 纽约：托马斯克罗威尔公司（New York: Thomas Crowell Company），1968.

[23] 霍姆斯·罗尔斯顿. 自然中之价值是主观的，还是客观的?. 环境伦理学，4（1982）：129.

[24] 沃纳·海森堡——哥本哈根阐释之奠基者——评论道："我们可以谈论亚里士多德的物质，它仅意味着'潜在'。这一概念应当与我们的能量概念做比较。当基本粒子被创造时，通过形式这一途径，能量进入'现实'。"（沃纳·海森堡. 物理学与哲学：现代科学革命. 纽约：哈帕与罗，1958：160）

[25] 弗里特乔夫·卡普拉. 物理学之道：现代物理学与东方神秘主义类比之考察. 博尔德：山姆巴拉，1975：68–69.

[26] 保罗·谢泼德. 生态学与人：一种视角//保罗·谢泼德，D. 麦

金利. 颠覆性科学：人类生态学论文. 波士顿：霍顿米弗林，1967：2.

[27] Ibid.，p.3.

[28] Ibid.，p.4.阿恩·纳斯捕捉到生态学与量子理论之间的结构性相似，并指出此二者隐含着一项真实关系原则："深层生态学（涉及）否定人在环境中的形象，而倾向于关系性、整体场的形象。有机体被凝结于生物圈之网或内在关系之场中。两个事物 A 与 B 之间的内在关系便成为属于由 A 与 B 所界定或此二者之基本要素之物。这样，若无此关系，A 与 B 便不再是其自身。整体场模式消解的不仅是人在环境中这个概念，而且是每个简约环境中之物这个概念，除了那些表面或初级层次交际的谈论。"[阿恩·纳斯. 肤浅与深层、长范围的生态运动：一个概述（"The Shallow and the Deep, Long-Range Ecology Movement: A Summary"）. 探索，16（1973）：95]

[29] 保罗·谢泼德. 生态学与人：一种视角//保罗·谢泼德，D. 麦金利. 颠覆性科学：人类生态学论文. 波士顿：霍顿米弗林，1967：3. 谢泼德的称引：阿兰·沃茨. 自明禁忌手册. 纽约：万神殿出版社，1966.

[30] 肯尼思·古德帕斯特. 从利己主义到环保主义//肯尼思·古德帕斯特，K. 塞尔. 21 世纪伦理学与问题. 圣母：圣母大学出版社，1979：21-35.

[31] J. 贝尔德·卡利科特. 非人类中心主义价值理论与环境伦理学. 美国哲学季刊，21（1984）：299-309.

[32] 理查德·劳特利，瓦尔·劳特利. 人类沙文主义与环境伦理学//D. 曼尼森，M. 麦克罗比，理查德·劳特利. 环境哲学：伦理学、政治哲学与社会理论. 堪培拉：澳大利亚国立大学，1980：152.

[33] 关于此类理论家之概况，参见：大卫·P. 高蒂尔（David P. Gauthier）. 伦理与自利理性（*Morality and Rational Self-Interest*）. 恩格尔伍德克利弗斯，新泽西：普伦蒂斯-豪出版社，1970. 将理性与自利相等同的当代著名伦理哲学家包括约翰·罗尔斯与加勒特·哈丁. 参见：约翰·罗尔斯. 分配公正（"Distributive Justice"）// 拉斯利特（Laslett），朗西曼（Runciman）. 哲学、政治学与社会（*Philosophy, Politics and*

Society). 牛津：巴兹尔·布兰克威尔（Oxford：Basil Blackwell），1969：58-82；加勒特·哈丁. 公地悲剧（"The Tragedy of the Commons"）. 科学，162（1968）：1243-1248.

[34] 奥尔多·利奥波德. 沙乡年鉴，及来自《圆河》的环保论文. 纽约：保兰亭出版社，1966：197.

第十章 传统美洲印第安人与西方欧洲人对自然之态度：一种概观

[1] 约瑟夫·E. 布朗. 行为反思模式：北美印第安人（"Modes of Contemplation through Action：North American Indians"）. 现代思想主流，30（1973-1974）：60.

[2] 卡尔文·马丁. 游戏守护者：印第安人-美洲人关系与毛皮贸易. 伯克利，洛杉矶：加利福尼亚大学出版社，1978：186.

[3] W. 弗农·基尼茨. 西大湖印第安人，1615—1760（*Indians of the Western Great Lakes，1615 - 1760*）. 安阿伯：密歇根大学出版社（Ann Arbor：University of Michigan Press），1965：115.

[4] 托马斯·库恩. 哥白尼革命：行星天文学与西方思想的发展. 剑桥，马萨诸塞：哈佛大学出版社，1957：237.

[5] 参见 H. 保罗·桑特迈尔的《美国危机的历史维度》（"Historical Dimensions of the American Crisis"），重印于《对话》（*Dialog*）1970年之夏卷. 此处引自：伊恩·G. 巴伯（Ian G. Barbour）. 西方人与环境伦理学（*Western Man and Environmental Ethics*）. 麦勒公园：安迪森韦斯理出版社公司（Menlo Park：Addison-Wesley Publishing Co.），1973：70-71.

[6] 恩培多克勒. 净化（*Purifications*）DK31B121// 早期希腊哲学导论（*An Introduction to Early Greek Philosophy*）. 约翰·曼斯理·罗宾逊（John Mansley Robinson），译. 纽约：霍顿米弗林，1968：152.

[7] 奥尔多·利奥波德. 沙乡年鉴. 纽约：牛津大学出版社，1949：215.

[8] 理查德·厄尔多斯（Richard Erdoes）. 跛鹿：逐梦者. 纽约：西蒙 & 舒斯特（New York：Simon & Schuster），1976：108-109.

［9］Ibid.，p.101.

［10］Ibid.，p.124.

［11］Ibid.，pp.102－103.

［12］约翰·G. 奈哈德. 黑鹿所述. 林肯：内布拉斯加大学出版社，1932：3.

［13］Ibid.，p.6.

［14］Ibid.，p.7.

［15］N. 斯科特·蒙马迪. 美洲原住民眼中的故土（"A First Ameri-can Views His Land"）. 国家地理（*National Geographic*），149（1976）：14.

［16］鲁思·昂德希尔. 红种人宗教：北墨西哥印第安人的信仰与实践（*Red Man's Religion:Beliefs and Practices of the Indians North of Mexico*）. 芝加哥：芝加哥大学出版社，1965：40.

［17］戴蒙德·詹尼斯. 帕里岛的奥吉布瓦印第安人：其社会与宗教生活（*The Ojibwa Indians of Parry Island, Their Social and Religious Life*）. 加拿大地矿部公告（Canadian Department of Mines Bulletin）第78号，加拿大人类学博物馆系列（Museum of Canada Anthropological Series）第17号，渥太华，1935：20－21. 詹尼斯此前曾细致地将（帕里岛）奥吉布瓦人的精灵分为两部分，即灵魂与影子，虽然詹尼斯也承认，灵魂与影子之间的区别远未清晰，这些人自己也经常将二者混为一谈。

［18］欧文·哈洛韦尔. 奥吉布瓦的本体论、行为与世界观（*Ojibwa Ontology, Behavior,and World view*）//S. 戴蒙德（S. Diamond）. 历史中的文化：保罗·雷丁纪念文集（*Cultures in History:Essays in Honor of Paul Radin*）. 纽约：哥伦比亚大学出版社，1960：26.

［19］W. 弗农·基尼茨. 西大湖印第安人，1615—1760. 安阿伯：密歇根大学出版社，1965：126.

［20］欧文·哈洛韦尔. 奥吉布瓦的本体论、行为与世界观//S. 戴蒙德. 历史中的文化：保罗·雷丁纪念文集. 纽约：哥伦比亚大学出版社，1960：19.

［21］Ibid.，p.41.

［22］Ibid., p.32.

［23］Ibid., p.35.

［24］Ibid., p.47. 强调乃本书作者所加。

［25］约瑟夫·E. 布朗. 行为反思模式：北美印第安人. 现代思想主流，30（1973－1974）：64.

［26］伊恩·麦克哈格. 价值、过程与形式（"Values, Process, Form"）//人对环境之适应（*The Fitness of Man's Environment*）. 华盛顿特区：斯密斯逊学院出版社（Washington, D.C.: Smithsonian Institution Press），1968；重印本见：罗伯特·迪施（Robert Disch）. 生态良知（*The Ecological Conscience*）. 恩格尔伍德克利弗斯：普伦蒂斯－豪出版社，1970：25.

［27］Ibid., p.98.

［28］奥尔多·利奥波德. 沙乡年鉴. 纽约：牛津大学出版社，1949：225－226.

［29］段义孚. 环境态度与行为间之矛盾：来自欧洲与中国的范例//D. 斯普林（D. Spring），S. 斯普林（S. Spring）. 历史中的生态学与宗教（*Ecology and Religion in History*）. 纽约：哈帕与罗，1974：92.

［30］Ibid., p.98.

［31］斯图尔特·尤德尔. 最早的美洲人，最早的生态学家//查理斯·琼斯（Charles Jones）. 仰望山巅（*Look to the Mountain Top*）. 圣何塞：高沙出版社（San Jose:Gousha Publications），1972：2.

［32］约翰·G. 奈哈德. 黑鹿所述. 林肯：内布拉斯加大学出版社，1932：212.

［33］N. 斯科特·蒙马迪. 美洲原住民眼中的故土. 国家地理，149（1976）：18.

［34］我所熟悉的关于此种主张之最粗俗的例子是：丹尼尔·A. 格斯里. 原始人与自然之关系（"Primitive Man's Relationship to Nature"）. 生命科学，21（1971）：721－723. 除了正腐烂的水牛，格斯里称引了所谓的由古印第安人所造成的更新世约 10 000 种的动物大灭绝（好像这有相关性）. 其所有攻击中最轻微的是，"人们可以在今天的印第安人保护区发

现废弃的玻璃瓶和汽车"。

［35］卡尔文·马丁. 游戏守护者：印第安人-美洲人关系与毛皮贸易. 伯克利，洛杉矶：加利福尼亚大学出版社，1978：187.

［36］Ibid., p.186. 强调乃本书作者所加。

［37］Ibid., p.187.

［38］Ibid., p.71.

［39］Ibid., p.77.

［40］Ibid., p.116. 马丁在此以赞同的态度称引：阿德里安·坦纳. 将动物带回家. 纽约：圣马丁斯出版社（New York: St. Martin's Press），1979.

［41］奥尔多·利奥波德. 沙乡年鉴. 纽约：牛津大学出版社，1949：204.

［42］Ibid., p.203.

［43］Ibid., p.227.

［44］J. 贝尔德·卡利科特. 动物解放：一项三边事务. 环境伦理学，2（1980）：311-328. 重印于本文集第15～37页。

［45］Ibid., p.324.

［46］奥尔多·利奥波德. 沙乡年鉴. 纽约：牛津大学出版社，1949：204.

［47］卡尔文·马丁. 游戏守护者：印第安人-美洲人关系与毛皮贸易. 伯克利，洛杉矶：加利福尼亚大学出版社，1978：188. 强调乃本书作者所加。

［48］肯尼思·M. 莫里逊（Kenneth M. Morrison）. 美洲印第安文化与研究（*American Indian Culture and Research Journal*），3（1979）：78.

［49］卡尔文·马丁. 游戏守护者：印第安人-美洲人关系与毛皮贸易. 伯克利，洛杉矶：加利福尼亚大学出版社，1978：188.

［50］汤姆·里甘. 环境伦理学与土著美洲人与自然关系之神秘性（"Environmental Ethics and the Ambiguity of the Native American Relationship with Nature"）//汤姆·里甘. 所有居民：动物权利与环境伦理

学. 伯克利：加利福尼亚大学出版社，1982：234. 马丁提及了这种害怕
（参见注释 38），但未将这种心理学因素思路追溯至里甘。

[51] Ibid.

[52] Ibid., p.235.

[53] 大卫·休谟. 人性论. 牛津：克拉伦登出版社，1960：486-487.

第十一章　美洲印第安人之大地智慧?：澄清论题

[1] 鲁道夫·凯泽. 西雅图首领讲演录：美洲人起源与欧洲人之回
报——近乎侦探故事（"Chief Seattle's Speeches: American Origins and
European Reception—Almost a Detective Story"）. 美洲研究欧洲学会双
年会议（European Association for American Studies Biennial Confer-
ence），罗马，意大利，1984. 亦参见：鲁道夫·凯泽. 第五福音：西雅
图首领讲演录：美洲人起源与欧洲人之回报（"A Fifth Gospel, Almost:
Chief Seattle 's Speeches: American Origins and European Reception"）//
克里斯琴·费斯特（Christian Feest）. 印第安人与欧洲（*Indians and
Europe*）. 亚琛，德意志联邦共和国：拉德出版社（Aachen, Federal Re-
public of German: Rader Verlag），1987.

[2] 卢克·斯塔恩斯（Luke Starnes）. 西雅图传奇（"The Saga of Seat-
tle"）. 金西方（*Golden West*），vol.4，♯2（1986）：34-37，60-64.

[3] 鲁道夫·凯泽. 第五福音：西雅图首领讲演录：美洲人起源与欧
洲人之回报 //克里斯琴·费斯特. 印第安人与欧洲. 亚琛，德意志联邦
共和国：拉德出版社，1987：附录3.

[4] 丹尼尔·A. 格斯里. 原始人与自然之关系. 生命科学，21
（1971）：721-723.

[5] 约翰·洛克. 政府论两篇（*Two Treatises of Government*）. 转引
自：威廉姆·克罗农. 土地上的变化：印第安人、殖民者与新英格兰生态
学（*Changes in the Land: Indians, Colonists, and the Ecology of New
England*）. 纽约：希尔与王（New York: Hill and Wang），1983：79.

[6] 卡尔文·马丁. 游戏守护者：印第安人-美洲人关系与毛皮贸易.
伯克利，洛杉矶：加利福尼亚大学出版社，1978：16，17，33. 参见：亨

利·F. 多宾. 评估原住美洲人人口：对一项新大陆评估技术之肯定　*304*（"Estimating Aboriginal American Population: An Appraisal of Techniques with a New Hemispheric Estimate"）. 当代人类学（*Current Anthropology*），7（1966）：395-412；马歇尔·萨林斯. 石器时代经济学. 芝加哥：奥戴恩阿瑟顿，1972；约翰·威特霍夫特（John Witthoft）. 美洲印第安狩猎者（"The American Indian Hunter"）. 宾夕法尼亚娱乐新闻（*Pennsylvania Game News*），1953-04-08（13）.

　　[7] 威廉姆·克罗农. 土地上的变化：印第安人、殖民者与新英格兰生态学. 纽约：希尔与王，1983：53，80.

　　[8] 保罗·S. 马丁. 美洲之发现（"The Discovery of America"）. 科学，179（1973）：969-974.

　　[9] Ibid., p.972.

　　[10] 威廉姆·C. 麦克里欧德. 原始狩猎人群的环境保护（"Conservation among Primitive Hunting Peoples"）. 科学月刊（*The Scientific Monthly*），43（1936）：562-566. 弗兰克·G. 斯佩克. 土著环境保护者（"Aboriginal Conservators"）. 鸟类知识（*Bird-Lore*），40（1983）：258-261. 弗兰克·G. 斯佩克. 野蛮人环境保护者（"Savage Savers"）. 前沿（*Frontiers*），4（1939）：23-37.

　　[11] 威廉姆·C. 麦克里欧德. 原始狩猎人群的环境保护. 科学月刊，43（1936）：564.

　　[12] 埃利诺·利科克（Eleanor Leacock）. 蒙坦克尼斯人的"狩猎领地"与毛皮贸易（"The Montagnais 'Hunting Territory' and the Fur Trade"）. 美国人类学学会文献（*American Anthropological Association Memoir*），no. 78（vol. 56，1954）：Note 5 of part 2. 查理斯·A. 比晓普（Charles A. Bishop）. 北部奥吉布瓦人狩猎领地之产生（"The Emergence of Hunting Territories among the Northern Ojibwa"）. 人种学（*Ethnology*），9（1970）：1-5.

　　[13] 弗兰克·G. 斯佩克. 土著环境保护者. 鸟类知识，40（1983）：260.

　　[14] 威廉姆·C. 麦克里欧德. 原始狩猎人群的环境保护. 科学月刊，

43（1936）：562.

［15］弗兰克·G. 斯佩克. 野蛮人环境保护者. 前沿，4（1939）：23.

［16］Ibid. 强调乃本书作者所加。

［17］斯图尔特·尤德尔. 最早的美洲人，最早的生态学家//查理斯·琼斯. 仰望山巅. 圣何塞：高沙出版社，1972：2-12；J. 唐纳德·休斯. 森林印第安人：神圣的职业. 环境评论（*Environmental Review*），2（1977）：2-13；特伦斯·格里德. 前哥伦布时期的生态学（"Ecology Before Columbus"）. 美洲（*Americas*），22（1970）：21-28；G. 雷赫尔-多尔曼托夫. 作为生态学分析之宇宙学：来自雨林的视野（"Cosmology as Ecological Analysis：A View from the Rainforest"）. 人类（*Man*），2（1976）：307-318；威廉姆·A. 里奇. 印第安人与其环境（"The Indian and His Environment"）. 纽约州环境保护主义者（*New York State Conservationist Journal*），10（1955-1956）：23-27；托马斯·W. 奥弗霍尔特. 作为自然生态学家的美洲印第安人（"American Indians as Natural Ecologists"）. 美洲印第安人（*American Indian Journal*），5（1979）：9-16.

［18］比如参见：理查德·纳尔逊. 保护伦理与环境：阿拉斯加的科优康人（"A Conservation Ethic and Environment：The Koyukon of Alaska"）//南希·威廉姆斯（Nancy Williams），尤金·哈恩（Eugene Hunn）. 资源管理者：北美与澳大利亚的狩猎者-采集者（*Resource Managers：North American and Australian Hunter-Gatherers*）. 纽约：美国科学促进会（New York：American Association for the Advancement of Science），1982：211-228.

［19］T. C. 麦克卢汉. 触摸地球：土著美洲人的陈述. 纽约：哈帕与罗，1978.

［20］阿德里安·坦纳. 将动物带回家. 纽约：圣马丁斯出版社，1979；理查德·纳尔逊. 向大乌鸦祈祷：北部森林之科优康人视野. 芝加哥：芝加哥大学出版社，1983.

［21］卡尔文·马丁. 游戏守护者：印第安人-美洲人关系与毛皮贸易. 伯克利，洛杉矶：加利福尼亚大学出版社，1978：10.

[22] 托马斯·W. 奥弗霍尔特，J. 贝尔德·卡利科特. 以羽为衣及其他故事：奥吉布瓦世界观导论. 华盛顿特区：美国大学出版社，1982；欧文·哈洛韦尔. 文化与经验（*Culture and Experience*）. 费城：宾夕法尼亚大学出版社，1955.

[23] 欧文·哈洛韦尔. 奥吉布瓦、本体论、行为与世界观 // S. 戴蒙德. 历史中的文化：保罗·雷丁纪念文集. 纽约：哥伦比亚大学出版社，1960：23-24. 亦参见：玛利·B. 布兰克（Mary B. Black）. 奥吉布瓦分类法与模糊知觉（"Ojibwa Taxonomy and Percept Ambiguity"）. 精神（*Ethos*），1977：90-118.

[24] Ibid., p.21.

[25] Ibid., p.43.

[26] 威廉姆·琼斯. 奥吉布瓦文本：1～2册. 莱顿，纽约：美国人种学学会出版社（Leyden and New York: Publications of the American Ethnological Society），1917，1919.

[27] J. 贝尔德·卡利科特. 传统美洲印第安人与西方欧洲人对自然之态度：一种概观. 环境伦理学，4（1982）：293-318. 重印于本文集第173～197页。

[28] 奥尔多·利奥波德. 沙乡年鉴. 纽约：牛津大学出版社，1949：204.

[29] 理查德·纳尔逊. 保护伦理与环境：阿拉斯加的科优康人 // 南希·威廉姆斯，龙金·哈恩. 资源管理者：北美与澳大利亚的狩猎者-采集者. 纽约：美国科学促进会，1982：211-228.

[30] 吉姆斯·R. 沃克. 拉科塔人的信仰与仪式（*Lakota Belief and Ritual*）// 雷蒙德·J. 迪马利（Raymond J. DeMallie），伊莱恩·杰纳尔（Elaine Jahner）. 林肯：内布拉斯加大学出版社，1980.

[31] 1985年5月2日，理查德·纳尔逊与本书作者的个人交流。

[32] Ibid.

第十二章 作为教育者的奥尔多·利奥波德论教育，及其
当代环境教育语境下之大地伦理

［1］罗德里克·纳什. 荒野与美国精神. 纽黑文：耶鲁大学出版社，1973：第 11 章.

［2］D. 曼尼森，M. 麦克罗比，理查德·劳特利. 环境哲学：伦理学、政治哲学与社会理论. 堪培拉：澳大利亚国立大学，1980.

［3］弗里德里克·哈默斯特朗姆与弗兰西斯·哈默斯特朗姆，自然资源威斯康星部与威斯康星-斯蒂文斯点大学助教；罗伯特·S. 麦凯布，威斯康星-麦迪逊大学野生物生态学教授；查理斯·布拉德利与尼娜·利奥波德·布拉德利，利奥波德纪念保留地奥尔多·利奥波德奖学金项目主任。

［4］奥尔多·利奥波德. 沙乡年鉴，及来自《圆河》的环保论文. 纽约：保兰亭出版社，1970：202-210.

306
［5］Ibid., p.205.

［6］Ibid., p.207.

［7］Ibid., p.209.

［8］Ibid., p.252.

［9］Ibid., p.168.

［10］Ibid., p.20.

［11］Ibid., p.30.

［12］Ibid., pp.49-50.

［13］Ibid., p.86.

［14］Ibid., p.225.

［15］Ibid., p.291.

［16］Ibid.

［17］Ibid., p.158.

［18］Ibid., p.162.

［19］Ibid., p.262.

［20］Ibid., p.246.

［21］小林恩·怀特. 我们生态危机的历史根源. 科学，155（1967）：1203－1207.

［22］弗兰西斯·哈默斯特朗姆. 只是为了鸡. 埃姆斯：爱荷华州立大学出版社（Ames：Iowa State University Press），1980：26，28.

［23］Ibid.，p.38.

［24］查理斯·布拉德利. 人类狩猎简史（"A Short History of a Man Hunt"）. 威斯康星学术评论（*Wisconsin Academy Review*），1979 年 12 月：7.

［25］Ibid.

［26］奥尔多·利奥波德. 沙乡年鉴. 纽约：牛津大学出版社，1949：208－209.

［27］Ibid.，p.xix.

［28］Ibid.，p.239.

［29］Ibid.，p.238.

［30］Ibid.

［31］Ibid.，p.239.

［32］Ibid.，p.xix.

307

第十三章　利奥波德之大地审美

［1］J. 贝尔德·卡利科特.《沙乡年鉴》手册：阐释与批评论文. 麦迪逊：威斯康星大学出版社，1987.

［2］奥尔多·利奥波德. 沙乡年鉴，及来自《圆河》的环保论文. 纽约：保兰亭出版社，1970：249.

［3］伊恩·麦克哈格. 与自然一起设计（*Design with Nature*）. 公园市：双日，1971；J. 贝尔德·卡利科特. 大地审美//《沙乡年鉴》手册：阐释与批评论文. 麦迪逊：威斯康星大学出版社，1987：157－171.

［4］罗德里克·纳什. 荒野与美国精神. 纽黑文：耶鲁大学出版社，1973.

［5］奥尔多·利奥波德. 沙乡年鉴. 纽约：牛津大学出版社，1949：102.

［6］Ibid., pp.179-180.

［7］Ibid., p.180.

［8］Ibid., p.105.

［9］Ibid., pp.102-103.

［10］Ibid., p.193.

［11］Ibid., p.103.

［12］Ibid., p.180.

［13］Ibid., p.295.

［14］Ibid., pp.146-147.

［15］Ibid., pp.214-215.

［16］J. 贝尔德·卡利科特.《沙乡年鉴》手册：阐释与批评论文. 麦迪逊：威斯康星大学出版社，1987.

［17］奥尔多·利奥波德. 沙乡年鉴. 纽约：牛津大学出版社，1949：238.

［18］Ibid., pp.202-203.

［19］J. 贝尔德·卡利科特. 作为教育者的奥尔多·利奥波德论教育，及其当代环境教育语境下之大地伦理. 环境教育，14（1982）：34-41. 重印于本文集第217～231页。

第十四章　伦理关注与外星生命

308

［1］对文艺复兴探索者的描述，参见：查理斯·桑福德（Charles Sandford）. 探索天堂（*The Quest for Paradise*）. 厄巴纳，伊利诺伊：伊利诺伊大学出版社（Urbana, Ⅲ.: The University of Illinois Press），1961；丹尼尔·S. 布尔斯廷（Daniel S. Boorstin）. 探索者：人类探索以知悉其世界与自身史（*The Discoverers: A History of Man's Search to Know His World and Himself*）. 纽约：随意屋，1983. 对文艺复兴时期探索、开发与利用新世界的简明的、自信的反思，参见：威廉姆·K. 哈特曼（William K. Hartmann）. 空间开发与环境论题（"Space Exploration and Environmental Issues"）. 环境伦理学，6（1984）：227-239. 他将文艺复兴时期的探索投射到新的星际前沿。

［2］最近严肃地处理此类话题之例，参见：威廉姆·K. 哈特曼. 空间开发与环境论题. 环境伦理学，6（1984）：227–239. 伊恩·麦克哈格的《与自然一起设计》则精心且令人信服地提出了以下观点：为成功地设计一种可自我维护的空间殖民地，哈特曼也曾期望过，我们将不得不重造地球。

［3］Ibid. 哈特曼否认他曾满怀激情地提倡的外星资源开发与殖民将带来一种"自由的行星精神"［威廉姆·K. 哈特曼. 空间开发与环境论题. 环境伦理学，6（1984）：229］。他显然忘记了这一否认，并在后来写道："人类在其他行星表面自我维护殖民地的可能性……确实增加了人类物种抵制政治与环境灾难、谋求生存的机会。"若我们认为自己能通过移出地球而逃离这些灾难，那么我们努力避免这些灾难的动机就会更少。

［4］Ibid. 哈特曼称地球为"太阳系中西伯利亚的一个夏威夷"。更适合然未足够适合的说法应当是，太阳系中南极地里的一个夏威夷。哈特曼立即继续说："地球是已知的唯一我们可以在邻近恒星之光下赤裸地站立、享受我们环境之地。"它是已知的唯一我们可以站立着穿得比太空服更少的任何东西之地。我们知道的其他更多行星未为我们提供站立之地，或者即使有站立之地，太空服也不足以防护来自太阳的辐射。

［5］弗兰克·赫伯特（Frank Herbert）. 沙丘. 纽约：奇尔顿出版社（New York:Chilton Books），1956. 在《沙丘》这部作品中，我们会想象一个没有海洋或广阔森林，却显然有一种可呼吸的空气的沙漠行星，因此我们必须设想有大量氧气——这被吹捧为很有生态学价值的科幻作品！

［6］A. 托马斯·扬. 会议概述（"Conference Overview"）// 约翰·比林厄姆. 宇宙中的生命（*Life in the Universe*）. 剑桥，马萨诸塞：马萨诸塞技术学院出版社（Cambridge, Mass. : Massachusetts Institute of Technology Press），1982：xi.

［7］约翰·比林厄姆. 宇宙中的生命. 剑桥，马萨诸塞：马萨诸塞技术学院出版社，1982：前言 ix.

［8］彼得·摩根（Peter Morgane）. 鲸脑：智力的解剖学基础（"The Whale Brain: The Anatomical Basis of Intelligence"）// 琼·麦金泰尔（Joan McIntyre）. 水中的心灵（*Mind in the Waters*）. 纽约：查理斯斯克

里布纳萨斯出版社，1974：84-93.

[9] 彼得·沃肖（Peter Warshall）. 鲸鱼的生活方式（"The Ways of Whales"）//琼·麦金泰尔. 水中的心灵. 纽约：查理斯斯克里布纳萨斯出版社，1974：110-140.

[10] 埃里克·J. 蔡森. 宇宙进化的三个阶段（"Three Eras of Cosmic Evolution"）//约翰·比林厄姆. 宇宙中的生命. 剑桥，马萨诸塞：马萨诸塞技术学院出版社，1982：15-16.

[11] A. 奥珀伦，V. 费森柯夫. 宇宙（*La Vie dans I' Universe*）. 莫斯科：教育与语言出版社（Moscow: Editions en Langues Etrangères），1958. 译自法语，录自：V. A. 菲索夫. 地外生命：太空生物学研究（*Life beyond the Earth: A Study in Exobiology*）. 纽约：基础出版社，1963.

[12] E. B. 泰勒. 人类学：人类与文明研究导论（*Anthropology: An Introduction to the Study of Man and Civilization*）. 纽约：阿普莱顿（New York: Appleton），1897.

[13] C. 欧文·洛夫乔伊. 人类进化与智能生命进化总体原则之内涵（"Evolution of Man and Its Implications for General Principles of the Evolution of Intelligent Life"）// 约翰·比林厄姆. 宇宙中的生命. 剑桥，马萨诸塞：马萨诸塞技术学院出版社，1982：317-329. 卡尔·萨根宣称："进化是偶然的且不可预测。"［卡尔·萨根. 伊甸园之龙：人类智能进化臆测（*The Dragons of Eden: Speculations on the Evolution of Human Intelligence*）. 纽约：巴兰厅（New York: Ballantine），1977：8］然而，他仍大胆相信与人同形同性的外星智能生命之存在，即使他"并不……期望其大脑在解剖学或生理学上，甚至在化学上与我们的大脑相似"（Ibid., p.243）。它们的大脑怎能与我们的大脑在功能上相似？萨根的回答是："它们仍必须把握同样的自然法则。"（Ibid., p.242）自然法则乃客观现实，如柏拉图的形式。萨根似乎认为（与康德对我们自己经验主观秩序的描述相反），从极不相同的出发点进化，有极不相同的发展路径，最后将聚合为对诸自然法则的一种精神呈现，不是作为一种目标，而是作为一种选择性结果："总体而言，更聪明的有机体活得更好，比那些愚蠢的

同类留下更多子孙。"（Ibid., p.241）此论诚然不谬，然而，萨根用一种模糊的"更聪明的有机体"概念把握同样的自然法则。鲸类动物拥有在化学、解剖学和心理学上与我们极相似的大脑，它们能把握控制着繁殖、反应与声波侦测的自然法则。但无人设想：它们的进化与回声定位的智能发展使它们已掌握了声波力学。鸟类无须为飞翔而知道空气动力学，为看而知道光学。生存智能——街道智慧的进化等价物——并不必然等同于理论智慧。简要地概括，为了在实践基础上把握自然法则，一个有机体不必要从理论上为它自己呈现自然法则，甚至意识到自然法则本身的存在——即使它们本身确实存在。

　　[14] 在此语境下关于生物学与物理学和化学之关系的简要讨论，参见：J. D. 伯纳尔（J. D. Bernal）. 分子结构、生物化学功能与进化（"Molecular Structure, Biochemical Function, and Evolution"）//H. J. 莫罗维茨. 理论与数学生物学（*Theoretical and Mathematical Biology*）. 纽约：布雷斯戴尔出版公司（New York: Blaisdell Publishing Co.），1965：第 5 章.

　　[15] 近期对此的概括性讨论，参见：彼得·舒斯特. 化学与生物学之间的进化（"Evolution between Chemistry and Biology"）. 生命起源（*Origins of Life*），14（1984）：3–14.

　　[16] 哈罗德·莫罗维茨. 作为宇宙科学的生物学. 现代思想主流，28（1972）：153. *310*

　　[17] V. A. 菲索夫. 地球外生命：太空生物学研究. 纽约：基础出版社，1963：4.

　　[18] 舍伍德·常（Sherwood Chang）. 有机化学进化（"Organic Chemical Evolution"）//约翰·比林厄姆. 宇宙中的生命. 剑桥，马萨诸塞：马萨诸塞技术学院出版社，1982：21–46；F. 劳林（F. Raulin），D. 戈蒂埃（D. Gautier），W. H. 伊普（W. H. Ip）. 太空生物学与太阳系：驶向泰坦的卡西尼任务（"Exobiology and the Solar System: The Cassini Mission to Titan"）. 生命起源，14（1984）：817–824.

　　[19] H. 斯宾塞·琼斯. 其他世界上的生命（*Life on Other Worlds*）. 伦敦：英国大学出版社，1940.

［20］关于从极端怀疑主义到粗俗滑稽的拓展性讨论，参见：约翰·帕斯莫尔. 人类对自然的责任：生态问题与西方传统. 纽约：查理斯斯克里布纳萨斯出版社，1974.

［21］我很高兴获悉迈克尔·图利（Michael Tooley）的以下文章：迈克尔·图利. 外星智能是人吗？（"Would ETIs Be Persons?"）// 吉姆斯·L. 克里斯琴（James L. Christian）. 外星智能：初遇（*Extraterrestrial Intelligence: The First Encounter*）. 布法罗，纽约：普罗米修斯出版社，1976. 迈克尔·图利在此文中通过应用主流西方伦理思想的日常范畴为充满科幻神奇的外星智能生命提供了伦理关注，提出它们也是意动性的，它们有自我意识，且能想象未来。图利并未处理（且他的讨论显示，他并不从哲学上支持）仅对生命的伦理关注——无论是不是外星生命。

［22］彼得·辛格写道："哲学应当质疑其时代之基本假设。"（彼得·辛格. 动物解放：一种关于我们如何对待动物的新伦理学. 纽约：纽约评论出版社，1975：10）他将伦理关注拓展至动物，这确实是激进的。关于对动物解放/权利的人文主义质疑，参见：H. J. 麦克克洛斯基. 伦理权利与动物. 探索，22（1979）：23-54.

［23］保罗·M. 赫尼格（Paul M. Henig）. 太空生物学家对其他行星上生命的持续探索（"Exobiologists Continue to Search for Life on Other Planets"）. 生命科学，30（1980）. 他称引了物理学家威廉姆·G. 波拉德（William G. Pollard）关于太空生物学的说法：它是"科学的一个迄今尚没有内容的分支"（Ibid., p.9）. 太空生物学家理查德·S. 扬（Richard S. Young）提出了一个逻辑观点："（火星）上没有生命证据不应被理解为必然没有生命证据。"［理查德·S. 扬. 后维京太空生物学（"Post-Viking Exobiology"）. 生命科学，28（1978）］

［24］关于质疑外星生命之权威意见的讨论，参见：保罗·M. 赫尼格. 太空生物学家对其他行星上生命的持续探索. 生命科学，30（1980）.

［25］菲索夫提出了这些维度，参见：V. A. 菲索夫. 地球外生命：太空生物学研究. 纽约：基础出版社，1963：xi.

［26］Ibid.

［27］伯纳德·M. 奥利弗. 研究策略（"Search Strategies"）// 约

翰·比林厄姆. 宇宙中的生命. 剑桥，马萨诸塞：马萨诸塞技术学院出版社，1982：352.

[28] Ibid. 奥利弗接受了一种跨数代人搜寻航行的可能性，因此要求 *311*
"护理与教育设备（这又增加了重量，增加了能量要求）……更长的时间"。他现实地提醒我们："也增加了由宇航员们的不满和实际造反所造成的风险：假定父母们为心理稳定而受到监测，但孩子们则未受到监测。"（pp.354－355）顺便，奥利弗的计算未忽略在相对论中速度接近于光速时的时间膨胀效果。他的时间计算是在时空相关的框架内得出的。

[29] Ibid. 奥利弗计算了将一艘 1 000 吨的宇宙飞船加速到五分之一光速所要求的能量，它将达到 1 000 年美国能源之消耗量，相当于 1 000 年美国能量消耗之总和。（p.354）

[30] 对此问题之权威性科学说明，参见：诺曼·迈尔斯. 沉没的方舟：对消失物种之新观察. 纽约：珀格芒出版社，1979. 对此问题之哲学伦理学回应，参见：布赖恩·诺顿. 物种保护：生物多样性价值. 普林斯顿：普林斯顿大学出版社，1986.

[31] 哈特曼在《空间开发与环境论题》中很好地概括与记录了这些影响。哈特曼的核心实践关注似乎是：环保主义者未将他们的反对补充到社会主义者、财政保守主义者与其他想看到空间开发工程失败者的观点中。然而，我并不认同哈特曼关于空间殖民与资源开发的神话版本，我也不反对空间开发，因为我认为：我们愈开发空间，我们将愈深入地嵌入地球，愈依赖地球。

[32] Ibid. 哈特曼同意："看到这些画面不久，第一个地球日就在1970 年来到了，这并非巧合。"

[33] 参见：J. 贝尔德·卡利科特. 论非人类物种之内在价值//布赖恩·诺顿. 物种保护：生物多样性价值. 普林斯顿：普林斯顿大学出版社，1986：138-172. 重印于本文集第 126～152 页。

[34] 直觉在伦理学中的作用充满争议。汤姆·里甘对此提供了最新的概括，对此话题做了分析，为利用伦理直觉做了辩护。可将此项工作作为进一步伦理分析之出发点。（汤姆·里甘. 动物权利案例. 伯克利：加利福尼亚大学出版社，1983：133 及其后）.

［35］对大地伦理的系统分析，参见：J. 贝尔德·卡利科特. 环境伦理学要素：伦理关注与生物共同体. 环境伦理学，1（1979）：71-81.

［36］奥尔多·利奥波德. 沙乡年鉴及这儿与那儿（*A Sand County Almanac and Sketches Here and There*）. 纽约：牛津大学出版社，1949：109. 注意："我们很可能源于某种单细胞，在地球冷却时于一刹那间受精。"（刘易斯·托马斯. 一个细胞的生活：生物学观察者笔记. 纽约：维京出版社，1974：5）

［37］奥尔多·利奥波德. 大地伦理//沙乡年鉴. 纽约：牛津大学出版社，1949；J. 贝尔德·卡利科特. 寻找一种环境伦理//汤姆·里甘. 生死攸关. 2 版. 纽约：随意屋，1986：381-423；J. 贝尔德·卡利科特. 环境伦理要素：伦理关注与生物共同体// 汤姆·里甘. 生死攸关. 2 版. 纽约：随意屋，1986.

［38］奥尔多·利奥波德. 沙乡年鉴. 纽约：牛津大学出版社，1949：204.

［39］乔尔·范伯格. 动物权利与未出生后代//威廉姆·T. 布莱克斯通. 哲学与环境危机. 阿森斯：佐治亚大学出版社，1974：43-68；肯尼思·古德帕斯特. 论伦理上值得关注. 哲学，75（1978）：308-325；艾伯特·施韦泽. 敬畏生命伦理//汤姆·里甘，彼得·辛格. 动物权利与人类义务. 恩格尔伍德克利弗斯，新泽西：普伦蒂斯-豪出版社，1976：133-138. 关于辩证法的讨论，参见：肯尼思·古德帕斯特. 从利己主义到环保主义// 肯尼思·古德帕斯特，K. 塞尔. 21 世纪伦理学与问题. 圣母：圣母大学出版社，1979：21-35.

［40］彼得·辛格. 动物解放：一种关于我们如何对待动物的新伦理学. 纽约：纽约评论出版社，1975.

［41］Ibid.

［42］肯尼思·古德帕斯特. 论伦理上值得关注. 哲学，75（1978）：308-325.

［43］Ibid., p.316.

［44］J. 贝尔德·卡利科特. 论非人类物种之内在价值//布赖恩·诺顿. 物种保护：生物多样性价值. 普林斯顿：普林斯顿大学出版社，1986：

312

138—172.

[45] 乔尔·范伯格. 动物权利与未出生后代//威廉姆·T. 布莱克斯通. 哲学与环境危机. 阿森斯：佐治亚大学出版社，1974：49.

[46] Ibid., p.50. 古德帕斯特在《论伦理上值得关注》中，明智地澄清了权利性质的理智困境与对权利拥有者的论证。

[47] 艾伯特·施韦泽. 敬畏生命伦理. //汤姆·里甘，彼得·辛格. 动物权利与人类义务. 恩格尔伍德克利弗斯，新泽西：普伦蒂斯-豪出版社，1976：133.

[48] 肯尼思·古德帕斯特在其《从利己主义到环保主义》中，为伦理推理提供了一种很清晰的、具有启发性的讨论。他认为所有伦理学的逻辑，都为伦理地位/伦理权利建立了一种标准，诸如理性、情感、意动性之类。

[49] 施韦泽与古德帕斯特都承认其意动中心伦理学的严格不可行性。古德帕斯特在《论伦理上值得关注》中写道："尊重生命原则所面临的最清晰、最具决定性的质疑是一个人不能据此而生存，在自然中也不存在任何要我们有意识地这样生存的暗示。"

施韦泽在《敬畏生命伦理》中写道："我如何在一个由创造性意志，同时也是毁灭性意志统治的世界里依敬畏生命的规则而生存，这是一个痛苦的困惑。"更全面的讨论，参见：J. 贝尔德·卡利科特. 论非人类物种之内在价值//布赖恩·诺顿. 物种保护：生物多样性价值. 普林斯顿：普林斯顿大学出版社，1986：138—172.

[50] 阿瑟·叔本华. 作为意志和表象的世界. 霍尔登，肯普，译. 公园城：双日，1961：297 及其后.

[51] 布赖恩·诺顿. 环境伦理学与弱人类中心主义. 环境伦理学，6（1984）：131—148.

[52] Ibid., p.136.

[53] 一种历史性分析，参见：J. 贝尔德·卡利科特. 内在价值、量子理论与环境伦理学. 环境伦理学，7（1985）：357—375.

313

索　引

译后记

　　2015 年，我得到一次出国访学的机会。在对国外环境美学的基本情况有了初步了解后，这一次我决定了解国外环境伦理学的基本情况，想看看邻居们在议论什么，是否对自己所从事的环境美学有所助益。于是，我与当时尚在北得克萨斯大学（University of North Texas）环境哲学中心任职的 J. 贝尔德·卡利科特教授联系（同年 8 月，当我离开北得克萨斯大学时，他从这所自己曾工作多年的大学荣退了），他很爽快地表示同意。

　　去了才发现：卡利科特不仅是一位很有天赋的哲学家，而且是一个极勤奋的人，很能写，发表了许多论著。当我向他表示希望向中国学术界译介他的一本代表作时，他欣然同意。在他的三本代表作《众生家园：捍卫大地伦理与生态文明》（*In Defense of the Land Ethic*，1989）、《超越大地伦理》（*Beyond the Land Ethic*，1999）和《像地球那样思考》（*Thinking Like a Planet*，2013）中，我选了最早的一本。之所以如此选择，是因为：一方面，后两部著作均能在此著作中找到核心思想的萌芽；另一方面，此著作不仅是他个人的一个学术出发点，而且在某种意义上呈现了一个宏观问题——环境伦理学何以可能，以及什么才是环境伦理学的正确立足点。换言之，它对我们理解整个当代西方环境伦理学的产生与发展有方法论上的指导意义。特别是，它立足利奥波德《沙乡年鉴》这一典范文本提炼出环境伦理学的核心观念，同时又调动西方哲学史的思想资源（比如休谟的伦理学）和现代自然科学成果（比如达尔文的进化论与现代量子力学），为环境伦理学这一新兴学科做出了系统学术论证的研究理路，极富启发性。是的，这正是我最终选择他的这部成名作，而非后两部更能反映其最新学术思想的著作进行介绍的根本原因。我以为，这部著作在学术示范上的意义很值得学界同仁用心体会。

在具体的翻译过程中，卡利科特教授给予了我力所能及的帮助。他曾就每一篇文章的版权问题与原出版者进行联系，获得了中文版授权，因此这一中译本才能在今天面世。对于翻译过程中我提出的诸多困惑，卡利科特教授均给予耐心的解答，这些问答录已成为我们俩人友谊的极好纪念。

这本译著能够顺利出版，还有一个极重要的因缘，那便是我得到了本译著校阅者之一——清华大学卢风教授的大力支持。初识卢兄是在 2010年，那时天津市美学会要举办一次以环境美学为主题的会议，欲邀请一位外地环境伦理学方面的专家加盟。辗转经他人介绍，之前从未谋面的卢风教授大冬天从北京风尘仆仆地赶来参会，很让我这个办会者感动。

更巧的是，2015 年春，我刚到北得克萨斯大学的环境哲学中心时，发现卢兄也在这里，他到此是做一次短期学术访问。就在这短短的半个月内，我有机会向卢兄请教环境伦理学方面的许多问题。经交流发现二人在诸多方面观点相近，学术趣味相投。回国后，当我向他透露想翻译卡利科特教授的这本代表作时，他热情地鼓励我先译出来再说。卢兄古道热肠，帮我介绍了不止一家出版社，最终帮我结缘于中国人民大学出版社。除此之外，卢兄还帮我校阅全部译稿，并将他的高足，我至今未曾与之谋面的陈杨博士也拉来校阅。收到这两位校阅者密密麻麻的校读意见时，我彻底惊呆了：这个世界上现在还有做事如此认真的人！能与如此热情、用心的人为伍是多么幸福！真诚地感谢卢风教授和陈杨博士为本译著付出的努力。他们提出的诸多建设性意见我均愉快地将它们吸收到本译著中。有这两位环境哲学方面专家的鼎力相助，这本译著的品质提高了不少。

感谢中国人民大学出版社的杨宗元编审、本译著责任编辑罗晶女士，以及其他为本译著的出版付出过辛苦劳动的人们。罗晶女士敏锐、勤奋的工作为本译著贡献尤多。每一位作者都喜欢自己的文字出版面世，然而为每一本著作做最后细节上把关的总是那些作者不见得有缘相识的编辑同仁。其实，作者与编辑是一类人，一类以与文学结缘为乐的人，故在此向出版界的同仁致敬，你们永远是作者们的良师益友。

感谢高建平研究员、王毅教授、李国山教授、安靖博士和刘子桢博士在翻译过程中所给予的珍贵帮助。高建平先生为本书注释的翻译付出了不厌其烦的辛苦，让我感佩不已。

在某种意义上，这本译著当是我与卡利科特教授学术因缘的最好纪念。记得登顿小镇六月的阳光极火热，曾有《满庭芳》一阕以记之：

骄阳六月，登顿午后，绿茵似海如烟。碧空初霁，荷风拂人眠。枝头群莺清唱，几案边，松鼠欣跃。容与间，物我双忘，何处非故园？

无涯客新渡，彼岸胜土，良俗美丹。他乡有钟子，流水高山，结席共究人天。同命鸟，比翼为安。须放眼，来年今夏，一轮映万川。

2019 年 5 月 9 日

守望者书目

001　正义的前沿

[美] 玛莎·C. 纳斯鲍姆（Martha C. Nussbaum）　著

作者玛莎·C. 纳斯鲍姆，美国哲学家，人文与科学院院士，当前美国最杰出、最活跃的公共知识分子之一。现为芝加哥大学法学、伦理学佛罗因德（Ernst Freund）杰出贡献教授，同时受聘于该校 7 个院（系）。2003 年荣列英国《新政治家》杂志评出的**"我们时代的十二位伟大思想家"**之一；2012 年获西班牙阿斯图里亚斯王子奖，被称为**"当代哲学界最具创新力和最有影响力的声音之一"**。最具代表性的著作有：《善的脆弱性》《诗性正义》。

作为公平的正义真的无法解决吗？本书为我们呈现女性哲学家的正义探索之路。本书从处理三个长期被现存理论特别是罗尔斯理论所忽视的、亟待解决的社会正义问题入手，寻求一种可以更好地指引我们进行社会合作的社会正义理论。

002　寻求有尊严的生活——正义的能力理论

[美] 玛莎·C. 纳斯鲍姆（Martha C. Nussbaum）　著

诺贝尔经济学奖得主阿玛蒂亚·森鼎力推荐。伦敦大学学院乔纳森·沃尔夫教授对本书评论如下："一项非凡的成就：文笔优美，通俗易懂。同阿玛蒂亚·森教授一道，纳斯鲍姆是正义的'能力理论'的开创者之一。**这是自约翰·罗尔斯的作品以来，政治哲学领域最具原创性和影响力的发展**。这本书对纳斯鲍姆理论的首次全盘展示，不仅包括了其核心元素，也追溯了其理论根源并探讨了相关的政策意义。"

003　教育与公共价值的危机

[美] 亨利·A. 吉鲁（Henry A. Giroux）　著

亨利·A. 吉鲁（1943—　），著名社会批评家，美国批判教育学的创始理论家之一，先后在波士顿大学、迈阿密大学和宾夕法尼亚州立大学任教。2002 年，吉鲁曾被英国劳特利奇出版社评为当代 50 位教育思想家之一。

本书荣获杰出学术著作称号，获得美国教学和课程协会的年度戴维斯图书奖，美国教育研究协会 **2012 年度批评家评选书目奖**。本书考察了美国社会的公共价值观转变以及背离民主走向市场的教育模式。本书鼓励教育家成为愿意投身于创建构成性学习文化的公共知识分子，培养人们捍卫作为普遍公共利益的公立教育和高等教育的能力，因为这些对民主社会的生存来说至关重要。

004　康德的自由学说

卢雪崑　著

卢雪崑，牟宗三先生嫡传弟子，1989 年于钱穆先生创办的香港新亚研究所获哲学博士学位后留所任教。主要著作有《意志与自由——康德道德哲学研究》《实践主体与道德法则——康德实践哲学研究》《儒家的心性学与道德形上学》《通书太极图说义理疏解》。

本书对康德的自由学说进行了整体通贯的研究，认为康德的自由学说绝非如黑格尔以来众多康德专家曲解的那样，缺乏生存关注、贱视人的情感、只是纯然理念的彼岸与虚拟；康德全部批判工作可说是一个成功证立"意志自由"的周全论证整体，康德批判地建立的自由学说揭示了"自由作为人的存在的道德本性"，"自由之原则作为实存的原则"，以此为宗教学、德性学及政治历史哲学奠定彻底革新的基础。

005　康德的形而上学

卢雪崑　著

自康德的同时代人——包括黑格尔——对康德的批判哲学提出批判至今，种种责难都借着"持久的假象就是真理"而在学术界成为公论。本书着眼于康德所从事的研究的真正问题，逐一拆穿这些公论所包含的假象。

006 客居忆往

洪汉鼎 著

洪汉鼎，生于 1938 年，我国著名斯宾诺莎哲学、当代德国哲学和诠释学专家，现为北京市社会科学院哲学研究所研究员，山东大学中国诠释学研究中心名誉主任，杜塞尔多夫大学哲学院客座教授，成功大学文学院客座讲座教授。20 世纪 50 年代在北京大学受教于贺麟教授和洪谦教授，70 年代末在中国社会科学院哲学所担任贺麟教授助手，1992 年被评为享受国务院政府特殊津贴专家，2001 年后在台湾多所大学任教。德文专著有《斯宾诺莎与德国哲学》、《中国哲学基础》、《中国哲学辞典》（三卷本，中德文对照），中文专著有《斯宾诺莎哲学研究》、《诠释学——它的历史和当代发展》、《重新回到现象学的原点》、《当代西方哲学两大思潮》（上、下册）等，译著有《真理与方法》《批评的西方哲学史》《知识论导论》《诠释学真理？》等。

本书系洪汉鼎先生以答学生问的形式而写的学术自述性文字，全书共分为三个部分。第一部分是作者个人从年少时代至今的种种经历，包括无锡辅仁中学、北京大学求学、反右斗争中误划为右派、"文化大革命"中发配至大西北、改革开放后重回北京、德国进修深造、台湾十余年讲学等，整个经历充满悲欢离合，是幸与不幸、祸与福的交集；第二部分作者透过个人经历回忆了我国哲学界 20 世纪 90 年代之前的情况，其中有师门的作风、师友的关系、文人的特性、国际的交往，以及作者个人的哲学观点，不乏一些不为人知的哲坛趣事；第三部分是作者过去所写的回忆冯友兰、贺麟、洪谦、苗力田诸老师，以及拜访伽达默尔的文章的汇集。

007 西方思想的起源

聂敏里 著

聂敏里，中国人民大学哲学院教授，博士生导师，中国人民大学首批杰出人文学者，主要从事古希腊哲学的教学和研究，长期教授中国人民大学哲学院本科生的西方哲学史专业课程。出版学术专著《存在与实体——亚里士多德〈形而上学〉Z卷研究（Z 1-9）》《实体与形式——亚里士多德〈形而上学〉Z卷研究（Z 10-17）》，译著《20世纪亚里士多德研究文选》《前苏格拉底哲学家——原文精选的批评史》，在学界享有广泛的声誉。《存在与实体》先后获得北京市第十三届哲学社会科学优秀成果奖二等奖、教育部第七届高等学校科学研究优秀成果奖（人文社会科学）三等奖，《实体与形式》入选2015年度"国家哲学社会科学成果文库"。

本书是从中国学者自己的思想视野出发对古希腊哲学的正本清源之作。它不着重于知识的梳理与介绍，而着重于思想的分析与检讨。上溯公元前6世纪的米利都学派，下迄公元6世纪的新柏拉图主义，上下1 200余年的古希腊哲学，深入其思想内部，探寻其内在的本体论和认识论的思想根底与究竟，力求勾勒出西方思想最初的源流与脉络，指陈其思想深处的得失与转捩，阐明古希腊哲学对两千余年西方思想的奠基意义与形塑作用。

008　现象学：一部历史的和批评的导论

［爱尔兰］德尔默·莫兰（Dermot Moran）　著

德尔默·莫兰为国际著名哲学史家，爱尔兰都柏林大学哲学教授（形上学和逻辑学），前哲学系主任，于2003年入选爱尔兰皇家科学院，并担任2013年雅典第23届国际哲学大会"学术规划委员会"主席。莫兰精通欧陆哲学、分析哲学、哲学史等，而专长于现象学和中世纪哲学。主要任教于爱尔兰，但前后在英、美、德、法等各国众多学校担任客座或访问教授，具有丰富的教学经验。莫兰于2010年在香港中文大学主持过现象学暑期研究班。

本书为莫兰的代表作。莫兰根据几十年来的出版资料，对现象学运动中的五位德语代表哲学家（布伦塔诺、胡塞尔、海德格尔、伽达默尔和阿伦特）和四位法语代表哲学家（莱维纳、萨特、梅洛庞蒂和德里达）的丰富学术思想，做了深入浅出的清晰论述。本书出版后次年即荣获巴拉德现象学杰出著作奖，并成为西方各大学有关现象学研习的教学参考书。本书另一个特点是，除哲学家本人的思想背景和主要理论的论述之外，不仅对各相关理论提出批评性解读，而且附有关于哲学家在政治、社会、文化等方面的细节描述，也因此增加了本书的吸引力。

009 自身关系

[德] 迪特尔·亨利希（Dieter Henrich） 著

迪特尔·亨利希（1927— ），德国哲学家，1950年获得博士学位，导师是伽达默尔。1955—1956年在海德堡大学获得教授资格，1965年担任海德堡大学教授，1969年起成为国际哲学协会主席团成员，1970年担任国际黑格尔协会主席。海德堡科学院院士、哈佛大学终身客座教授、东京大学客座教授、慕尼黑大学教授、巴伐利亚科学院院士、亚勒大学客座教授、欧洲科学院院士以及美国艺术与科学院外籍院士。先后获得图宾根市颁发的荷尔德林奖、斯图加特市颁发的黑格尔奖等国际级奖项，是德国观念论传统的当代继承人。

迪特尔·亨利希以"自身意识"理论研究闻名于世，毫无疑问，本书是他在这方面研究最重要的著作之一。本书围绕"自身关系"这一主题重新诠释了德国观念论传统，讨论了三种形式的自身关系：道德意识的自身关系、意识中的自身关系和终极思想中的自身关系，展示了"自身关系"的多维结构与概念演进，形成了一个有机的整体。本书是哲学史研究与哲学研究相互结合的典范之作，无论是在哲学观念上还是在言说方式上都证明了传统哲学的当代有效性。

010 佛之主事们——殖民主义下的佛教研究

[美] 唐纳德·S. 洛佩兹（Donald S. Lopez, Jr.） 编

唐纳德·S. 洛佩兹，密歇根大学亚洲语言和文化系的佛学和藏学教授。美国当代最知名的佛教学者之一，其最著名的著作有《香格里拉的囚徒》（芝加哥大学出版社，1996）、《心经诠释》（芝加哥大学出版社，1998）、《疯子的中道》（芝加哥大学出版社，2007）、《佛教与科学》（芝加哥大学出版社，2010）等，还主编有《佛教诠释学》（夏威夷大学出版社，

1992)、《佛教研究关键词》（芝加哥大学出版社，2005）等，同时他还是普林斯顿大学出版社出版的"普林斯顿宗教读物"（Princeton Readings of Religion）丛书的总主编。

本书是西方佛教研究领域的第一部批评史，也是将殖民时代和后殖民时代的文化研究的深刻见解应用于佛教研究领域的第一部作品。在对 19 世纪早期佛教研究的起源作了一个概述后，本书将焦点放在斯坦因（A. Stein）、铃木大拙（D. T. Suzuki），以及荣格（C. G. Jung）等重要的"佛之主事者"上。他们创造并维系了这一学科的发展，从而对佛教在西方的传播起了重要的作用。

本书按年代顺序记录了在帝国意识形态的背景下，学院式佛教研究在美洲和欧洲的诞生和发展，为我们提供了佛教研究领域期盼已久的系谱，并为我们对佛教研究的长远再构想探明了道路。本书复活了很多重要而未经研究的社会、政治以及文化状况——一个多世纪以来是它们影响了佛教研究的发展过程，而且常常决定了人们对一系列复杂传统的理解。

011　10 个道德悖论

[以] 索尔·史密兰斯基（Saul Smilanky）　著

索尔·史密兰斯基是以色列海法大学（the University of Haifa）哲学系教授。他是广受赞誉的《自由意志与幻觉》（*Free Will and Illusion*，2000）一书的作者，并在《南方哲学》（*Southern Journal of Philosophy*）、《澳大利亚哲学》（*Australian Journal of Philosophy*）、《实用》（*Utilitas*）等重要哲学期刊上发表了《两个关于正义与加重惩罚的明显的悖论》（"Two Apparent Paradoxes about Justice and the Severity of Punishment"）、《宁愿不出生》（"Preferring not to Have Been Born"）、《道德抱怨悖论》（"The Paradox of Beneficial Retirement"）等多篇论文。

从形而上学到逻辑学，悖论在哲学研究中的重要性可以从其丰富的文献上得到显现。但到目前为止，在伦理学中很少见到对悖论的批判性研究。在伦理学的前沿工作中，《10 个道德悖论》首次为道德悖论的中心地位提供了有力的证据。它提出了 10 个不同的、原创的道德悖论,挑战了我们某些最为深刻的道德观点。这本具有创新性的书追问了道德悖论的存在究竟是有害的还是有益的,并且在更为广泛的意义上探讨了悖论能够在道德和生活上教给我们什么。

012　现代性与主体的命运

杨大春　著

杨大春,1965 年生,四川蓬安人,1992 年获哲学博士学位,1998 年破格晋升教授。目前为浙江大学二级教授、求是特聘教授。研究领域为现当代法国哲学。主持国家社科基金青年项目、一般项目、重点项目和重大招标项目各 1 项,入选国家哲学社会科学成果文库 1 项。代表作有《20 世纪法国哲学的现象学之旅》《语言 身体 他者:当代法国哲学的三大主题》《感性的诗学:梅洛—庞蒂与法国哲学主流》《文本的世界:从结构主义到后结构主义》《沉沦与拯救:克尔凯戈尔的精神哲学研究》等。著述多次获奖,如教育部高等学校科学研究优秀成果二等奖 1 项,浙江省哲学社会科学优秀成果一等奖 2 项,吴玉章人文社会科学优秀成果奖 1 项,《文史哲》"学术名篇奖" 1 项等。

哲学归根到底关注的是人的命运。根据逻辑与历史、时代精神与时代相一致的原则,本书区分出西方哲学发展的前现代(古代)、早期现代、后期现代和后现代(当代)四种形态,并重点探讨现代哲学的历程。导论是对主体问题的概述,其余章节围绕主体的确立、主体的危机、主体的解体和主体的终结来揭示意识主体在现代性及其转折进程中的命运。本书几乎囊括了自笛卡尔以来的主要西方哲学流派,既具有宏大的理论视野,又具有强烈的问题意识。

013　认识的价值与我们所在意的东西

[美]琳达·扎格泽博斯基(Linda Zagzebski)　著

琳达·扎格泽博斯基为美国俄克拉何马大学乔治·莱恩·克罗斯研究教授、金费舍尔宗教哲学与伦理学讲席教授,曾担任美国天主教哲学学会主席（1996—1997 年）、基督教哲学家协会主席（2004—2007 年），以及美国哲学学会中部分会主席（2015—2016 年）。她的研究领域包括知识论、宗教哲学和德性理论，主要著作有：《范例主义道德理论》(*Exemplarist Moral Theory*, 2017)，《认识的权威：信念中的信任、权威与自主理论》(*Epistemic Authority: A Theory of Trust, Authority, and Autonomy in Belief*, 2012)，《神圣的动机理论》(*Divine Motivation Theory*, 2004)，《心智的德性》(*Virtues of the Mind*, 1996)，《自由的困境与预知》(*The Dilemma of Freedom and Foreknowledge*, 1991) 等。

本书作为知识论导论，以认识的价值与我们所在意的东西开始，最终以认识之善与好生活结束，广泛涉及这一领域的重要论题，如盖梯尔难题、怀疑主义、心智与世界的关系等。无论是出发点还是理论旨归，本书都不同于当前大多数知识论导论，它将我们的认识实践放置于伦理学的框架之中，德性在知识论中居于核心位置，这是扎格泽博斯基教授二十多年来几乎从未变化的基本立场，并始终为此进行阐释与辩护。本书以简明的方式呈现了半个世纪以来英美知识论的论争图景，解释了围绕人类善与人类德性的知识论研究成果，并力图显示这一风格的知识论的重要意义。

014　众生家园：捍卫大地伦理与生态文明

［美］J. 贝尔德·卡利科特（J. Baird Callicott）　著

J. 贝尔德·卡利科特，当代北美环境哲学、伦理学代表性学者，美国北得克萨斯大学（University of North Texas）杰出研究教授，已荣退。曾任国际环境伦理学会（International Society for Environmental Ethics）主席、耶鲁大学住校生物伦理学家（Bioethicist-in-Residence）。他以利奥波德 "大地伦理"（land ethic）的当代杰出倡导者而知名，并据此而拓展出一种关于 "地球伦理"（earth ethic）的独特理论。代表作有：《众生家园：捍卫大地伦理与生态文明》(*In Defense of the Land Ethic: Essays in Environmental Philosophy*, 1989)、《全球智慧》(*Earth Insights*, 1994)、《超越大地伦理》(*Beyond the Land Ethic: More Essays in Environmental Philosophy*, 1999)、《像地球那样思考》(*Thinking Like a*

Planet：The Land Ethic and the Earth Ethic，2013）。

本书是 J. 贝尔德·卡利科特的代表作之一。本著致力于梳理、捍卫和扩展奥尔多·利奥波德的环境哲学核心理念——"大地伦理"（land ethic），其论域覆盖了当代西方环境哲学的重要话题，反映了北美环境哲学产生的独特历史背景，同时预见性地涉及了当代环境哲学的前沿论题，为当代环境伦理的观念基础做了有力的论证。

图书在版编目（CIP）数据

众生家园：捍卫大地伦理与生态文明/（美）J. 贝尔德·卡利科特（J. Baird
Callicott）著；薛富兴译. —北京：中国人民大学出版社，2019.5
ISBN 978-7-300-26951-1

Ⅰ.①众… Ⅱ.①J… ②薛… Ⅲ.①环境科学-哲学-研究 Ⅳ.①X-02

中国版本图书馆 CIP 数据核字（2019）第 076831 号

众生家园：捍卫大地伦理与生态文明

［美］J. 贝尔德·卡利科特（J. Baird Callicott）　著
薛富兴　译
卢　风　陈　杨　校
Zhongsheng Jiayuan：Hanwei Dadi Lunli yu Shengtai Wenming

出版发行	中国人民大学出版社			
社　　址	北京中关村大街 31 号		**邮政编码**	100080
电　　话	010－62511242（总编室）		010－62511770（质管部）	
	010－82501766（邮购部）		010－62514148（门市部）	
	010－62515195（发行公司）		010－62515275（盗版举报）	
网　　址	http://www.crup.com.cn			
经　　销	新华书店			
印　　刷	北京联兴盛业印刷股份有限公司			
规　　格	160 mm×230 mm　16 开本		**版　　次**	2019 年 5 月第 1 版
印　　张	24　插页 2		**印　　次**	2019 年 5 月第 1 次印刷
字　　数	340 000		**定　　价**	79.80 元